中国科学院科学出版基金资助出版

食品科学与工程类系列教材

食品微生物检验原理与方法

贺稚非　刘素纯　刘书亮　主编

科学出版社
北　京

内 容 简 介

本书系统地介绍与食品有关的微生物的检验原理和方法，包括微生物的生物化学实验技术；食品中菌落总数、大肠菌群及霉菌和酵母菌的检测，食品中常见病原微生物的检测技术；食品企业生产过程中用水卫生微生物检测、空气中微生物检测及食品企业加工设备、用具和包装材料的微生物检验技术；以及食品微生物的现代检测新技术和新方法，如聚合酶链反应（PCR）技术、免疫学检测技术（抗原-抗体反应，如免疫凝集实验、免疫电泳技术、免疫荧光技术、免疫磁珠技术和免疫酶技术）、核酸分子杂交技术等。

全书文字精练，内容丰富，叙述清楚易懂，可作为高等院校食品质量与安全、食品科学与工程等相关专业本科生教材，同时也是从事食品检测检验人员、食品生产品质管理人员、食品研究者的参考书和重要工具书。

图书在版编目（CIP）数据

食品微生物检验原理与方法/贺稚非，刘素纯，刘书亮主编．—北京：科学出版社，2016

食品科学与工程类系列教材

ISBN 978-7-03-048757-5

Ⅰ．①食… Ⅱ．①贺… ②刘… ③刘… Ⅲ．①食品微生物-食品检验 Ⅳ．①TS207.4

中国版本图书馆 CIP 数据核字（2016）第 131744 号

责任编辑：席　慧/责任校对：蒋　萍
责任印制：赵　博/封面设计：铭轩堂

科学出版社出版
北京东黄城根北街 16 号
邮政编码：100717
http://www.sciencep.com
北京凌奇印刷有限责任公司印刷
科学出版社发行　各地新华书店经销
*
2016 年 8 月第 一 版　开本：787×1092　1/16
2025 年 1 月第九次印刷　印张：16
字数：464 000
定价：59.80 元
（如有印装质量问题，我社负责调换）

《食品微生物检验原理与方法》编委会名单

主　　编	贺稚非	（西南大学）
	刘素纯	（湖南农业大学）
	刘书亮	（四川农业大学）
副 主 编	钟青萍	（华南农业大学）
	师俊玲	（西北工业大学）
	周红丽	（湖南农业大学）
	周　康	（四川农业大学）
主　　审	何国庆	（浙江大学）
英文审稿	李　翔	（澳大利亚南澳大学）

前 言

微生物学是生命科学研究中最活跃的学科领域，食品微生物学是食品科学与工程、食品质量与安全专业的核心骨干课程。食品微生物检验实验是微生物学产生和发展的基础，为整个生命科学技术的发展做出了积极而又重要的贡献，同时也是生物工程技术的核心和主体。随着分子生物学的发展，各学科相互交叉渗透，极大地丰富了食品微生物检验实验技术的内容，并将其推向一个新的发展阶段。

我们正面临着全球非常重视食品安全的时代，近年来食品安全事件频繁发生，从美国的花生酱沙门氏菌引起的食物中毒，到日本的神户牛肉食物中毒和欧洲豆苗菜的大肠杆菌食物中毒等，由微生物引发的食物中毒成为食物中毒的主要原因。如何在食品生产过程中进行HACCP 质量控制，快速有效地检测出食品中的微生物，降低微生物引发的食源性疾病，保障食品的安全性，是从事食品质量管理和研究的科技人员的重要责任和工作。

本书系统地介绍与食品有关的微生物的检测原理和方法，包括微生物的生物化学实验技术；食品中菌落总数、大肠菌群及霉菌和酵母菌的检测，食品中常见病原微生物的检测技术；食品企业生产过程用水卫生微生物检测、空气中微生物检测及食品企业加工设备、用具和包装材料的微生物检验技术；以及食品的现代微生物检测新技术和新方法，如聚合酶链反应（PCR）技术、免疫学检测技术（抗原-抗体反应，如免疫凝集实验、免疫电泳技术、免疫荧光技术、免疫磁珠技术和免疫酶技术）、核酸分子杂交技术等。

书中淘汰了过时的检验方法，改变了某些原来分别在普通微生物学、微生物生理学、微生物遗传学、食品微生物学、发酵工程和发酵食品学中单独开设的小实验，编写成系统、连贯、实践性强、教学效果良好的实验教材。此外，还适当增加了一些现代分子生物学的实验方法与新技术，力求做到既避免与理论教材脱节又能启发学生的主动思考能力和创新思维能力。编者希望通过食品微生物检验实验让学生验证理论，巩固和加深理解所学过的专业理论知识，熟悉和掌握食品微生物检验实验操作技能，培养学生理论联系实际，独立分析问题和解决问题的能力，进一步启发学生的创新意识，并提高创新能力。

全书共分六章。第一章为微生物生物化学实验技术，第二章为食品中微生物指标常规检测；第三章为食品中常见病原微生物检测技术；第四章为食品企业的卫生微生物检验；第五章为各类食品的微生物检验；第六章为食品的微生物现代检测新技术；书后还有参考文献和附录，其中部分附录内容配有二维码，读者可扫描二维码阅读或下载。以上内容共 36 个实验，每个实验相对独立，因而各个院校可根据具体情况酌情选做。

本书由贺稚非、刘素纯、刘书亮担任主编，参加编写的还有师俊玲、钟青萍、周红丽、周康。第一章周红丽编写，第二章贺稚非、刘素纯编写，第三章刘书亮编写，第四章钟青萍编写，第五章师俊玲编写，第六章周康编写，附录贺稚非、周红丽、刘书亮编写。

本书在编写过程中得到了各编委所在单位和领导的支持，科学出版社领导和责任编辑也给予了许多的关心和支持。本书中涉及的英文内容由澳大利亚南澳大学的李翔审稿和校稿，西南大学食品科学学院食品微生物学方向及食品加工方向研究生甘奕博士、谢跃杰博士及硕士生邓泽丽、陈康、夏启禹等对本书的校阅做了大量具体的工作。在本书出版之际谨向他们表示诚挚的谢意！

由于本书涉及内容范围较广，加之该配套教材体系初次建立，使用效果还要在实践中去检验。随着检测检验学科的不断发展，其内容也需要不断地修订与更新。同时由于编者水平有限，难免有不足、错误和不妥之处，敬请使用本书的老师、同学及同行专家和广大读者批评指正，以便本书不断完善和提高。

贺稚非

2016 年 2 月

目　录

第一章 微生物的生物化学实验技术

【内容提要】

本章主要介绍了微生物检测基本技术中的生物化学实验技术。解释了各个生化反应的原理和应用范围，着重阐明了各个生化实验所涉及的实验培养基和试剂、操作方法及结果判定方法。

【实验教学目标】

1. 通过本章实验加深对细菌生化反应原理和意义的理解；
2. 掌握常规细菌生化实验的操作方法。

【重要概念及名词】

生化实验

从化学的观点来看，微生物细胞的化学成分以有机物和无机物两种状态存在。有机物包含各种大分子，它们是蛋白质、核酸、类脂和糖类，占细胞干重的99%；无机物包括小分子无机物和各种离子，占细胞干重的1%。微生物细胞的元素构成由C、H、O、N、P、S、K、Na、Mg、Ca、Fe、Mn、Cu、Co、Zn、Mo等组成，其中C、H、O、N、P、S六种元素占微生物细胞干重的97%，其他为微量元素。微生物细胞的化学元素组成的比例常因微生物种类的不同而异。组成微生物细胞的化学元素分别来自微生物生长所需要的营养物质，即微生物生长所需的营养物质应该包含组成细胞的各种化学元素。这些物质为提供构成细胞物质的碳源物质、构成细胞物质的氮源物质和一些含有K、Na、Mg、Ca、Fe、Mn、Cu、Co、Zn、Mo元素的无机盐。

从生物学的观点来看，微生物活细胞是个新陈代谢的动力系统，它从环境中不断地吸取营养物质，通过新陈代谢实现生长和繁殖，同时排出“废物”。而微生物的新陈代谢是在微生物自身的一系列酶的控制与催化下进行的。不同微生物体内的酶系统不同，其代谢方式与过程，分解和合成代谢的产物等都不同。因此可以利用一些生物化学的方法来分析微生物对营养物质和能源的利用情况及其代谢产物、代谢方式和条件等，鉴别一些在形态和其他方面不易被区别的细菌。这种利用生物化学方法检测微生物代谢状况的实验，称为细菌的生物化学反应实验，是鉴定细菌的重要依据。

一、 常规生化实验的方法

（1）在培养物中加入某种底物与指示剂，经接种、培养后，观察培养基的颜色变化，即pH的变化。

（2）在培养物中加入试剂，观察它们同细菌代谢产物所生成的颜色反应。

（3）根据酶作用的反应特性，测定微生物细胞中某种酶的存在。

（4）根据细菌对理化条件和药品的敏感性，观察细菌的生长情况。

二、 生化实验的注意事项

1）待检菌应是纯种培养物　对细菌进行分类鉴定首要的条件是所鉴定的菌必须是纯菌。在生化特性的测定中当然也必须要有此要求，以避免可能污染的其他菌干扰测定结果，而导致错误的结论。因此在实验开始时，要先通过琼脂平板划线稀释法或厌氧滚管分离培养法对生长于培养基内分散的单个菌落进行观察，并结合对培养物进行革兰氏染色镜检的形态，确认菌株的纯度。一般需要培养 18～24h。

2）待检菌应是新鲜培养物　生化实验的培养基中需接种活跃生长的培养物。用新培养的菌液或斜面培养物制成菌悬浮液作为接种物为宜。

3）遵守培养时间和观察结果时间　多数生化反应培养一天后即可测定。对于一些生长缓慢的实验菌株则需适当延长培养时间。生化实验测定时间的确定一般可待其中的培养物生长好后再培养 8～18h，如生长物未见继续增长时即可进行测定。

观察结果的时间多为 24～48h，具体每种实验结果的观察时间要根据国标方法要求的时间观察。

4）做必要的对照实验　为确保实验结果的准确性，应按照实验的要求，同时接种阳性对照管、阴性对照管或空白对照管。对比各实验管结果后，报告结论。

5）提高阳性检出率　为提高阳性检出率，至少挑取 2～3 个待检的疑似菌落分别进行实验。

实验一　碳源代谢实验

营养物质是微生物生命活动的物质基础，没有这个基础，生命活动就无法进行。微生物生长时需要大量的水分，足够量的碳、氮，适量的磷，一些含硫、镁、钙、钾、钠的盐类，以及微量的铁、铜、锌、锰等元素。在微生物细胞的干物质中，碳占了 50%左右，在微生物的各种营养需求中，对碳的需要量也最大。在微生物生长过程中为微生物提供碳素来源的物质称为碳源（source of carbon）。碳水化合物及其衍生物（包括单糖、寡糖、多糖、醇和多元醇）、有机酸（包括氨基酸）、脂肪、烃类，甚至二氧化碳或碳酸盐类均可作为微生物的碳源（表 1-1）。

表 1-1　微生物利用的碳源物质

种类	碳源物质	备注
碳水化合物	葡萄糖、果糖、麦芽糖、蔗糖、淀粉、半乳糖、乳糖、甘露糖、纤维二糖、纤维素、半纤维素、甲壳素、木质素等	单糖优于双糖，己糖优于戊糖，淀粉优于纤维素，纯多糖优于杂多糖
有机酸	糖酸、乳酸、柠檬酸、延胡索酸、低级脂肪酸、高级脂肪酸、氨基酸等	与糖类比效果较差，有机酸较难进入细胞，进入细胞后会导致 pH 下降。当环境中缺乏碳源物质时，氨基酸可被微生物作为碳源利用
醇	乙醇	在低浓度条件下被某些酵母菌和醋酸菌利用
脂	脂肪、磷脂	主要利用脂肪，在特定条件下将磷脂分解为甘油和脂肪酸而加以利用

续表

种类	碳源物质	备注
烃	天然气、石油、石油馏分、石蜡油等	利用烃的微生物细胞表面有一种由糖脂组成的特殊吸收系统，可将难溶的烃充分乳化后吸收利用
CO_2	CO_2	为自养微生物所利用
碳酸盐	$NaHCO_3$、$CaCO_3$等	为自养微生物所利用
其他	芳香族化合物、氰化物 蛋白质、核酸等	利用这些物质的微生物在环境保护方面有重要作用，当环境中缺乏碳源物质时，可被微生物作为碳源而降解利用

不同的微生物对各种碳源的分解能力及其所产生的代谢产物各不相同。例如，大肠埃希氏菌能使乳糖发酵，产酸、产气，而伤寒杆菌则不能；大肠埃希氏菌能使葡萄糖发酵，产酸、产气，而伤寒杆菌只能产酸，不产气；大肠埃希氏菌和产气杆菌都能使葡萄糖产酸、产气，大肠埃希氏菌所产生的丙酮酸使培养基呈明显酸性，而产气杆菌却能使丙酮酸脱羧，生成中性的乙酰甲基甲醇。

碳源代谢实验主要是通过检测细菌在利用碳源时的代谢途径及方式和利用碳源后所产生的特定代谢产物等来鉴别细菌的生化实验。从食品质检的角度出发，主要是实验各种糖类能否作为碳源被利用及其利用途径和产物。

一、糖（醇、苷）类发酵实验

本实验主要是检查细菌对各种糖、醇和糖苷等的发酵能力，从而进行各种细菌的鉴别，因而每次实验常需同时接种多管。本实验是鉴定细菌最主要和最基本的实验，特别对肠杆菌科细菌的鉴定尤为重要。不同细菌可发酵不同的糖类，如大肠埃希菌可发酵葡萄糖及乳糖；沙门氏菌属则只发酵葡萄糖，不发酵乳糖；大肠埃希菌和志贺菌属均可发酵葡萄糖，但前者产酸、产气，而后者仅产酸。

糖（醇、苷）类发酵实验通常是采用不含碳的无机氮培养基作为基础培养基，然后加入指定的碳源物质配成培养基，其中常用的糖、醇类物质有：单糖类的葡萄糖、果糖、木糖、半乳糖、鼠李糖；双糖类的乳糖、蔗糖、麦芽糖、蕈糖；三糖类的棉子糖；多糖类的菊糖、肝糖、淀粉、纤维素；醇类的甘露醇、山梨醇、肌醇、卫茅醇等，并加入合适的指示剂，用于微生物培养实验。培养基可为液体、半固体、固体或微量生化管几种类型。一般常用的指示剂为酚红、溴甲酚紫、溴百里蓝和安德烈（Andrade）等。此碳源能否被微生物利用，可以通过观察培养基在培养后是否产酸、产气，凡出现产酸、产气现象则说明该碳源可以被利用。

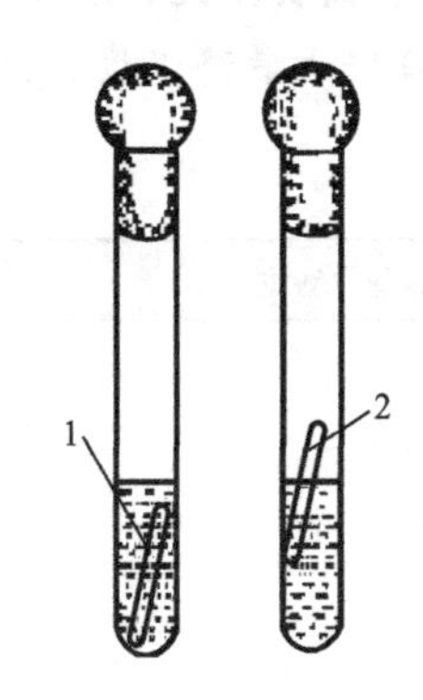

1-培养前的情况；2-培养后杜氏管出现气体

图 1-1 糖醇类发酵实验

培养方法为两种。一种是在发酵管内用发酵液培养。实验时，可在各实验管中加一倒置小管，称为杜氏管（Durham tube），分装入实验用培养基，高压灭菌培养基将压进杜氏管，并赶走管内气体，随后进行培养。若发酵管中倒置的杜氏小管内有小气泡，则是由于微生物在生长过程中产生气体而形成的（图 1-1）。另一种是用琼脂培养基培养，若产气则会使琼脂层裂开。

无论使用何种方法进行培养，若被检菌在利用碳源后产酸，其酸性物质的积累有时会超出培养基的缓冲范围，培养基的 pH 会下降。在培养基中添加指示剂即可鉴别。例如，使用溴甲酚紫作为指示剂，其在 pH 中性时为紫色，碱性时为深红色，而在酸性时呈现黄色。当溴甲酚紫的颜色由紫色变为黄色时，即培养基颜色发生相应变化时，表明微生物利用碳源产生了酸性物质。

（一）适用于需氧菌的方法

1. 培养基和试剂

（1）培养基Ⅰ。邓亨氏蛋白胨水溶液：称取蛋白胨 1g，氯化钠 0.5g，蒸馏水 100mL，溶解后调 pH 为 7.6。

0.2%溴麝香草酚蓝溶液：称取溴麝香草酚蓝 0.2g，0.1mol/L NaOH 5mL，溶解于蒸馏水 95mL。

1.6%溴甲酚紫乙醇溶液：称取溴甲酚紫 1.6g，倒入小烧杯，用少量无水乙醇溶解，移至 100mL 容量瓶，用无水乙醇多次洗涤小烧杯，洗液移入容量瓶，最后用无水乙醇定容至 100mL，摇匀备用。

制法 每 100mL 邓亨氏蛋白胨水溶液中按 0.5%～1%的比例分别加入各种作为碳源的糖、醇类和某些苷类碳水化合物，加入 1.2mL 的 0.2%溴麝香草酚蓝（或用 1.6%溴甲酚紫乙醇溶液 0.1mL）作指示剂。分装于小试管（每一个试管预置一枚倒立的杜氏管），每管约 5mL，121℃高压灭菌 15min 备用。

（2）培养基Ⅱ（可选用）。蛋白胨 10g，牛肉膏 3g，氯化钠 5g，安德烈（Andrade）指示剂 10mL，蒸馏水 1000mL，各种糖（醇）类 5～10g。

制法 将上述成分混合后，加热溶解。校正 pH 至 7.2。根据需要，分别再加相应的糖和醇。分装于 13mm×100mm 的试管，每管约 3mL，115℃灭菌 15min。

注意事项：不同的碳水化合物在培养基中最终的浓度有所不同。配制这类培养基的基本要求可参阅表 1-2。对于含有这些基质的培养基灭菌的温度不宜过高，时间也不宜过长。某些糖如阿拉伯糖、木糖、鼠李糖、核糖等，如能经过滤器除菌可达到好的效果。如添加糖类为蔗糖，因其不纯，加热后会自行分解，应采用过滤法除菌。可将这些拟测定的碳水化合物配成 10 倍于最终浓度，灭菌后再加至无菌的基础培养基中。接种后适温培养。

表 1-2 碳水化合物培养基简表

培养基的基质	数量/[g（mL）/100mL]	灭菌后 pH	灭菌条件	灭菌时间/min
苦杏仁苷	1.0	6.8±0.2	过滤除菌	—
L-阿拉伯糖	0.5	6.9	过滤除菌	—
纤维二糖	1.0	6.9	121℃	15
核糖醇	0.5	6.9		
卫矛醇	1.0	6.9	121℃	15
DL-赤藓精醇	0.5	6.7		

续表

培养基的基质	数量/[g（mL）/100mL]	灭菌后 pH	灭菌条件	灭菌时间/min
七叶苷	0.5	6.6	121℃	15
D-果糖	1.0	6.9	115℃	15
D-半乳糖	1.0	6.9	121℃	15
葡萄糖	1.0	6.9	115℃	15
甘油	0.8mL	6.7	121℃	20
糖原	0.5	6.9		
马尿酸盐（马尿酸钠）	1.0	6.9	121℃	20
乳醇	1.0	6.9		
菊粉	1.0	6.9	115℃	15
乳糖	1.0	6.9	115℃	15
D（+）麦芽糖	1.0	6.9	115℃	15
D（+）甘露醇	1.0	6.9	121℃	15
D-甘露醇	1.0	6.9	121℃	15
松三糖	0.5	6.9	过滤除菌	—
D-蜜二糖	1.0	6.8±0.2	过滤除菌	—
D（+）棉子糖	1.0	6.9	115℃	15
L-鼠李糖	1.0	6.8±0.2	过滤除菌	—
D（–）核糖	0.5	6.7	过滤除菌	—
水杨苷	1.0	6.9	121℃	15
D-山梨醇	1.0	6.8±0.2	过滤除菌	—
L-山梨糖	1.0	6.9	115℃	15
可溶性淀粉	1.0	6.5	121℃	20
D-蔗糖	1.0	6.8±0.2	过滤除菌	—
海藻糖	0.5	6.9	过滤除菌	—
木糖	1.0	6.7	121℃	15
葡萄糖酸盐（钠盐）	1.0	6.9	121℃	15

如在培养基中加入琼脂达 0.5%～0.7%，则成半固体，可省去倒立的杜氏管。

2. 实验方法

从琼脂斜面的纯培养物上，用接种环取少量被检细菌接种于杜氏管培养基中（如为半固体，应用接种针穿刺接种），在 37℃培养，一般观察 2～3d。迟缓反应需观察 14～30d，同时取一支试管不接种检测菌，做空白对照。

3. 实验结果

接种菌若能分解培养基中的糖（醇）类而生成酸，将使培养基中指示剂呈酸性反应；若产生气体，则可使液体培养基中的杜氏管内出现气泡，若为半固体培养基，则检视沿穿刺线和管壁及管底有无微小气泡。有时还可看出接种菌有无动力，若有动力，培养物可呈弥散生长；若接种菌不分解糖（醇）则无反应。

例如，使用培养基Ⅰ培养后，培养基由蓝色变黄色（指示剂溴麝香草酚蓝遇酸由蓝色变黄色），并有气泡，则说明被检菌可以分解特定添加的糖（醇、苷）类，产酸、产气；若培养基仍为蓝色，没有产气现象，则被检菌不分解该糖类；若仅培养基变黄，则说明被检菌仅分解该糖类产酸。

结果报告为：

产酸不产气，阳性，以“+”表示；

产酸产气，阳性，以“⊕”表示；

不产酸不产气，阴性，以“–”表示。

（二）适用于厌氧菌的方法

1. 培养基和试剂

将蛋白胨20g、氯化钠5g、硫乙醇酸钠1g、琼脂16g和1000mL水放于烧瓶内，加热使溶化，再加入所需的糖10g，调整pH到7.0，加入1.6%溴甲酚紫乙醇溶液1mL作为指示剂，分装试管，在121℃高压灭菌15min后，做成高层。配制培养基时需在厌氧条件下进行。

2. 实验方法

将厌氧菌的培养物用穿刺接种法接种于上述培养基的深部，置培养箱中于37℃培养数小时至2周后，观察结果。同时取一支试管不接种检测菌，作空白对照。

若用微量发酵管，或要求培养时间较长时，应保持湿度，以免培养基干燥。

3. 实验结果

结果判定及报告同“（一）适用于需氧菌的方法”。

二、葡萄糖代谢类型鉴别实验（O/F实验）

O/F实验即葡萄糖氧化发酵实验。在细菌鉴定中，糖类发酵产酸是一项重要依据。

细菌对糖类的利用有两种类型：一种是从糖类发酵产酸，不需要以分子氧作为最终受氢体，称发酵型产酸；另一种则是以分子氧作为最终受氢体，称氧化型产酸。前者包括多数菌种类型。氧化型细菌在有氧的条件下才能分解葡萄糖，无氧的条件下不能分解葡萄糖；发酵型细菌在有氧无氧条件下均可分解葡萄糖；不分解葡萄糖的细菌称为产碱型。氧化型产酸量较少，所产生的酸常常被培养基中的蛋白胨分解时所产生的胺所中和，而不表现产酸。为此，Hugh和Leifson提出一种含有机氮低的培养基，根据培养后培养基的颜色变化以鉴定细菌从糖类产酸是属氧化型产酸还是发酵型产酸。一般用葡萄糖作为糖类代表，也可利用这一基础培养基来测定细菌利用其他糖类或醇类产酸的能力。这一实验广泛用于细菌种属间的鉴定。肠杆菌科细菌为发酵型，非发酵菌通常为氧化型或产碱型；此外微球菌属可氧化葡萄糖，而葡萄球菌属则能发酵葡萄糖。

1. 培养基和试剂

HL（Hugh-Leifson）培养基

成分　蛋白胨2g，氯化钠5g，磷酸氢二钾0.3g，琼脂4g，葡萄糖10g，0.2%溴麝香草酚蓝溶液12mL，蒸馏水1000mL，pH7.2。

制法　将蛋白胨和盐类加水溶解后，校正pH至7.2。加入葡萄糖、琼脂煮沸，溶化琼脂，然后加入指示剂。混匀后，分装试管，121℃高压灭菌 15min，直立凝固备用。

2. 实验方法

取 18～24h 的幼龄待检菌种，以穿刺接种在 HL 培养基中，每株菌接 4 管，其中 2 管用油（凡士林：液体石蜡＝1：1，混合后灭菌）封盖，加 0.5～1cm 厚，以隔绝空气为闭管。另外 2 管不封油为开管，同时取一支不接种检测菌的闭管作为空白对照。在 37℃适温培养 1d、2d、4d、7d 观察结果。

3. 结果判定与报告

实验结果参照表 1-3 进行报告。

表 1-3　O/F 实验结果判定表

类型	封油管		未封油管	
	颜色	结果判定	颜色	结果判定
发酵型	黄色	+	黄色	+
氧化型	紫色	–	黄色	+
产碱型	紫色	–	紫色	–

注：“+”表示产酸；“–”表示不产酸。

三、甲基红实验（methyl red test，MR 实验）

甲基红为酸性指示剂，其 pH 范围为 4.4～6.0，其 pK 值为 5.0。因此在 pH5.0 以下，其颜色随酸度的增大而红色增强；在 pH5.0 以上，其颜色则随碱度的增大而黄色增强。细菌分解葡萄糖产生丙酮酸后，有的细菌可使丙酮酸转化生成乳酸、琥珀酸、醋酸和甲酸等大量酸性产物，使培养基 pH 下降至 4.5 以下，使甲基红指示剂变红色，为甲基红实验阳性；有的细菌使丙酮酸脱羧后形成酮、醇类中性产物，使培养基 pH 上升至 5.4 以上，甲基红指示剂呈橘黄色，为甲基红实验阴性。该实验主要用于大肠埃希菌和产气肠杆菌的鉴别，前者为阳性，后者为阴性。此外，沙门氏菌属、志贺菌属、枸橼酸杆菌属、变形杆菌属等为阳性；肠杆菌属、克雷伯菌属等为阴性。

1. 培养基和试剂

1）缓冲葡萄糖蛋白胨水培养基

成分　磷酸氢二钾 5g，多胨 7g，葡萄糖 5g，蒸馏水 1000mL。

制法　溶化后校正 pH 为 7.0，分装试管，每管 1mL，121℃高压灭菌 15min。

2）甲基红试剂　　10mg 甲基红溶于 30mL 95%乙醇中，然后加入 20mL 蒸馏水混匀。

2. 实验方法

挑取新鲜的待试培养物少许，接种于缓冲葡萄糖蛋白胨水培养基，于 36℃±1℃或 30℃（以 30℃较好）培养，哈夫尼亚菌则应在 22～25℃培养。培养 3～5d，从第 48h 起，每日取培养液 1mL，加入甲基红指示剂 1～2 滴，立即观察现象。直至发现阳性或至第 5 天仍为阴性即可判定结果。在 pH5.0 或上下接近时，可能变色不够明显，此时应延长培养时间，重复实验。

3. 结果判定及报告

滴入指示剂，呈鲜红色或橘红色为阳性，呈淡红色为弱阳性，记 MR 实验“+”；滴入指示剂，呈橘黄色或黄色为阴性，记 MR 实验“−”。

四、β-半乳糖苷酶实验（ONPG 实验）

细菌分解乳糖依靠两种酶的作用，一种是β-半乳糖苷酶透性酶（β-galactosidase permease），它位于细胞膜上，可将乳糖通过细胞壁运送至细胞内。另一种为β-半乳糖苷酶（β-galactosidase），亦称乳糖酶（lactase），位于细胞内，能使进入菌细胞的乳糖水解成半乳糖和葡萄糖。具有上述两种酶的细菌，能在 24～48h 内迅速发酵乳糖；而缺乏这两种酶的细菌，不能分解乳糖。乳糖迟缓发酵菌只有β-D-半乳糖苷酶（胞内酶），而缺乏β-半乳糖苷酶透性酶，或是其活性很弱，因而乳糖进入细菌细胞很慢，所以通常需要几天时间经培养基中 1%乳糖较长时间的诱导，产生相当数量的透性酶后，才能较快分解乳糖，故呈迟缓发酵现象。邻硝基酚-β-D-半乳糖苷（*O*-nitrophenyl-β-D-galactopyranoside，ONPG）与乳糖分子结构相似，且分子较小，不需半乳糖苷渗透酶的运送就可以迅速进入细菌细胞内，被细菌细胞内的半乳糖苷酶水解为半乳糖和黄色的邻硝基苯酚（ortho-nitrophenyl，ONP），即使在很低浓度下也可检出。因此液体培养基变黄可判定β-半乳糖苷酶的存在，从而确知该菌为乳糖迟缓发酵菌。

本实验主要用于迟缓发酵乳糖菌株的快速鉴定。迅速及迟缓分解乳糖的细菌 ONPG 实验为阳性，而不发酵乳糖的细菌为阴性，如枸橼酸菌属、亚利桑那菌属与沙门菌属的鉴别，埃希菌属、枸橼酸杆菌属、克雷伯菌属、哈夫尼亚菌属、沙雷菌属和肠杆菌属等均为实验阳性，而沙门氏菌属、变形杆菌属和普罗威登斯菌属等为阴性。

1. 培养基和试剂

邻硝基酚-β-D-半乳糖苷（ONPG）培养基

成分　邻硝基酚-β-D-半乳糖苷（ONPG）60mg，0.01mol/L 磷酸钠缓冲液（pH7.5）10mL，1%蛋白胨水（pH7.5）30mL。

制法　将 ONPG 溶于磷酸钠缓冲液内，加入蛋白胨水，用 30% NaOH 调 pH 为 7.0，以过滤法除菌，分装于 10mm×75mm 试管，每管 0.5mL，用橡皮塞塞紧。置 4℃冰箱中保存。ONPG 溶液为无色，如出现黄色，则不应再用。

2. 实验方法

自培养基上取菌一满环，于 0.25mL 无菌生理盐水中制成菌悬液，加入 1 滴甲苯并充分振摇，使酶释放。将试管置 37℃水浴 5min，加入 0.25mL ONPG 试剂，水浴 20min～3h 观察结果。

一般在 20～30min 内显色，菌悬液呈现亮黄色为阳性反应，记为“+”；无色为阴性，记为“−”。

从琼脂斜面上挑取培养物一满环，接种于培养基中，36℃±1℃培养 1～3h 和 24h 观察结果。

3. 实验结果

如果有酶产生，则变黄色；如无此酶则 24h 不变色。

五、乙酰甲基甲醇实验（V.P.实验）

某些细菌能分解葡萄糖产生丙酮酸，丙酮酸经缩合、脱羧生成乙酰甲基甲醇，后者在强碱环境下，被空气中的氧氧化为二乙酰（丁二酮），在α-萘酚和肌酸的催化作用下，二乙酰与蛋白胨中的精氨酸的胍基生成红色化合物，称为V.P.实验阳性反应。

$$\underset{\text{丙酮酸}}{2CH_3COCOOH} \longrightarrow \underset{\text{乙酰甲基甲醇}}{CH_3COCHOHCH_3} + 2CO_2$$

$$\underset{\text{2,3-丁烯二醇}}{CH_3CHOHCHOHCH_3} \xrightarrow[KOH]{-2H} \underset{\text{丁二酮（二乙酰）}}{CH_3COCOCH_3}$$

$$\underset{\text{丁二酮}}{\begin{array}{c}O=C-CH_3\\ |\\ O=C-CH_3\end{array}} + \underset{\text{胍基}}{HN=C\begin{array}{l}\diagup NH_2\\ \diagdown NH_2\end{array}} \longrightarrow \underset{\text{红色化合物}}{HN=C\begin{array}{l}\diagup N=C-CH_3\\ \quad\quad\;\; |\\ \diagdown N=C-CH_3\end{array}} + H_2O$$

本实验常与甲基红实验一起使用。前者为阳性的细菌，后者为阴性，反之亦如此，如大肠埃希菌、沙门氏菌属、志贺菌属等甲基红呈阳性反应，V.P.反应则阴性。相反，如沙雷菌、阴沟肠杆菌等V. P.反应阳性，而甲基红反应阴性。

1. 培养基和试剂

1）磷酸盐缓冲葡萄糖蛋白胨水培养基

成分 多价蛋白胨7g，葡萄糖5g，磷酸氢二钾5g，蒸馏水1000mL。

制法 将上述成分混合溶解后，调pH至7.2，分装小试管，121℃灭菌15min。置4℃冰箱中保存备用。

2）奥梅拉（O'Meara）试剂

成分 氢氧化钾40g，肌酐0.3g，蒸馏水100mL。

制法 首先将氢氧化钾溶解于蒸馏水中，然后加入肌酐混匀。可保存3～4周。

3）试剂

6% α-萘酚无水乙醇溶液：取α-萘酚6g，溶于无水乙醇100mL。

40% 氢氧化钾溶液。

2. 实验方法

1）奥梅拉（O'Meara）法 将实验菌接种于磷酸盐缓冲葡萄糖蛋白胨水培养基，于36℃±1℃培养48h，每1mL培养液加O'Meara试剂0.1mL，摇动试管1～2min，静置于37℃恒温箱4h，或在48～50℃水浴放置2h后判定结果。

2）贝立脱（Barritt）氏法 贝立脱氏方法相当敏感，它可检出以前认为V.P.实验阴性的某些细菌。目前，国内多采用该方法。

将实验菌接种于磷酸盐缓冲葡萄糖蛋白胨水培养基，于36℃±1℃培养2d，每2mL培养液先加入6% α-萘酚无水乙醇溶液1mL，再加40%氢氧化钾水溶液0.4mL，摇动2～5min，阳性菌常立即呈现红色，若无红色出现，静置于室温或 36℃±1℃培养 4h，如显现红色为阳性，呈黄色或有类似铜色者，可判定为阴性。培养基置 4℃冰箱，2 周内用完。

3. 结果观察与报告

发酵管出现红色者，为阳性，记 V.P.实验："+"；发酵管为黄色或铜绿色者，为阴性，记 V.P.实验："–"。

4. 注意事项

（1）加入 O'Meara 试剂后要充分混合，促使乙酰甲基甲醇氧化，使反应易于进行。

（2）α-萘酚乙醇溶液易失效，试剂放室温暗处可保存 1 个月。使用前应进行质量控制，即试剂必须用已知阳性和阴性的标准菌株进行对照检查，可用大肠埃希菌 ATCC 25922（阴性）和阴沟肠杆菌（阳性）进行检验。

（3）试剂中加入 40%氢氧化钾是为了吸收二氧化碳，加入次序不能颠倒。

（4）本实验一般用于肠杆菌科各菌属的鉴别。在用于芽孢杆菌和葡萄球菌等其他细菌时，通用培养基中的磷酸盐可阻碍乙酰甲基醇的产生，故应省去或以氯化钠代替。

六、胆汁七叶苷水解实验

有的细菌可将七叶苷分解，生成葡萄糖和七叶素，七叶素与培养基中枸橼酸铁的二价铁离子结合，生成黑色化合物，使培养基呈黑色，以此鉴别细菌。该实验主要用于 D 群链球菌与其他链球菌的鉴别，前者呈阳性反应，后者呈阴性反应；也可用于革兰阴性杆菌及厌氧菌的鉴别。克雷伯菌属、肠杆菌属和沙雷菌属能水解七叶苷，肠球菌属和 D 群链球菌也能水解七叶苷，并耐受胆汁。

1. 培养基和试剂

胆汁七叶苷培养基

成分　蛋白胨 5g，牛肉浸膏 3g，牛胆汁 40g，七叶苷 1g，枸橼酸铁 0.5g，琼脂 15g，蒸馏水 1000mL，pH7.2。

制法　取新鲜牛胆若干只，取胆汁用纱布过滤，置 4℃冰箱内，次日取出吸取上清液备用。先将蛋白胨、牛肉膏、氯化钠加热溶于蒸馏水中，调 pH 至 7.2，加入胆汁混匀后，分装试管，每管 3mL 置 115℃灭菌 15min，置 4℃冰箱，2 周内用完。

使用前应进行质量控制，即试剂必须用已知阳性和阴性的标准菌株进行对照检查，可选用粪肠球菌 ATCC29212（阳性）和化脓性链球菌 ATCC19615（阴性）。

2. 实验方法

将待测菌纯培养物少许接种到胆汁七叶苷培养基的斜面上，置 35℃孵育 18～24h，观察结果。

3. 结果观察与报告

培养基变为黑色或棕黑色者，为阳性，报告为"+"；培养基不变色者，为阴性，报告为"–"。

七、淀粉水解实验

有些细菌具有合成淀粉酶的能力，可以分泌胞外淀粉酶，该淀粉酶可以使淀粉水解为麦芽糖和葡萄糖，在培养基上滴加碘液时，淀粉水解后遇碘不再变蓝色，可在菌落周围出现透明区。

该实验可用于白喉棒状杆菌生物型的分型（重型淀粉水解实验阳性，轻、中型阴性）及芽孢杆菌属菌种和厌氧菌某些种的鉴定。

1. 培养基和试剂

1）淀粉培养基（pH7.2）

成分　蛋白胨 10g，氯化钠 5g，牛肉膏 5g，可溶性淀粉 10g，琼脂 15g，水 1000mL。

制法　配制时，应先将可溶性淀粉用少量蒸馏水调成糊状，再加入到溶化好的牛肉膏蛋白胨培养基中，121℃灭菌 20min。

淀粉水解系逐步进行的过程，因而实验结果与菌种产生淀粉酶的能力、培养时间、培养基含有淀粉量和 pH 等均有一定关系。培养基 pH 必须为中性或微酸性，以 pH7.2 最适。此外，淀粉琼脂平板不宜保存于冰箱，因而以临用时制备为妥。

2）试剂

卢戈碘液：碘 5g，碘化钾 10g，蒸馏水 100mL；

革兰氏碘液：碘 1g，碘化钾 2g，蒸馏水 300mL。

配制时，先将碘化钾溶于 5～10mL 水中，再加入碘，使其溶解后，加入余水。

2. 实验方法

（1）准备淀粉培养基平板。将溶化后冷却至 50℃左右的淀粉培养基倒入无菌平皿中，待凝固后制成平板。

（2）接种。用记号笔在平板底部画成两部分，在各部分分别写上待测菌菌名和对照菌菌名，用接种环取少量的待测菌和对照菌点种或划线接种于培养基表面相对应部分的中心。

（3）培养。将接种后的平板置于 35℃恒温箱孵育 18～24h。

（4）检测。取出平板，打开平皿盖，滴加少量的碘液（卢戈碘液或革兰氏碘液）于平板上，轻轻旋转，使碘液均匀铺满整个平板，立即观察结果。

3. 结果观察与报告

若菌落周围出现无色透明圈，其他地方蓝色，则说明淀粉已经被水解，表示该细菌具有分解淀粉的能力，淀粉水解实验阳性，记为：“+”；若培养基全部为蓝色，淀粉水解实验阴性，记为：“−”。

可以用透明圈的大小说明测试菌株水解淀粉能力的强弱。

八、甘油复红实验

某些细菌可分解甘油成为丙酮酸，并进一步脱羧生成乙醛，乙醛与无色品红生成醌式化合物，呈深紫红色，显示阳性反应。以此鉴别细菌。

1. 培养基和试剂

甘油复红肉汤培养基

成分　牛肉浸膏 1g，蛋白胨 2g，水 100mL，10%碱性品红乙醇溶液 0.2mL，10%无水亚硫酸钠水溶液 1.66mL，甘油 1mL。

制法　将固体成分和甘油加于水中，使其完全溶化，调至pH8.0，于121℃灭菌15min。临用前以无菌操作加入品红溶液和新配制的亚硫酸钠灭菌水溶液，混匀，分装小试管，备用。

2. 实验方法

挑取待检菌的新鲜纯培养物，接种于甘油品红肉汤培养基中，于36℃±1℃培养，共观察8d，并用未接种的培养基在相同条件下培养，作为阴性对照，观察结果。

3. 结果观察与报告

出现紫色或紫红色者，为阳性，报告为“+”；与对照管颜色相同者，为阴性，报告为“–”。

九、葡萄糖酸氧化实验

某些细菌可氧化葡萄糖酸钾，生成α-酮基葡萄糖酸。α-酮基葡萄糖酸是一种还原性物质，可与班氏试剂起反应，出现棕色或砖红色的氧化亚铜沉淀，主要用于假单胞菌的鉴定和肠杆菌科细菌分群。

1. 培养基和试剂

葡萄糖酸盐培养基

成分　蛋白胨15g，酵母粉10g，磷酸氢二钾10g，葡萄糖酸钾400g，蒸馏水1000mL。

制法　将上述各成分加热溶解，调pH至6.8～7.2，分装小试管，116℃高压灭菌20min，备用。

2. 实验方法

将待检菌接种于葡萄糖酸盐培养基中（1mL），置35℃孵育48h，加入班氏试剂1mL，于水浴中煮沸10min，并迅速冷却，观察结果。

3. 结果观察与报告

出现棕色到砖红色沉淀者，为阳性，报告为“+”；不变或仍为蓝色者，为阴性，报告为“–”。

实验二　氮源代谢实验

氮与碳一样，也是微生物合成细胞物质的必需营养元素，凡是可以被微生物用来构成细胞物质的或代谢产物中氮素来源的营养物质通称为氮源（source of nitrogen）物质。这些能被微生物所利用的氮源物质有蛋白质及其各类降解产物、铵盐、硝酸盐、亚硝酸盐、分子态氮、嘌呤、嘧啶、脲、酰胺，甚至是氰化物（表1-4）。氮源物质常被微生物用来合成细胞中含氮物质，少数情况下可作为能源物质，如某些厌氧微生物在厌氧条件下可利用某些氨基酸作为能源。

微生物对氮源的利用同样具有选择性，如玉米浆相对于豆饼粉，NH_4^+相对于NO_3^-为速效氮源。而铵盐作为氮源时会导致培养基pH下降，称为生理酸性盐，而以硝酸盐作为氮源时

表 1-4　微生物利用的氮源物质

种类	氮源物质	备注
蛋白质类	蛋白质及其不同程度降解产物（胨、肽、氨基酸等）	大分子蛋白质难进入细胞，一些真菌和少数细菌能分泌胞外蛋白酶，将大分子蛋白质降解利用，而多数细菌只能利用相对分子质量较小的降解产物
氨及铵盐	NH_3、$(NH_4)_2SO_4$ 等	容易被微生物吸收利用
硝酸盐	KNO_3 等	容易被微生物吸收利用
分子氮	N_2	固氮微生物可利用，但当环境中有化合态氮源时，固氮微生物就失去固氮能力
其他	嘌呤、嘧啶、脲、胺、酰胺、氰化物	大肠杆菌不能以嘧啶作为唯一氮源，在氮限量的葡萄糖培养基上生长时，可通过诱导作用先合成分解嘧啶的酶，然后再分解并利用嘧啶可不同程度地被微生物作为氮源加以利用

培养基 pH 会升高，称为生理碱性盐。此外，由于各种微生物所含的酶不同，因此它们在利用氮源时会发生不同的代谢反应，并会产生不同的代谢产物。例如，某些微生物可以分解含硫氨基酸产生硫化氢气体；某些微生物具有明胶液化酶可使明胶液化；某些微生物产生特定的代谢产物可与培养基中的成分发生显色反应等。因此，可以采用生化实验来测定微生物对氮源物质的利用途径及代谢产物，从而对微生物进行鉴别。

一、硫化氢实验

硫化氢实验是检测硫化氢的产生，也是用于肠道细菌检查的常用生化实验。有些细菌能分解含硫的有机物，如分解胱氨酸、半胱氨酸、甲硫氨酸等产生硫化氢，硫化氢一旦遇到培养基中的铅盐或铁盐等，就形成黑色的硫化铅或硫化铁沉淀物，以此鉴别细菌。例如，肠杆菌科中沙门菌属、爱德华菌属、枸橼酸杆菌属和变形杆菌属细菌，其绝大多数硫化氢阳性，其他菌属阴性。大肠杆菌为阴性菌，产气肠杆菌为阳性菌。此外，腐败假单胞菌、口腔类杆菌和某些布鲁氏菌硫化氢实验也是阳性。

以半胱氨酸为例，其化学反应过程如下：

$$CH_2SHCHNH_2COOH + H_2O \longrightarrow CH_3COCOOH + H_2S\uparrow + NH_3\uparrow$$

$$H_2S + Pb(CH_3COO)_2 \longrightarrow PbS（黑色）\downarrow + 2CH_3COOH$$

1. 培养基

检测硫化氢产物有很多方法，以醋酸铅法最为敏感，其适用于肠杆菌科以外的细菌所产生的少量硫化氢的检测；而硫酸亚铁法，为检查硫化氢的常规方法。现将常用于检测硫化氢的培养基分述如下。

1）硫酸亚铁琼脂

成分　牛肉膏 3g，酵母浸膏 3g，蛋白胨 10g，硫酸亚铁 0.2g，硫代硫酸钠 0.3g，氯化钠 5g，琼脂 12g，蒸馏水 1000mL，pH 7.4。

制法　加热溶解，校正 pH，分装试管，每管 3mL，115℃高压灭菌 15min，取出直立，候其凝固。置 4℃冰箱，2 周内用完。

质量控制　鼠伤寒沙门菌 ATCC 13311 阳性；宋内志贺菌 ATCC 11060 阴性。

2）醋酸铅试纸培养基

成分　蛋白胨 10g，胱氨酸 0.1g，硫酸钠 0.1g，蒸馏水 1000mL，pH 7.0～7.4。

制法　加热溶解，校正 pH，115℃高压灭菌 20min，滤纸剪成 0.5～1cm 宽，用 5%～10%的醋酸铅浸透，烘干，置平皿备用。

3）醋酸铅培养基

成分　pH7.4 的牛肉膏蛋白胨琼脂 100mL，硫代硫酸钠 0.25g，10%醋酸铅水溶液 1mL。

制法　将牛肉膏蛋白胨琼脂 100mL 加热溶解，待冷却至 60℃时加入硫代硫酸钠 0.25g，调至 pH7.2，分装三角瓶中，115℃灭菌 15min。取出后待冷却至 55～60℃，加入 10%醋酸铅水溶液（无菌的）1mL，混合后倒入灭菌试管或平板中。

注：牛肉膏蛋白胨琼脂的制法为：牛肉膏 3g、蛋白胨 10g、NaCl 5g、琼脂 15～20g、水 1000mL，pH 7.2～7.4。

4）快速硫化氢实验琼脂

成分　A 液：布氏肉汤 970mL，无水磷酸氢二钠 1.18g，无水磷酸二氢钾 0.23g，琼脂 2g。

B 液：10%硫酸亚铁（$FeSO_4 \cdot 7H_2O$）。

C 液：10%偏亚硫酸氢钠。

D 液：10%丙酮酸钠。

制法　A 液加热溶解，121℃高压灭菌 15min。将新鲜配制并用除菌滤膜过滤的 B 液、C 液、D 液各 1mL 混合后再倒入 A 液中，无菌调 pH 至 7.3，无菌分装，每管 3mL，塞紧备用。

5）三氯化铁明胶培养基

成分　硫胨（thiopeptone）25g，明胶 120g，牛肉膏 7.5g，氯化钠 5g，加蒸馏水至 1000mL。

制法　上述成分灭菌后趁热加入 5mL 灭菌的 10%氯化铁溶液，立即以无菌操作分装试管，达 5～6cm 高，迅速冷凝成高层。

2. 实验方法

挑取琼脂培养物，挑取待检菌，用穿刺接种法沿管壁穿刺接种于试管培养基，于 36℃±1℃培养 24～48h，观察结果。阴性应继续培养 6d。

也可以用醋酸铅试纸法，即将培养物接种于一般营养肉汤，再将醋酸铅纸条挂于培养基上空，以不会被溅湿为适宜；用管塞压住，置 36℃±1℃培养 1～6d。

3. 结果判定与报告

培养基底部呈黑色或纸条变黑色者，为阳性，记为：“+”；培养基底部无黑色或纸条无变化者，为阴性，记为：“–”。

二、明胶液化实验

明胶（gelatin）是一种动物蛋白质，高于 24℃时可液化成为液体，低于 20℃时凝固成固体。某些细菌能产生一种胞外酶——明胶液化酶（亦称类蛋白水解酶），能将明胶先水解为多肽，又进一步将多肽水解为氨基酸，从而使明胶失去凝胶性质，即使温度低于 20℃亦不会再凝固，使得培养基由固态变为液态。利用此特点，该实验可以用于肠杆菌科细菌的鉴别，如沙雷菌、普通变形杆菌、奇异变形杆菌、阴沟杆菌等可液化明胶，而其他细菌很少液化明胶。但有些厌氧菌，如产气荚膜梭菌、脆弱类杆菌等也能液化明胶。另外，多数假单胞菌也能液化明胶。

1. 培养基

1）营养明胶（用于试管实验）

成分　蛋白胨 5g，牛肉膏 3g，明胶 120g，蒸馏水 1000mL，pH 6.8～7.0。

制法　将上述成分混合，加热溶解，校正 pH 至 7.4～7.6，用绒布过滤。分装试管，每管装 4～5cm，121℃灭菌 15min，取出后迅速冷却，使其凝固，备用。复查最终 pH 应为 6.8～7.0。

2）营养明胶（用于平板实验）

成分　牛肉膏 5g，蛋白胨 1g，明胶 4g，葡萄糖 1g，氯化钠 5g，磷酸氢二钾 0.5g，磷酸二氢钾 0.5g，琼脂 20g，蒸馏水 1000mL。

制法　将上述成分混合，加热溶解，分装三角瓶，121℃灭菌 30min。

2. 实验方法

1）试管实验　　挑取培养 18～24h 的待测菌，以较大量穿刺接种于明胶高层约 2/3 深度，于 20～22℃培养 7～14d，报告液化时间。

明胶高层亦可培养于 36℃±1℃。另取一支未接种的培养基作空白对照，每天取出这两支试管，于冰箱中放置 20～30min 后，再观察结果。

2）平板实验　　将培养基溶化后倒平板，并点接待测菌种，30℃培养2d，用酸性升汞溶液倾注于平板表面，观察结果。

3. 结果观察与报告

1）试管实验　　每天观察结果，若因培养温度高而使明胶本身液化时应不加摇动、静置冰箱中待其凝固后再观察其是否被细菌液化。

明胶凝块部分或全部变为可流动液体；或有细菌生长，而明胶表面无液化，但表面菌落下出现凹陷小窝者，皆为阳性，记为："+"。有细菌生长且明胶表面无凹陷，有稳定凝块者，为阴性，记为："–"。

2）平板实验　　加入试剂 10～20min 后，若菌落周围出现清晰透明圈，则为阳性，记为："+"；无变化则为阴性，记为："–"。

三、靛基质实验（吲哚实验）

有些细菌如大肠埃希菌、变形杆菌、霍乱弧菌等含有色氨酸酶，能分解培养基中的色氨酸生成吲哚（靛基质）。靛基质在培养基中的积累可以由柯凡克试剂或欧-波试剂检测出来。这两种试剂中均含有对二甲基氨基苯甲醛，该化合物可以在酸性条件下和靛基质反应形成红色的化合物，即玫瑰吲哚，以此鉴别细菌，主要用于肠杆菌科细菌的鉴定。

1. 培养基和试剂

1）蛋白胨水

成分　蛋白胨（或胰蛋白胨）20g，氯化钠 5g，蒸馏水 1000mL，pH7.4。

制法　将上述成分混合，分装小试管，121℃高压灭菌 15min。

2）靛基质试剂

柯凡克试剂（Kovacs reagent，寇氏试剂）：将 5g 对二甲基氨基苯甲醛溶解于 75mL 戊醇中，然后缓慢加入浓盐酸 25mL。

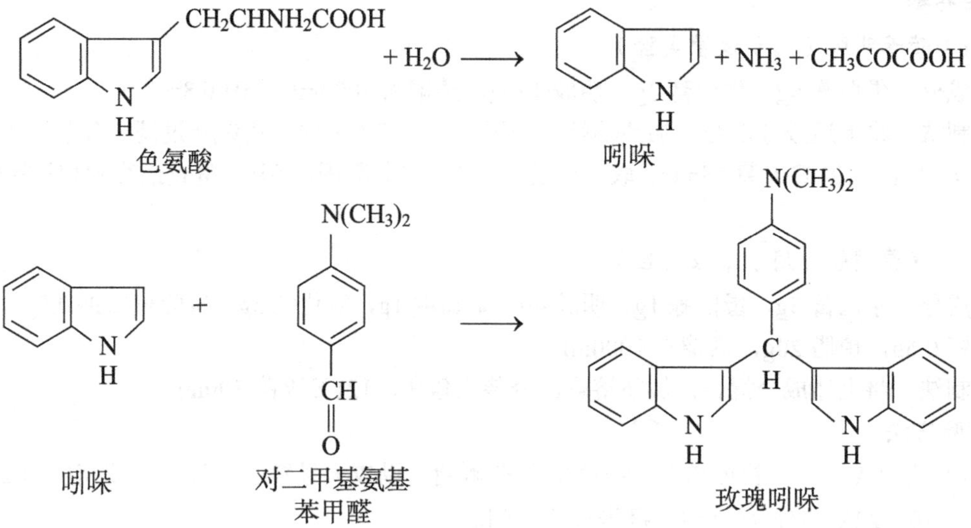

CH_2CHNH_2COOH + H_2O ⟶ + NH_3 + $CH_3COCOOH$

N H　　N H

色氨酸　　吲哚

$N(CH_3)_2$　　$N(CH_3)_2$

+ ⟶

N H　　CH ‖ O　　C H　N H　N H

吲哚　　对二甲基氨基苯甲醛　　玫瑰吲哚

柯凡克试剂包含三种成分——盐酸、戊醇和对二甲基氨基苯甲醛，每种试剂均有其作用：醇用于浓缩分散在培养基中的吲哚；盐酸的作用就是制造酸性环境；对二甲基氨基苯甲醛和靛基质反应形成红色的玫瑰吲哚。

欧-波试剂：将 1g 对二甲基氨基苯甲醛溶解于 95mL 95%乙醇内，然后缓慢加入 20mL 浓盐酸。

2. 实验方法

将待检菌少量接种于蛋白胨水培养基中，于 36℃±1℃培养 1～2d，必要时可培养 4～5d。加入柯凡克试剂数滴（约 0.5mL），轻摇试管，观察结果。或沿试管壁缓慢加入欧-波试剂数滴（约 0.5mL），覆盖培养液表面，观察结果。

3. 结果判定与报告

两液接触处呈现玫瑰红色者，为阳性反应，记为：“+”；无红色者，为阴性反应，记为：“–”。

4. 注意事项

实验操作必须在 48h 内完成，否则吲哚进一步代谢，会导致假阴性结果。

实验证明靛基质试剂可与 17 种不同的靛基质化合物作用而产生阳性反应，若先用二甲苯或乙醚等进行提取，再加试剂，则只有靛基质或 5-甲基靛基质在溶剂中呈现红色，因而结果更为可靠。

为确保正确判断实验结果，也可以同时接种一支空白对照管和一支阳性对照管。

四、苯丙氨酸脱氨酶实验

某些细菌可产生苯丙氨酸脱氨酶（phenylalanin ammo-nialyase，PAL），能使培养基中的苯丙氨酸脱去氨基，形成苯丙酮酸，苯丙酮酸与三氯化铁指示剂作用生成绿色化合物，以此鉴别细菌，主要用于肠杆菌科细菌的鉴定。变形杆菌属、普罗威登斯菌属和摩根菌属细菌均为阳性，肠杆菌科中其他细菌均为阴性。

1. 培养基和试剂

苯丙氨酸培养基

成分　酵母浸膏 3g，氯化钠 5g，DL-苯丙氨酸 2g（或 L-苯丙氨酸 1g），琼脂 12g，磷酸氢二钠 1g，蒸馏水 1000mL。

制法　以上成分加热溶解后分装试管，121℃高压灭菌 15min，放成斜面。

2. 实验方法

从待检菌琼脂斜面上挑取大量培养物，浓厚接种于苯丙氨酸培养基斜面上，于 36℃±1℃培养 18～24h，滴加 10%三氯化铁试剂 4～5 滴，自斜面上方流下，转动试管，使试剂与菌苔表面充分接触，立即观察结果。延长反应时间会引起褪色。

3. 结果判定与报告

实验管立即出现深绿色，为阳性，记为：“+”；无变化者，为阴性，记为：“-”。

五、氨基酸脱羧酶实验

某些细菌能产生氨基酸脱羧酶，可使赖氨酸、鸟氨酸生产脱羧作用，生成胺类物质（赖氨酸→尸胺、鸟氨酸→腐胺、精氨酸→精胺）和二氧化碳。胺类物质使培养基呈碱性，使指示剂显示出来，以此鉴别细菌，主要用于肠杆菌科细菌的鉴定。例如，沙门菌属中除伤寒沙门氏菌和鸡沙门菌外，其余沙门菌的赖氨酸和鸟氨酸脱羧酶均为阳性；志贺菌属中除宋内志贺氏菌和鲍氏志贺氏菌外，其他志贺氏菌均为阴性。对链球菌科和弧菌科细菌的鉴定也有重要价值。

1. 培养基和试剂

1）氨基酸脱羧酶肉汤

成分　蛋白胨 5g，酵母浸膏 3g，葡萄糖 1g，1.6%溴甲酚紫-乙醇溶液 1mL（或 0.2%溴麝香草酚蓝溶液 12mL），L-氨基酸 5g（或 DL-氨基酸 10g），蒸馏水 1000mL，pH6.8±0.2（25℃）。

制法　将上述成分除氨基酸和指示剂外，加热溶解于蒸馏水中，分别加入各种氨基酸：赖氨酸、精氨酸和鸟氨酸。L-氨基酸按 0.5%加入，DL-氨基酸按 1%加入，对照培养基不加氨基酸。再校正 pH 至 6.8。分装于 16mm×150mm 试管内，每管分装 5mL，液面需加石蜡，121℃高压灭菌 10min。

2）氨基酸脱羧酶实验培养基（Moeller 配方）

成分　蛋白胨 5.0g，牛肉浸膏 5.0g，D-葡萄糖 0.5g，溴甲酚紫 0.01g，甲酚红 0.005g，维生素 B6（吡哆醛）0.005g，琼脂（半固体）3～6g，蒸馏水 1000mL，pH 6.0～6.3。

制法　将上述成分加热溶解后，调 pH 为 6，再加指示剂。将上述基础培养基分为四等份，分装每瓶 100mL，其中三份分别加入各种氨基酸（L-赖氨酸、L-精氨酸和 L-鸟氨酸）的盐酸盐，使浓度达到 1%。如用 DL 型氨基酸，则浓度应达到 2%，再调 pH 至 6.0～6.3，未加氨基酸的一份基础培养基作为空白对照。分装小试管，每管 3～4mL，液面需加石蜡，121℃高压灭菌 10min。鸟氨酸的培养基中可能有少量絮状沉淀，但无碍作用。

用于非发酵菌的鉴定时，可使用上述两种培养基，配制方法同上，液面上不加石蜡。

3）氨基酸脱羧酶氯化钠肉汤　用于弧菌科细菌鉴定时，在上述氨基酸脱羧酶基础培养基中应加入氯化钠，可选用 1%、1.5%、3%或 3.5%任一浓度的氯化钠溶液，然后将各类氨基酸溶于此氯化钠溶液中，再按上法配制培养基，液面需加石蜡。此培养基的质量控制见表 1-5。

表 1-5　质量控制菌株氨基酸脱羧酶实验结果

菌株	CMCC	颜色		反应
		实验管	对照管	
大肠埃希菌	44113	黄色→紫色	黄色	阳性
鼠伤寒沙门菌	50220	黄色→紫色	黄色	阳性
普通变形杆菌	49001	黄色	黄色	阴性

2. 实验方法

从琼脂斜面上挑取幼龄培养物，将其分别接种于含氨基酸（赖氨酸或鸟氨酸或精氨酸）培养基和不含氨基酸对照培养基中，并在每管液面上加入 1mL 灭菌液体石蜡或矿物油封盖，于 36℃±1℃培养 1～4d，每日观察结果。一般肠杆菌科的细菌于 1～2d 呈阳性反应，但也有迟缓阳性者，培养 3～4d 才出现阳性反应。因此对于肠杆菌科的细菌，一般于 36℃培养 4d，每天观察。

3. 结果判定与报告

1）*阳性反应结果*　实验管呈紫色或带红色调的紫色，对照管呈黄色，为阳性，记作：“+”。

氨基酸脱羧酶阳性者由于产碱，培养基应呈紫色。实际上，阳性反应实验管颜色变化过程为：紫色→黄色→紫色。这是因为在培养的早期（10～12h），细菌发酵葡萄糖产酸使培养液 pH 下降，指示剂溴甲酚紫由紫色变为黄色，以后由于氨基酸脱羧生成胺，pH 又回升至碱性，指示剂显紫色。对照管应为黄色。对照管呈黄色，说明有细菌生长。

2）*阴性反应结果*　氨基酸脱羧酶阴性者无碱性产物，但因葡萄糖产酸而使培养基变为黄色。因此，实验管、对照管都呈黄色或不变色，为阴性，记作：“–”。

实验管、对照管均变紫色，需延长观察时间，如仍不变色，则实验无意义。

六、精氨酸双水解酶实验

某些细菌在厌氧条件下可产生双水解酶，该酶可以使得精氨酸发生双水解作用，精氨酸经过两步水解生成有机胺和无机氨。首先，精氨酸水解生成瓜氨酸和氨；其次，瓜氨酸又在瓜氨酸酶的作用下，形成鸟氨酸、氨及二氧化碳；最后，鸟氨酸又在鸟氨酸脱羧酶的作用下生成腐胺及二氧化碳。胺类物质使培养基呈碱性，使指示剂显示出来，以此鉴别细菌。主要用于肠杆菌科及假单胞菌属的鉴定。

1. 培养基

Thornley 氏培养基　假单胞菌属细菌鉴定通常采用 Thornley 氏培养基，不加石蜡。

成分　蛋白胨 1g，氯化钠 5g，琼脂 6g，L-精氨酸盐 10g，5%磷酸氢二钾 6mL，0.4%酚红溶液 2.5mL，蒸馏水 1000mL，pH7.0～7.2。

制法　除指示剂外，将上述成分混合，加热溶解，校正 pH 至 7.0～7.2，然后加入酚红指示剂，分装试管，培养基高度 4～5cm，121℃高压灭菌 15min。

2. 实验方法

从琼脂斜面上挑取幼龄培养物，将其分别穿刺接种于上述含精氨酸培养基和不含精氨酸的对照培养基中，并在每管液面上加入 1mL 灭菌液体石蜡或矿物油封管，于 36℃±1℃培养 3d、7d、14d，观察结果。

使用方法同上，作非发酵菌鉴定用，不加石蜡封闭。同时接种对照管一支。

3. 结果判定与报告

Thornley 氏培养基结果　指示剂颜色转为碱性为阳性，即培养基颜色变为红色者，为阳性，记作：“+”；培养基颜色无变化者，为阴性，记作：“−”。

阳性反应现象通常在 24～48h 后出现，最长可观察至 7d。

七、尿素酶实验

某些细菌能产生尿素酶，将尿素分解产生氨，氨使培养基变为碱性，使培养基中的酚红指示剂呈粉红色，培养基由黄色变为红色，为阳性，以此鉴别细菌。奇异变形杆菌和普通变形杆菌、雷极普罗威登菌和摩根摩根菌阳性；斯氏普罗威登菌和产碱普罗威登菌阴性。

1. 培养基和试剂

Rustigian 尿素培养液

成分　尿素 20.0g，磷酸氢二钠 9.5g，酵母浸膏 0.1g，酚红 0.01g，磷酸二氢钾 9.1g，蒸馏水 1000mL，pH6.8±0.2。

制法　将上述成分于蒸馏水中溶解，校正 pH 为 6.8±0.2。不要加热，过滤除菌，无菌分装于灭菌小试管中，每管为 1.5～3mL。

2. 实验方法

挑取大量培养 18～24h 的待试菌，浓密涂布接种于尿素琼脂斜面上，不要到达底部，留底部作变色对照。培养 2h、4h 和 24h 分别观察一次结果，如阴性应继续培养至 4d，作最终判定。

3. 结果判定与报告

培养基变粉红色者，为阳性，记作：“+”；培养基颜色不变者，为阴性，记作：“−”。

八、霍乱红实验

霍乱红实验，即亚硝基靛基质实验。霍乱弧菌含色氨酸酶，该酶可以分解色氨酸产生吲哚，同时霍乱弧菌能将硝酸盐还原成亚硝酸盐。亚硝酸盐与吲哚结合生成亚硝基吲哚，滴加浓硫酸后立即出现玫瑰红色，称霍乱红实验阳性。因此，在含硝酸盐的蛋白胨水中培养霍乱弧菌，使得其产生的两种代谢产物发生上述反应，生成亚硝酸吲哚，随后滴加浓硫酸，以此鉴定霍乱弧菌。虽然霍乱弧菌为霍乱红实验阳性，但其他许多非致病性弧菌也能分解色氨酸和还原硝酸盐，它们均能产生阳性，故该实验的特异性并不强。

1. 培养基和试剂

碱性蛋白胨水

成分　蛋白胨 20g，NaCl 5g，硝酸钾 0.1g，结晶碳酸钠（$Na_2CO_3 \cdot 12H_2O$）0.2g，蒸馏水 1000mL。

制法 将蛋白胨、NaCl、硝酸钾和结晶碳酸钠称好，溶于蒸馏水中，校正 pH 至 8.4，分装试管，121℃高压灭菌 15min 后备用。

2. 实验方法

将细菌接种于碱性蛋白胨水中，35℃孵育 18～24h，向培养基中滴加浓硫酸 1～2 滴，混合后观察结果。

3. 结果判定与报告

呈红色者，为阳性反应，记作："+"；颜色无变化者，为阴性反应，记作："–"。

实验三 碳源和氮源利用实验

碳素和氮素是微生物合成细胞物质的必需营养元素，细菌能否利用不同来源的碳和氮（硝态氮或铵态氮）进行生长反映了细菌的合成能力，可作为细菌鉴别指标。例如，有些细菌可以利用铵态氮而不能利用硝态氮，有些细菌既可以利用铵态氮，又能利用硝态氮，这代表了不同细菌的遗传特性。碳源和氮源利用实验是细菌对单一来源的碳源和氮源利用的鉴定。在无碳或无氮基础培养基中分别添加特定的不同的碳化物或氮化物，观察细菌能否生长，就可以判断细菌利用某种碳源和氮源的能力。微生物对各种碳源和氮源物质的利用能力和代谢结果的差异是区分微生物种类的重要依据之一。

自然界存在的含碳和含氮化合物种类很多，一般可分为有机碳化物、有机氮化物、无机碳化物、无机氮化物和分子态的碳化物、氮气。从简单的无机含碳化合物，如 CO_2 和碳酸盐、硝酸盐到各种各样的天然有机化合物都可以作为微生物的碳源和氮源。在碳源利用实验中通常使用的含碳化合物主要是各种有机酸盐和铵盐。

实验时，菌液不可太浓，否则结果不易观察。同时应设已知菌阴性、阳性对照。可用多种细菌实验同一含碳化合物，亦可用多种含碳或含氮化合物实验同一种细菌，但是不能用一支培养管做多项实验。

一、枸橼酸盐利用实验

某些细菌能利用柠檬酸盐作为唯一碳源，分解枸橼（柠檬）酸盐生成碳酸盐；同时分解培养基中的铵盐生成氨，使培养基变为碱性，使指示剂颜色发生改变，如使用溴麝香草酚蓝时，当培养基颜色由淡绿转为深蓝色，有菌生长时，即为阳性反应。该实验可用于肠杆菌科中菌属间的鉴定，埃希菌属、志贺菌属、爱德华菌属和耶尔森菌属均为阴性；沙门菌属、克雷伯菌属、黏质和液化沙雷菌及某些变形杆菌和枸橼酸杆菌为阳性。此外，铜绿假单胞菌、洋葱假单胞菌和嗜水气单胞菌也能利用枸橼酸盐。

1. 培养基和试剂

1）Simmons 氏培养基

成分 柠檬酸钠 1g，磷酸氢二钾 1g，硫酸镁 0.2g，氯化钠 5g，琼脂（洗过）20g，磷酸二氢铵（$NH_4H_2PO_4$）1g，1%溴麝香草酚蓝乙醇溶液 10mL，蒸馏水 1000mL。

制法 调整 pH 至 6.8，121℃高压灭菌 15min 后制成斜面。如将上述培养基中的琼脂省去，制成液体培养基，同样可以应用。

2）*Christenten 氏培养基*

成分　柠檬酸钠 5g，磷酸二氢钾 1g，葡萄糖 0.2g，酚红 0.012g，半胱氨酸 0.1g，琼脂 15g，酵母浸膏 0.5g，蒸馏水 1000mL。

pH 不必调整。121℃高压灭菌 15min 后做成短厚的斜面。有的配方尚加柠檬酸铁铵 0.4g，硫代硫酸钠 0.08g。

2. 实验方法

（1）挑取待检菌，将待检细菌少量接种划线到 Simmons 氏培养基中，于 37℃培养 2～4d，每天观察结果。

（2）挑取待检菌，将待检细菌少量接种划线到 Christenten 氏培养基中，接种时先划线后穿刺，于 37℃培养，观察 7d。

3. 结果判定与报告

1）*接种 Simmons 氏培养基*　　Simmons 氏培养基上有菌落或菌苔生长，培养基斜面变为蓝色或深蓝色，为阳性，记作："+"；不能利用枸橼酸盐作为碳源的细菌，在 Simmons 氏培养基上不能生长，培养基颜色则仍为浅绿色，为阴性，记作："–"。

2）*接种 Christenten 氏培养基*　　培养基变红色者，为阳性反应，记作："+"；培养基仍为黄色者，为阴性反应，记作："–"。

二、丙二酸盐利用实验

某些细菌可以利用培养基中的丙二酸盐作为唯一碳源，丙二酸盐被分解成碳酸钠，使培养基变为碱性，指示剂的颜色随之发生变化，如使用溴麝香草酚蓝作为指示剂时，培养基由浅绿色变成蓝色，为阳性反应，以此鉴别细菌。可以用于肠杆菌科中属间及种的鉴别，克雷伯菌属为阳性，枸橼酸杆菌属、肠杆菌属和哈夫尼亚菌属中有些菌种也呈阳性，其他菌属均为阴性。

1. 培养基和试剂

丙二酸钠培养基

成分　酵母浸膏 1g，硫酸铵 2g，磷酸氢二钾 0.6g，磷酸二氢钾 0.4g，氯化钠 2g，丙二酸钠 3g，0.2%溴麝香草酚蓝溶液 12mL，蒸馏水 1000mL，pH6.8。

制法　先将酵母浸膏和盐类溶解于水，校正 pH 后再加入指示剂，分装试管，121℃高压灭菌 15min。

2. 实验方法

取待检菌新鲜纯培养物，接种于丙二酸钠培养基上，于 36℃±1℃培养 48h，观察结果。

3. 结果判定与报告

培养基由草绿色变成蓝色者，为阳性，记作："+"；培养基无颜色变化者，为阴性，记作："–"。

三、醋酸钠利用实验

某些细菌可以利用铵盐作为唯一氮源，同时利用醋酸盐作为唯一碳源时，可在醋酸盐培养基上生长，分解醋酸盐生成碳酸盐，使培养基变为碱性。肠杆菌科中埃希菌属为阳性，志贺菌属为阴性。铜绿假单胞菌、荧光假单胞菌、洋葱假单胞菌等也为阳性。

1. 培养基和试剂

醋酸盐培养基

成分　醋酸盐 2g，氯化钠 5g，硫酸镁 2g/L，磷酸氢铵 1g，磷酸氢二钾 1g，琼脂 20g，蒸馏水 1000mL。

制法　将上述成分加热溶解，校正 pH 至 6.8，然后加 2g/L 溴麝香草酚蓝溶液 12mL，分装试管，121℃灭菌 15min，制成斜面置 4℃冰箱备用，2 周内用完。

质量控制　大肠埃希菌（ATCC 25922）阳性；宋内氏志贺菌（ATCC 11060）阴性。

2. 实验方法

将被检菌接种于醋酸盐培养基中，置 35℃孵育 2～7d，每日观察结果。

3. 结果判定与报告

培养基上有细菌生长，培养基颜色由草绿色变成蓝色者，为阳性，记作："+"；培养基上无细菌生长，培养基无颜色变化者，为阴性，记作："−"。

4. 注意事项

（1）实验菌株要新鲜。

（2）阴性菌要观察至第 7d 方可报告。

四、马尿酸盐水解实验

某些细菌具有马尿酸水解酶，可利用马尿酸作为唯一氮源，使马尿酸水解为苯甲酸和甘氨酸。苯甲酸与三氯化铁试剂结合，形成苯甲酸铁沉淀；甘氨酸在茚三酮的作用下，经氧化脱氨基反应，生成氨、二氧化碳和相应的醛。而茚三酮则生成还原型茚三酮。反应过程中形成的氨和还原型茚三酮，与残留的茚三酮起反应，形成紫色化合物。因此测定细菌水解马尿酸的能力有两种常用方法。本实验作为某些芽孢杆菌的鉴定和黄单胞菌属的鉴定之用。

1. 培养基和试剂

马尿酸钠培养基（SHM）

成分　马尿酸钠 1g，肉汤 100mL，pH 7.8。

制法　将马尿酸钠和肉汤加热溶解，调 pH 至 7.8，分装于试管中，每管 4mL，121℃灭菌 15min。冷却后用玻璃蜡笔记录培养基液面，置冰箱中备用。

三氯化铁试剂：三氯化铁 12g 溶于 2%盐酸 100mL 中。

茚三酮试剂：0.1g 茚三酮溶于 50mL 蒸馏水中，2d 内用完，否则失效。

2. 实验方法

1）三氯化铁法　　将待检菌接种于马尿酸钠培养基中，置 35℃孵育 48h，观察培养基液面，如液面下降时以蒸馏水补充之。离心沉淀，取上清液 0.8mL，加入三氯化铁试剂 0.2mL，立即混匀，经 10～30min 观察结果。

2）茚三酮法　　将待检菌接种于马尿酸钠培养基中，置 35℃孵育 48h，观察培养基液面，如液面下降时以蒸馏水补充之。离心沉淀，取上清液 0.8mL，加入茚三酮试剂 0.2mL，立即混匀，然后将试管放在沸水浴中加热 8～10min 后，观察结果。

3. 结果判定与报告

1）三氯化铁法　出现稳定沉淀物为阳性，记作：“+”；反之为阴性，记作：“-”。

2）茚三酮法　出现紫色者为阳性，记作：“+”；反之为阴性，记作：“-”。

实验四　酶类实验

一、氧化酶实验

氧化酶，又称细胞色素氧化酶，是细胞色素呼吸酶系统的终末呼吸酶。有氧呼吸过程中，氧化酶（oxidase）在电子传送系统中扮演重要角色，其并不直接与氧化酶试剂起反应，而是先由氧分子将已还原的细胞色素 c（reduced cytochrome）氧化，产生水或过氧化氢，然后氧化型细胞色素 c 再使二甲基对苯二胺或四甲基对苯二胺试剂氧化产生颜色反应，生成玫瑰红色到暗紫色的醌类化合物，为阳性。或是再和 α-萘酚结合，生成吲哚酚蓝，呈蓝色反应，为阳性（Ewing 氏改进法）。

$$2\text{还原型细胞色素c} + 2H^{+} + 1/2O_2 \xrightarrow[\text{细胞色素}]{\text{氧化酶}} 2\text{氧化型细胞色素c} + H_2O$$

$$(H_3C)_2N-C_6H_4-N(CH_3)_2 \xrightarrow{\text{氧化型细胞色素c}} (H_3C)_2N^{+}=C_6H_4=N^{+}(CH_3)_2$$

(四甲基苯二胺)　　　　(Warster 蓝盐)

好氧菌与部分兼性厌氧菌及微好氧菌均具氧化酶的作用。本实验肠杆菌科阴性，弧菌科、非发酵菌阳性（除个别菌种外），假单胞杆菌属、奈瑟菌属、莫拉菌属、产碱杆菌属均阳性。

1. 培养基和试剂

Gordn 和 Mcleod 试剂：1%盐酸二甲基对苯二胺水溶液。

Govac 试剂：1%盐酸四甲基对苯二胺水溶液。

靛酚氧化酶（indophenol oxidase）试剂：

A 液：1%盐酸二甲基对苯二胺水溶液；

B 液：1% α-萘酚-乙醇溶液。

上述试剂配制后盛于棕色瓶中，置冰箱中可保存 2 周，若冰冻保存可用 4～6 周。

2. 实验方法

1）基础法　取白色洁净滤纸蘸取待测菌落，加 Gordn 和 Mcleod 试剂 1 滴，1min 内观察结果。一般结果读取在 10s 时为最佳，1min 内读取可靠。也可用毛细吸管吸取试剂，直接滴加 1～2 滴在培养物上进行实验。或用氧化酶试纸（二甲基/四甲基）蘸取菌落，观察细菌的颜色变化。

2）*Ewing 氏改进法*　　取白色洁净滤纸蘸取菌落。加 A 液 1 滴，阳性者呈现粉红色，并逐渐加深；再加 B 液 1 滴，1min 内观察结果。

每次实验用 ATCC27853 铜绿假单胞菌作阳性对照，ATCC25922 大肠埃希氏菌作阴性对照。

3. 结果判定与报告

1）*基础法*　　阳性反应立即出现粉红色，并逐渐加深，变为淡紫色，再到深紫色，记作：“+”；阴性反应无变色，记作：“−”。

若采用试纸法检验，则其阳性反应为红褐色或黑褐色；阴性反应无变色。

2）*Ewing 氏改进法*　　于半分钟内呈现鲜蓝色为阳性；于 2min 内不变色为阴性。

4. 注意事项

（1）由于氧化酶试剂在空气中易被氧化而失效，保存期很短，故应经常更换新试剂，并盛于棕色瓶中，于冰箱内避光保存。此试剂为无色溶液，若试剂已变成红褐色或深蓝色，应弃去不用。尽量临用时少量新鲜配制，或将滤纸浸泡在氧化酶试剂中，自然风干，然后装入灭菌的小试剂瓶中，置于冰箱冷冻保存，可以保存半年左右。也可购置氧化酶试条。

（2）实验时应避免接触含铁物质，如取菌时需用白金环、玻璃棒或是塑料环，含铁、镍铬丝等金属的接种环可催化氧化酶试剂呈红色反应，从而产生假阳性的结果。

（3）取菌时不能在含有三价铁离子的培养基中取菌，比如 SS 培养基、克氏双糖管，否则也会产生假阳性的结果。

（4）取菌时尽量不要在有颜色的培养基中取菌，比如麦康凯培养基上能分解乳糖的细菌自身就变为粉红色或紫色，对结果的判断自然也会产生影响。

（5）在滤纸上滴加试剂，以刚刚打湿滤纸为宜，如滤纸过湿，会妨碍空气与菌苔接触，从而延长了反应时间，造成假阴性。

二、触酶实验

触酶，又称接触酶、过氧化氢酶。黄酶系统的呼吸酶最后把氢交给分子氧而形成过氧化氢，过氧化氢对活细胞有毒，触酶的作用是使过氧化氢分解为分子态氧，于半分钟内出现大量气泡。

$$2H_2O_2 \xrightarrow{\text{细胞色素}} 2H_2O + O_2\uparrow$$

绝大多数细菌均可产生该酶。但链球菌属的触酶阴性，金氏杆菌属细菌的触酶也阴性。

1. 培养基和试剂

1）*蛋白胨牛肉膏葡萄糖（PRG）培养基*

成分　蛋白胨 10g，葡萄糖 2.5g，酵母膏 5g，盐溶液 20mL，胰酶解酪朊 2.5g，维生素 K 溶液 0. 5mL，氯化血红素溶液 5～2.5mg/mL，蒸馏水 500mL，pH7. 2±0.1。

制法

盐溶液成分：无水氯化钙 0.2g、七水硫酸镁 0.48g、磷酸氢二钾 1g、磷酸二氢钾 1g、碳酸氢钠 10g、氯化钠 2g。将氯化钙和七水硫酸镁混合溶解于 300mL 蒸馏水中，再加 500mL

蒸馏水，一边搅拌一边缓慢加入其他盐类。继续搅拌直到全部溶解，加蒸馏水至1000mL配制成盐溶液，混合后贮备于4℃。

氯化血红素溶液（5mg/mL）：称取氯化血红素0.5g溶于1mol/L氢氧化钠1mL中，加蒸馏水至100mL，121℃高压灭菌15min，冰箱保存。

维生素K溶液：称取维生素K 1g，加无水乙醇99mL，过滤除菌，放冷暗处保存。

先将培养基中各成分除维生素K溶液外混合加热溶解，冷后调pH至7.2，加热10min，过滤，分装试管，121℃高压灭菌15min，冷后以无菌操作加入维生素K溶液。

对于厌氧的乳酸细菌，要在上述培养基中加入0.1%刃天青液0.1mL和半胱氨酸-HCl·H_2O 0.25g，并在厌氧条件下制作培养基。半胱氨酸在培养基煮沸后，分装容器前加入培养基中。

2）试剂　3%～15%过氧化氢（H_2O_2），避光置4℃冰箱保存。

2. 实验方法

将测试菌种接种于合适的培养基斜面，通常可使用PYG琼脂，适温培养18～24h。取一干净的载玻片，在上面滴1滴3%～15%的过氧化氢，挑取1环培养的菌苔，在过氧化氢溶液中涂抹，观察结果。也可将3%～15%过氧化氢溶液直接滴加到不含血液的被检细菌琼脂培养物上，或滴加到不含血液的肉汤培养物中，观察结果。

Daniel Y.C.法（另一方法）：将细菌在平板上划线，于37℃培养24h。另取一支毛细玻璃管（外径1mm，长67mm左右），将其一端浸于3%的过氧化氢溶液中，使过氧化氢上升到毛细玻璃管内，高度约达20mm。将这一支带有过氧化氢的毛细管下端轻轻接触菌落，毛细管内立即出现“沸腾”者为强阳性，观察时间以10s为限。

对厌氧菌的接触酶测定需要将斜面培养物在空气中暴露至少30min再进行检测。

3. 结果判定与报告

若有气泡（氧气）出现者为过氧化氢酶阳性，记作：“+”；无气泡者则为阴性，记作：“–”。

4. 注意事项

（1）过氧化氢酶是一种以正铁血红素作为辅基的酶，所以测试菌所生长的培养基不可含有血红素或红细胞，即不能在血平板上进行实验，这样易出现假阳性。

（2）过氧化氢浓度过高（30%）会产生气泡，出现假阳性。

（3）若鉴定乳酸细菌，使用的培养基中应至少含有1%的葡萄糖。因为乳酸细菌在无糖或少糖培养基上生长时，可能产生一种称为“假过氧化氢酶”的非血红素酶。

（4）用陈旧菌落进行实验可能会导致假阴性结果。

三、凝固酶实验

凝固酶实验即血浆凝固酶实验。病原性葡萄球菌能产生血浆凝固酶，使血浆中纤维蛋白原变为不溶性纤维蛋白，附于细菌表面，生成凝块，因而具有抗吞噬的作用。该酶使含有抗凝剂的人或兔血浆发生凝固，分为以下两种类型。

一种类型是结合在细菌细胞壁上，遇到血浆直接作用于血浆的纤维蛋白，使细菌凝成颗粒状，使用玻片法。玻片法检测血浆凝固酶阳性的菌有：金黄色葡萄球菌（*Staphylococcus aureus*）、里昂葡萄球菌[即路邓葡萄球菌（*Staphylococcus lugdunensis*）]、施氏葡萄球菌凝聚亚种（*Staphylococcus schleiferi* ssp. *coagulans*）及部分中间型葡萄球菌（*Staphylococcus intermedius*）。

另一种类型是分泌到细菌细胞外，称为游离血浆凝固酶，能使血浆中的纤维蛋白原变为纤维蛋白，使用试管法。试管法检测血浆凝固酶阳性的菌有：金黄色葡萄球菌、施氏葡萄球菌凝聚亚种、中间型葡萄球菌、海豚葡萄球菌（*Staphylococcus delphini*）及部分猪葡萄球菌（*Staphylococcus hyicus*）。

凝固酶实验对于判定该菌株是否具有致病力很有帮助。葡萄球菌凝固酶实验被广泛地用于常规鉴定金黄色葡萄球菌与其他葡萄球菌。本实验是鉴别葡萄球菌致病性的重要指标。

1. 试剂

兔（或人）血浆　柠檬酸钠溶液（38g/L）100mL 过滤，装瓶，121℃高压灭菌 15min。取 1 份该柠檬酸钠溶液加 4 份兔（或人）全血，混合静置，血球下降，即可得血浆进行实验。

2. 实验方法

1）玻片法　取生理盐水 2 滴，分别滴于清洁干燥载玻片上，以接种环挑取被检细菌菌落，放在 2 滴生理盐水中，研磨成浓菌悬液。在 1 滴悬液中加 1 滴未稀释的血浆，另一滴加入 1 滴生理盐水作为对照，迅速摇动，观察结果。

若在加血浆的 1 滴中迅速出现凝固颗粒，在加生理盐水对照的 1 滴中未出现凝固颗粒，为阳性；若超过 2min 才开始出现凝固颗粒者不作阳性（多为非致病性）。

2）试管法　取 3 支灭菌小试管，每支加 1∶4 稀释的新鲜血浆 0.5mL，其中一支加被检细菌生理盐水悬液或肉汤培养物 0.5mL，另一支加阳性菌株生理盐水悬液或肉汤培养物 0.5mL 作阳性对照，再一支加生理盐水或肉汤培养液 0.5mL 作阴性对照。3 支试管同时置于 37℃温箱或水浴箱中，每隔 30min 观察一次结果，观察至 6h。

6h 内，若实验管和阳性对照管出现凝固，阴性对照管不出现凝固，为阳性。多数阳性细菌在 0.5～1h 内发生凝固。

3. 注意事项

（1）玻片法 10s 内观察结果，如超过 10s 可出现假阳性，因此必须用试管法验证凝聚因子实验。

（2）可选择的玻片凝集实验法还包括检测凝集因子和蛋白 A 的胶乳凝集实验。但胶乳凝集实验和玻片凝固酶实验的结果并不完全一致。尽管胶乳凝集实验鉴定路邓葡萄球菌的可靠性较差，但鉴定金黄色葡萄球菌的特异性和灵敏性均高于传统的玻片凝固酶实验。有些腐生葡萄球菌、松鼠葡萄球菌及某些微球菌属的菌种可能胶乳凝集实验为阳性，但玻片凝固酶实验通常阴性。

（3）试管法需制备浓厚的均匀菌悬液，以便观察结果。①试管法葡萄球菌凝固酶实验阳性者，应见到明显的纤维蛋白凝胶块，出现羊毛状或纤维状沉淀物并非真正凝固，应判为阴性。中间型葡萄球菌、猪葡萄球菌需要较长时间（4h 以上）孵育，才可出现阳性。②如果培养时间超过 4h，应考虑以下几点。

a. 延长培养时间后，有些菌株产生的葡萄球菌激酶（溶纤维蛋白酶）可以裂解凝块，产生假阴性结果；

b. 如果使用的血浆不是无菌的（或部分不是无菌的），假阳性和假阴性结果均有可能发生；

c. 所用待测菌不纯，延长培养时间后，污染菌可能导致假阳性结果。在这点上，含 EDTA 的血浆优于柠檬酸盐血浆，因为利用柠檬酸盐的细菌（如一些链球菌）可能通过消耗柠檬酸盐促进凝集发生。

d. 所用血浆缺乏纤维蛋白原（脱纤维血浆）。

（4）最好用 EDTA 抗凝的兔血浆，不主张用人的抗凝血，除非经过实验证实其中不含感染因子、没有凝血能力和没有抑制因子。不同种动物血浆因子不同，凝固状态也不同，兔血浆凝块结实，凝固速度快，优于人血浆。

（5）实验不能在高盐培养基上取菌落，因为可能出现自凝或假阳性。

（6）若被检菌为陈旧的肉汤培养物（超过 18～24h），或生长不良，凝固酶活性低的菌株可能检测不出来。

（7）为防止玻片法检测的假阳性反应，必须严格按标准进行操作。当怀疑待测菌是金黄色葡萄球菌时，对玻片凝固酶阴性的结果应做试管法凝固酶实验确证。玻片法和试管法凝固酶实验的血浆标准是：必须含有足够浓度的凝固酶反应因子和纤维蛋白原，必须无溶纤维蛋白活性和无抑制剂。

四、DNA 酶实验

某些细菌能产生 DNA 酶，水解外源性 DNA 使之成为寡核苷酸。长链 DNA 可被酸沉淀，而寡核苷酸则不会。故在 DNA 琼脂平板上加盐酸后，可在菌落周围形成透明区。在革兰阳性球菌中只有金黄色葡萄球菌产生 DNA 酶，在肠杆菌科中沙雷菌和变形杆菌产生此酶，因此，沙雷菌、变形杆菌和金黄色葡萄球菌 DNA 酶均阳性。本实验主要用于肠杆菌科及葡萄球菌属某些菌种的鉴定。

1. 培养基和试剂

DNA 酶琼脂培养基

成分　胰蛋白胨 15.0g，大豆胨 5.0g，氯化钙 0.02g，氯化钠 5.0g，DNA 2.0g，琼脂 15.0g，pH7.3±0.2（25℃）。

制法　称取本培养基 42.0g，缓缓加热溶解于 1000mL 蒸馏水中（避免形成不溶性丝状物），116℃高压灭菌 15min，冷至 50℃左右时，倾入无菌平皿。

2. 实验方法

将平板培养基分成 4～8 区，每区用接种环划线肉汤培养物，37℃培养 18～24h，在培养基表面滴加 1mol/L 盐酸，观察结果。

3. 结果判定

如菌落周围有透明区者为阳性，若为 DNA 酶阳性，在生长菌落周围产生明显透明环。如果加入 0.1%甲苯胺蓝溶液，残留 DNA 部分变蓝，其水解部分变为蔷薇色。无透明区为阴性。

五、胆汁溶菌实验

胆汁或去氧胆酸钠能导致某些细菌溶解，一方面是由于胆汁或去氧胆酸钠降低了细菌细胞膜上的表面张力，使细菌的细胞膜破损或使菌体裂解；另一方面可能与激活细菌体内的自溶酶有关，胆汁加速了细菌本身自溶过程，促使细菌发生自溶。该实验主要用于肺炎链球菌的鉴定。

1. 培养基和试剂

100g/L 去氧胆酸钠或纯牛胆汁。

2. 实验方法

1）试管法　用纯培养物制备 1mL 生理盐水浓菌悬液，pH 调至 7.0，分装两支试管，各 0.5mL。其中一管加 0.5mL 100g/L 去氧胆酸钠为实验管，另一管加 0.5mL 生理盐水作对照。35℃孵育，每小时观察 1 次结果。

2）平板法　在血平板上选取单个可疑菌落，做好标记，直接在菌落上加 1 接种环 20g/L 去氧胆酸钠（pH7.0），置 35℃孵育 30min（平板不要翻转）观察结果。

3. 结果判定

（1）试管法：加胆盐的培养物在 3h 内液体透明，而对照管仍混浊判为阳性。

（2）平板法：如菌落消失，仅留下溶血区为阳性，菌落不消失为阴性。

六、硝酸盐还原实验

硝酸盐还原实验包括两个过程：其一是在合成代谢过程中，硝酸盐还原为亚硝酸盐和氨，再由氨转化为氨基酸和细胞内其他含氮化合物；其次是在分解代谢过程中，硝酸盐或亚硝酸盐代替氧作为呼吸酶系统中的终末受氢体。

硝酸盐还原的过程可因细菌不同而异，有些细菌能将硝酸盐还原为亚硝酸盐，而另一些细菌还能进一步将亚硝酸盐还原为一氧化氮、一氧化二氮和氮。大肠埃希菌等仅使硝酸盐还原为亚硝酸盐；假单胞菌等能使硝酸盐或亚硝酸盐还原为氮；有的细菌则可使其还原为亚硝酸盐和离子态的铵。硝酸盐或亚硝酸盐如果还原生成气体的终末产物，如氮或氧化氮，就称为脱硝化或脱氮化作用。

硝酸盐还原实验系测定还原过程中所产生的亚硝酸。如果细菌能将硝酸盐还原为亚硝酸盐，它可以与格氏亚硝酸试剂反应产生粉红色或红色化合物，即亚硝酸与试剂中的对氨基苯磺酸作用生成重氮苯磺酸，再与 α-萘胺结合，生成 *N*-α-萘胺偶氮苯磺酸（红色）。

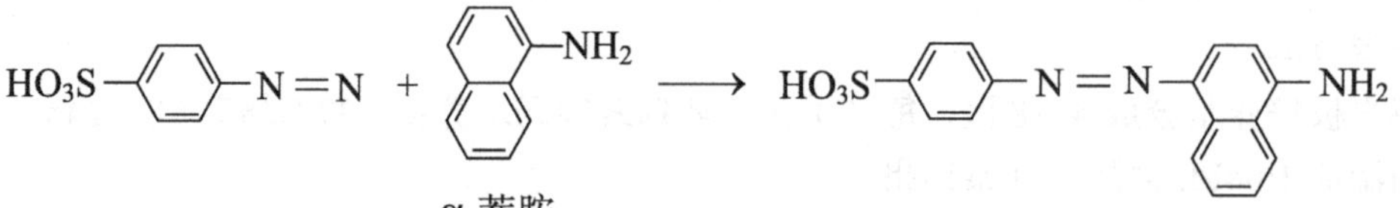

$$HO_3S-C_6H_4-N{=}N + \underset{\alpha\text{-萘胺}}{C_{10}H_7NH_2} \longrightarrow \underset{N\text{-}\alpha\text{-萘胺偶氮苯磺酸}}{HO_3S-C_6H_4-N{=}N-C_{10}H_6-NH_2}$$

$$NO_2^- + HO_3S-C_6H_4-NH_2 + H^+ \longrightarrow HO_3S-C_6H_4-N{=}N + H_2O$$

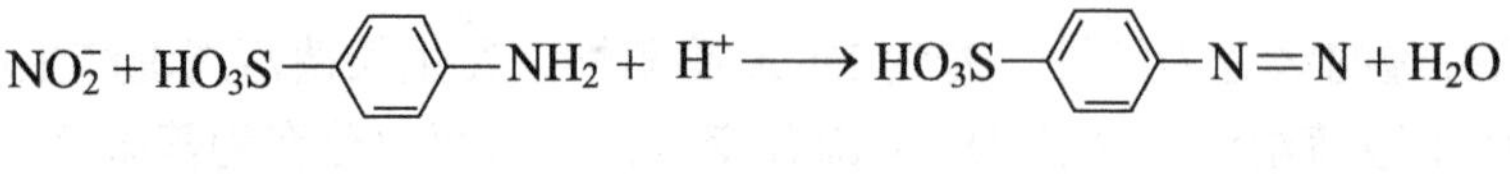

（一）需氧菌硝酸盐培养基法

1. 培养基和试剂

1）硝酸盐培养基

成分　硝酸钾（不含 NO_2^-）0.2g，蛋白胨 5g，蒸馏水 1000mL。

制法　溶解，调 pH 至 7.4，分装试管。每管约 5mL，121℃高压灭菌 15min。

2）格里斯试剂

甲液：对位氨基苯磺酸 0.8g，5mol/L 醋酸溶液 100mL。

乙液：α-萘胺 0.5g，5mol/L 醋酸溶液 100mL。

3）二苯胺试剂

A 液：1.5g 二苯胺（$C_{12}H_{11}N$）溶于 100mL 冰醋酸（乙酸，$C_2H_4O_2$）中，再加 1.5mL 浓硫酸，用棕色瓶保存（光下分解）。例如，冰醋酸呈结晶状态，则需加温后待其溶化，再使用。

B 液：体积分数为 0.2%的乙醛溶液（C_2H_4O）。

将 0.1mL B 液 加入 10mL A 液中，制成二苯胺试剂，现配现用。

2. 实验方法

将被检细菌接种于硝酸盐培养基中，37℃培养 1～4d，每天吸取培养物 2mL，加格里斯试剂甲液和乙液的等量混合物各数滴混匀，同时以接种细菌的培养基作对照，立即观察结果。

3. 结果观察及判定

阳性：加入格里斯试剂，立即或于 10min 内培养液呈现粉红色、玫瑰红色、橙色及棕色等，或加入二苯胺试剂，不成蓝色，即为实验阳性。

阴性：加入格里斯试剂，培养液无红色出现，或加入二苯胺试剂，成蓝色，即为实验阴性。

（二）厌氧菌硝酸盐培养基法

1. 培养基

硝酸钾（不含 NO_2^-，化学纯）1g，磷酸氢二钠 2g，葡萄糖 1g，琼脂 1g，蛋白胨 20g，蒸馏水 1000mL，加热溶解，调整 pH 至 7.2，过滤，分装试管，121℃高压灭菌 15min。

2. 实验方法

接种后做厌氧培养，实验方法和结果观察同“（一）需氧菌硝酸盐培养基法”，但培养 1～2d 即可。

（三）注意事项

亚硝酸盐在自然界分布很广，容易污染试剂，硝酸盐不纯或保管不妥也可能含有亚硝酸盐，因此必须做空白对照。

繁殖迅速而还原硝酸盐能力强的细菌如果培养时间过久，可能将亚硝酸盐全部分解为氨和氮，出现假阴性反应，故需每天实验，空白对照。

用 α-萘胺进行实验时，阳性红色消退很快，故加入试剂后应立即判定结果。进行实验时必须有未接种的培养基管作阴性对照。**α-萘胺具有致癌性，故使用时应加注意。**

如欲检查有无氮气产生，可于培养基内加一支杜氏小导管（Durham tube），如有气泡产生，表示有氮气生成。

如加入硝酸盐还原试剂不出现红色，需检查硝酸盐是否被还原，可于原试管内再加入少许锌粉，如出现红色表示硝酸盐仍然存在。若仍不产生红色，表示硝酸盐已被还原为氨和氮。

肠杆菌科细菌均能还原硝酸盐为亚硝酸盐，铜绿假单胞菌、嗜麦芽假单胞菌等可产生氮气。

七、卵磷脂酶实验（Nagler 实验）

某些微生物能产生卵磷脂酶（α-毒素），在钙离子存在时，此酶可迅速分解卵黄或血清中的卵磷脂，生成混浊沉淀状的不溶性甘油酯和水溶性磷酸胆碱，即在卵黄琼脂平板上菌落周围形成不透明的乳浊环或混浊白环，或使血清、卵黄液变混浊，此为卵磷脂酶实验阳性。此反应可被相应的抗血清抑制，若在接种细菌前先将卵磷脂酶抗血清（抗体）涂在琼脂平板上，由于抗原（卵磷脂酶）与抗体发生中和反应，则菌落周围不形成不透明区（即无乳白色环），称为 Nagler 实验阳性。

该实验主要用于厌氧菌的鉴定。产气荚膜梭菌、诺维梭菌产生卵磷脂酶，其他梭菌为阴性。蜡样芽孢杆菌亦为阳性。

1. 培养基

1）卵黄琼脂平板

成分 基础培养基：肉浸液 1000mL，蛋白胨 15g，氯化钠 5g，琼脂 25～30g，pH7.5。50%葡萄糖水溶液，50%卵黄盐水悬液。

制法 制备基础培养基，分装每瓶 100mL。121℃高压灭菌 15min。临用时加热溶化琼脂，冷至 50℃，每瓶内加入 50%葡萄糖水溶液 2mL 和 50%卵黄盐水悬液 10～15mL，摇匀，倾注平板。

2）庖肉培养基

成分 牛肉浸液 1000mL，蛋白胨 30g，酵母膏 5g，磷酸二氢钠 5g，葡萄糖 3g，可溶性淀粉 2g，碎肉渣适量，pH7.8。

制法 先称取新鲜除脂肪和筋膜以外的碎牛肉500g，加蒸馏水1000mL和1mol/L氢氧化钠溶液25mL，搅拌煮沸15min，充分冷却，除去表层脂肪，澄清，过滤，加水补足至1000mL。加入除碎肉渣外的各种成分，校正pH。然后将碎肉渣经水洗后晾至半干，分装15mm×150mm试管2～3cm高，每管加入还原铁粉0.1～0.2g或铁屑少许。将上述液体培养基分装至每管内超过肉渣表面约1cm。上面覆盖溶化的凡士林或液体石蜡0.3～0.4cm。121℃高压灭菌15min。

2. 实验方法和结果判定

1）卵黄平板法

A 法：将待检菌培养物划线接种或点种于卵黄琼脂平板上，于 36℃±1℃培养 3～6h，观察结果。若 3h 后在菌落周围形成乳白色混浊环，即为阳性，6h 后混浊环可扩展至 5～6mm。

B 法：将卵黄琼脂平板划分两个区，其中一半先用卵黄磷脂酶抗血清均匀涂抹，置于 36℃待干后，将待检菌接种于未涂抗血清的一半卵黄琼脂平板上，再转划已涂过抗血清的一半，36℃±1℃厌氧培养 24～48h，观察结果。未涂抗血清的一半平板，菌落周围形成较大的混浊不透明区，表示卵磷脂酶实验阳性；涂抗血清的一侧，菌落周围无不透明区，表示卵磷脂酶活性已被抗毒素中和，为 Nagler 实验阳性；如两侧菌落周围均无不透明区，表示该菌不产生卵磷脂酶。

2）卵黄盐水法　将待检培养物的庖肉培养基过滤，收集滤液。在两支灭菌试管内，每管加入 1%卵黄盐水 0.4mL，在一管中加入滤液 0.2mL，另一管加入生理盐水 0.2mL 作对照。在36℃水浴中，经2h、4h、8h、24h观察结果。管底发生混浊沉淀，对照管无沉淀者，为阳性。两管均无沉淀者，为阴性。

八、磷酸酶实验

某些细菌可以产生磷酸酶，该酶是一种能够将对应底物去磷酸化的酶，即通过水解磷酸单酯将底物分子上的磷酸基团除去，并生成磷酸根离子和自由的羟基。其反应可根据反应基质不同而异。在许多生物体中都普遍存在的一种磷酸酶是碱性磷酸酶。细菌碱性磷酸酶（alkaline phosphatase，ALP）的检测多采用磷酸酚酞琼脂平板法，即用磷酸酚酞为基质，经磷酸酶水解后可释放酚酞，在碱性环境中呈红色。该实验主要用于致病性葡萄球菌与非致病性葡萄球菌的鉴别，前者为阳性，后者为阴性。

1. 培养基和试剂

1）*磷酸酚酞琼脂平板*

成分　蛋白胨10g，牛肉膏粉3g，氯化钠5g，琼脂15g，水1000mL，10g/L磷酸酚酞溶液1mL，最终pH7.3±0.2。

制法　将上述琼脂加热溶化，待冷却至45℃时，加入滤过除菌的10g/L磷酸酚酞溶液1mL，摇匀后倾注平板。

质量控制　金黄色葡萄球菌（ATCC 25923）、大肠埃希菌（ATCC 25922）为阳性；铜绿假单胞菌（ATCC 27853）为阴性。

2）*试剂*　浓氨水，400g/L氢氧化钠，磷酸对硝基酚，pH10.5、0.04mol/L甘氨酸氢氧化钠缓冲液。

2. 实验方法

1）*酸性磷酸酶实验方法*　取待检菌接种于磷酸酚酞琼脂平板上，置35℃孵育18～24h，于平皿盖内加1滴浓氨水，熏蒸片刻，观察结果。亦可用液体培养基，经孵育后，向管内加400g/L氢氧化钠溶液1滴，观察结果。

2）*碱性磷酸酶实验方法*　将磷酸对硝基酚加入pH10.5、0.04mol/L的甘氨酸氢氧化钠缓冲液内。观察结果时不必另行加碱。

3. 结果判定

菌落变为红色者为阳性，记作："+"；无变化者为阴性，记作："–"。酚酞指示剂产生的颜色随其pH而变化，试剂的量要准确，太少或太多的碱均可引起假阳性或假阴性结果。

九、脂酶实验

细菌产生的脂酶可分解脂肪为游离脂肪酸。加在培养基中的维多利亚蓝可与脂肪结合成为无色化合物，如果脂肪被细菌产生的脂肪酶分解，则维多利亚蓝释出，呈现深蓝色。该实验主要用于厌氧菌的鉴定。类杆菌属中的中间类杆菌产生脂酶，其他类杆菌则阴性；芽孢梭菌属中产芽孢梭菌、肉毒梭菌和诺维梭菌也有此酶，而其他梭菌阴性。

1. 培养基

脂酶培养基

成分　蛋白胨10g，酵母浸膏3g，氯化钠5g，琼脂20g，pH7.8，维多利亚蓝（1∶1500

水溶液）100mL，玉米油 50mL，蒸馏水 900mL。

2. 实验方法

将被检细菌接种于脂酶培养基上，于 35～37℃培养 24h。

3. 结果判定与报告

细菌如有脂酶，则使培养基变为深蓝色，为阳性，记作："+"；否则培养基不变色（无色或粉红色）为阴性，记作："–"。

十、CAMP 实验

B群链球菌（无乳链球菌）可以产生一种"CAMP"因子，此种物质能促进葡萄球菌的β-溶血素的活性。因此，可在两种细菌（B群链球菌和葡萄球菌）的交界处溶血力增强，出现箭头形（或半月形）透明溶血区。此实验主要用于B群链球菌的鉴定，该菌为阳性，其他链球菌均为阴性。

若待检菌产生磷脂酶 D，则该酶对 β-溶血素具有完全抑制作用，β-溶血素抑制带呈三角形，即逆向 CAMP 现象，如假结核棒杆菌、溶血隐秘杆菌、伊氏李斯特菌等都有逆向 CAMP 现象。

1. 培养基

血琼脂平板培养基

成分　蛋白胨 10g，牛肉膏 3g，氯化钠 5g，琼脂 20g，蒸馏水 1000mL。

制法　将除琼脂以外的各成分溶解于蒸馏水内，加入15%氢氧化钠溶液约2mL，校正 pH 至7.6。加入琼脂，加热煮沸，使琼脂溶化。分装烧瓶，121℃高压灭菌15min。取上述灭菌的营养琼脂，加热使其溶解待冷至45～50℃，以灭菌操作于每100mL 营养琼脂加灭菌脱纤维羊血或兔血5～10mL，轻轻摇匀，立即倾注于平板或分装试管，制成斜面备用。

2. 实验方法

先以产 β-溶血素的金黄色葡萄球菌划一横线接种于血琼脂平板上，再将被检菌与前一划线做垂直划线接种，两线不能相交，需相距 0.5～1cm。于 36±1℃培养 18～24h，观察结果。每次实验都应设阴性和阳性对照。

3. 结果判定

两种细菌划线交接处出现箭头形或半月形溶血区为阳性，记作："+"；无此现象为阴性，记作："–"。

十一、石蕊牛乳实验

石蕊是一种 pH 指示剂，当 pH 升至 8.3 时碱性显蓝色，pH 降至 4.5 时酸性显红色；pH 接近中性，未接种的培养基为紫蓝色，故称紫乳。石蕊也是一种氧化还原指示剂，可以还原为白色。此外，紫乳培养基中的主要成分为干酪素、乳糖等，各种细菌对这些成分的作用不同，故引起培养基的变化也有不同。所以，石蕊牛乳（紫乳）实验是用来测定被检细菌几种代谢性质的一种鉴别实验。可以通过观察培养基的主要变化来鉴定微生物的种类。

1. 培养基和试剂

1）脱脂牛乳　新鲜牛乳用离心机分离，去除上层奶油，取下层脱脂牛乳。若无新鲜牛奶也可用脱脂奶粉代替，每1000mL溶解100g脱脂奶粉。或将新乳煮沸，置冰箱2h，用虹吸法取出底层牛乳。

2）*石蕊液*　石蕊2.5g，蒸馏水100mL。将石蕊浸泡在蒸馏水中过一夜或更长时间，使石蕊变软而易于溶解。溶解后过滤，即可用于配制牛乳。

3）*石蕊乙醇饱和溶液*　8g石蕊在30mL 40%乙醇中研磨，吸出上清液，再如此用乙醇操作两次。加40%乙醇到总量为100mL，并煮沸1min。取用上清液，必要时可加几滴1mol/L盐酸使之达艳紫色。

4）*石蕊牛乳*　2.5%石蕊水溶液4mL，脱脂牛乳100mL，混合后的颜色以丁香花紫色为适度，分装试管，牛奶高度约4cm。121℃灭菌20min。

或将石蕊乙醇饱和溶液加入新鲜脱脂牛奶中，使之达浅紫色，分装于小试管，用流动蒸汽灭菌，每天1次，每次1h，共3d。

现在多应用溴甲酚紫代替石蕊，即于100mL脱脂乳中加入1.2mL的1.6%溴甲酚紫的乙醇溶液。

2. 实验方法

将细菌接种于石蕊牛乳培养基，37℃培养1d、3d、5d、7d、14d和30d后观察酸碱反应、酸凝、酶凝、胨化、还原等现象。

3. 结果判定

根据细菌的种类不同，可呈现下述一种或几种现象。

（1）产酸。细菌发酵乳糖产酸，使石蕊变为红色，溴甲酚紫变为黄色。

（2）产碱。细菌产生蛋白酶可将干酪素分解产生胺或氨，使培养基的pH进一步升高，呈蓝紫色。

（3）胨化。细菌产生蛋白酶，使酪蛋白分解，使部分或大部分牛乳变得较为澄清略透明。

（4）酸凝固。细菌发酵乳糖产酸，使石蕊变红，当酸度很高时（pH4.7以下），可使牛乳凝固；如有气体形成，则凝块中有裂隙，在魏氏梭菌则呈“暴烈发酵”。

（5）凝乳酶凝固。有些细菌能产生凝乳酶，使牛乳中的酪蛋白凝固，很少或无酸产生，此时石蕊呈蓝色或不变色。

（6）还原。细菌生长旺盛，使培养基氧化还原，电位降低，因而石蕊褪色。

上述5种情况石蕊均可还原。

实验五　抑菌实验

一、Optochin敏感实验

Optochin（奥普托欣）是盐酸乙基氢化羟基奎宁（ethylhydrocupreine HCl）的商品名。对肺炎链球菌有特异抑制作用，其作用机制可能是干扰叶酸生物合成作用，而对其他链球菌则无此作用。因此主要用于肺炎链球菌（敏感）与其他链球菌（耐药）的鉴别，即肺炎链球菌对其敏感，而其他链球菌对其耐药。

1. 培养基和试剂

血琼脂平板培养基：蛋白胨 10g，牛肉粉 3g，氯化钠 5g，脱纤维羊血 50mL，琼脂 15g，去离子水 1000mL。

Optochin 纸片（直径 6mm，含药 5μg）。

Optochin 10mg 溶于 10mL 蒸馏水中，取 1mL，加入 200 片直径 6mm 的灭菌纸片中，使其充分吸收，于 37℃烘干备用。每片含 Optochin 5μg。或将宽 8mm 的滤纸条浸于 1∶4000 的 Optochin 水溶液中，取出烘干备用。

2. 质量控制

肺炎链球菌 ATCC49619 阳性，粪链球菌 ATCC9790 阴性。

3. 实验方法

用棉拭子将待检菌的肉汤培养物均匀涂布于血琼脂平板上，贴上一张含 Optochin 纸片，置烛缸或二氧化碳孵箱，35℃孵育 18～24h，观察抑菌圈的大小。

4. 结果判定

抑菌圈直径大于 14mm 为敏感，记为：“S”；抑菌圈直径小于 14mm 时，参照实验四中“五、胆汁溶菌实验”，或为其他链球菌，记为：“R”。

5. 注意事项

（1）若分离物生长稀少，则很难正确判定结果。因此抑菌圈小于 14mm 时应参照实验四中“五、胆汁溶菌实验”。

（2）做 Optochin 敏感实验的平板若在 CO_2 环境下培养，抑菌圈将会缩小，应注意鉴别。

（3）同一血琼脂平板可以同时测定几株菌株，但不要超过 4 株被测菌。

（4）Optochin 纸片可保存于冰箱中，一般可保存 9 个月，但如用已知敏感的肺炎链球菌检测为耐药时，纸片应废弃。

二、杆菌肽敏感实验

杆菌肽（bacitracin）是枯草杆菌和地衣芽孢杆菌产生的环肽，抑制革兰氏阳性菌细胞壁肽聚糖的合成，有杀菌作用，也抑制糖蛋白核心寡糖的合成。A 群链球菌对杆菌肽几乎是 100% 敏感，而其他群链球菌对杆菌肽通常耐药。故此实验主要用于 A 群与非 A 群链球菌的鉴别。从临床分离的菌株中有 5%～15%的非 A 群链球菌也对杆菌肽敏感，如 6%的 B 群链球菌、7.5%的 C 群链球菌和 G 群链球菌等。

1. 培养基和试剂

血琼脂平板培养基

成分 豆粉琼脂（pH7.4～7.6）100mL，脱纤维羊血（或兔血）5～10mL。

制法 加热溶化琼脂，冷却至 50℃，以灭菌操作加入脱纤维羊血，摇匀，倾注平板。亦可用其他营养丰富的基础培养基配制血琼脂。

商品化杆菌肽纸片。

2. 实验方法

先用棉拭子将待检菌的肉汤培养物均匀涂布于血琼脂平板上，或将细菌密集地划线接种于血琼脂上，稍干后用灭菌镊子取一张含杆菌酞 0.04U/片的杆菌肽纸片贴在平板表面，同时以已知阳性菌株作对照，置35℃孵育18～24h，观察结果。

3. 结果判定

抑菌圈直径大于10mm为敏感，记为:“S”；抑菌圈直径小于10mm为耐药，记为:“R”。

三、新生霉素敏感实验

新生霉素（novobiocin）是香豆素类抗生素的代表药物，对DNA回旋酶有很好的抑制作用，对多种癌细胞有抑制作用，并能与抗癌药联合应用，逆转抗癌药的耐药性。金黄色葡萄球菌和表皮葡萄球菌可被低浓度新生霉素所抑制，表现为敏感，而腐生葡萄球菌则表现为耐药，应用于凝固酶阴性的葡萄球菌的鉴别。

1. 培养基和试剂

水解酪蛋白（MH）培养基　该培养基是美国国家临床实验室标准委员会（NCCLS）采用的需氧菌及兼性厌氧菌药敏实验标准培养基。

成分　牛肉浸出粉2g，可溶性淀粉1.5g，酪蛋白水解物17.5g，琼脂17g，蒸馏水1000mL，pH7.3±0.1。

制法　将上述各成分混合，静置10min，待可溶物完全溶解后，121℃高压灭菌15min。冷至50℃左右，吸取25mL培养基注入直径90mm的平皿内，制成厚度为4mm的琼脂平板。琼脂平板应新鲜使用，4℃冰箱保存，1周内用完。

2. 质量控制

用质控菌株测定药物的抑菌环与NCCLS的标准参比判断培养基的质量。

常用的标准菌株有：金黄色葡萄球菌ATCC 25923，大肠埃希菌ATCC 25922，铜绿假单胞菌ATCC 27853，粪肠球菌ATCC 29212或33186，肺炎链球菌ATCC 6305，流感嗜血杆菌ATCC 10211。

3. 实验方法

用棉拭子将待检菌菌悬液均匀涂布于MH琼脂平板或血琼脂平板上，在平板中央贴含5μg/片新生霉素诊断纸片一张，置35℃孵育16～18h，观察结果。

4. 结果判定

抑菌圈直径大于16mm为敏感，记为：“S”；抑菌圈直径小于等于16mm为耐药，记为：“R”。

5. 注意事项

（1）质量控制标准参见NCCLS纸片法药敏实验操作标准。

（2）在MH琼脂培养基添加5%脱纤维羊血，即可用于肺炎链球菌的抗菌药物敏感实验。

（3）在MH琼脂培养基上，补充辅酶Ⅰ15mg/mL，牛血红蛋白15mg/mL，酵母浸膏5mg/mL，胸腺嘧啶脱氧核苷磷酸化酶0.2U/mL，可用于流感嗜血杆菌的抗菌药物敏感实验。

（4）NCCLS推荐淋病奈瑟菌用GC琼脂平板，添加生长补充剂。生长补充剂由下列试剂组成：每100mL水中含有1.1mg胱氨酸，0.03g鸟嘌呤，3mg硫胺，13mg对-氨基苯甲酸，0.01g维生素B_{12}，0.1g羧化辅酶，0.25g辅酶Ⅰ，1mg腺嘌呤，10mg L-谷氨酰胺，100g葡萄糖，0.02g硝酸铁。

四、O/129 实验

O/129（2,4-二氨基-6,7-二异丙基蝶啶）对弧菌属细菌、发光杆菌属和邻单胞菌属细菌的生长有抑制作用，而对气单胞菌属细菌无抑制作用。主要用于弧菌属、邻单胞菌属与气单胞菌属的鉴别，弧菌属和邻单胞菌属菌为敏感，气单胞菌属菌为耐药。发光杆菌属为敏感，假单胞菌属为耐药。

1. 培养基和试剂

碱性琼脂平板

成分　蛋白胨 20g，牛肉浸粉 3g，氯化钠 5g，硝酸钾 0.1g，结晶碳酸钠（$Na_2CO_3 \cdot 12H_2O$）0.2g，琼脂 15g，蒸馏水 1000mL，pH8.4±0.1。

制法　将蛋白胨、氯化钠、硝酸钾、结晶碳酸钠称好，加热搅拌溶解于 1000mL 蒸馏水中，调 pH 至 8.4，分装三角瓶，121℃高压灭菌 15min 后备用。

2. 实验方法

用棉拭子将待检菌菌悬液均匀涂布于碱性琼脂平板上，将 10μg/片、40μg/片及 150μg/片的 O/129 诊断纸片贴于平板上，置 35℃孵育 18～24h，观察结果。

3. 结果判定

分别记录各个剂量的实验结果，出现抑菌圈者表示敏感，记为：“S”；无抑菌圈者为耐药，记为：“R”。

五、氰化钾实验

氰化钾是细菌呼吸酶系统的抑制剂，可以抑制某些细菌的呼吸酶系统。例如，细胞色素、细胞色素氧化酶、过氧化氢酶和过氧化物酶以铁卟啉作为辅基，而氰化钾能和铁卟啉结合，使这些酶失去活性，使细菌生长受到抑制。但有的细菌在一定浓度的氰化钾存在时仍能生长，以此鉴别细菌。肠杆菌科中的沙门菌属、志贺菌属和埃希菌属细菌的生长受到抑制，而其他各菌属的细菌均可生长。

1. 培养基和试剂

氰化钾（KCN）培养基

成分　蛋白胨 10g，磷酸氢二钠 5.64g，氯化钠 5g，磷酸二氢钾 0.225g，0.5%氰化钾溶液 15～20mL，蒸馏水 1000mL，pH 7.6。

制法　将除氰化钾以外的成分配好后调节 pH 至 7.6，121℃灭菌 15min，冷却，置冰箱。每 100mL 培养基加入 1.5～2.0mL 0.5%氰化钾溶液（0.5g 氰化钾溶于 100mL 冷却的灭菌蒸馏水中），分装于 12mm×100mm 灭菌小试管，每管约 4mL，立即用蘸有热石蜡的灭菌软木塞或橡皮塞塞紧，可于 4℃冰箱中保存 2 个月。同时，将不加氰化钾的培养基作为对照培养基，分装试管备用。

2. 实验方法

取培养 20～24h 的营养肉汤培养液或将琼脂培养物接种于蛋白胨水内成为稀释菌液，接种一大环至对照培养基及氰化钾培养基内，立即以橡胶塞或软木塞塞紧，置 36℃±1℃温箱培养 24～48h，连续观察 2d。

3. 结果判定

对照管有菌生长，实验管有菌生长为阳性，记作："+"；对照管有菌生长，实验管无菌生长为阴性，记作："–"。

4. 注意事项

氰化钾是剧毒药物，宜在通气橱内操作。使用时应小心，切勿沾染，以免中毒。夏天分装培养基应在冰箱内进行。

实验失败的常见原因是封口不严，氰化钾逐渐分解，产生氢氰酸气体逸出，以致药物浓度降低，细菌生长，因而造成假阳性反应。

现在市场上有配制好的生化管，包括氰化钾实验生化管和氰化钾实验对照管。

实验六　其他实验

一、克氏双糖铁培养基或三糖铁琼脂培养基实验

克氏双糖铁培养基或三糖铁琼脂培养基制成高层和短的斜面，其中葡萄糖含量仅为乳糖或蔗糖的1/10，不同的细菌对这两种糖或三种糖的利用情况和硫化氢的产生情况不同，因此可以通过观察细菌是否利用葡萄糖、蔗糖和乳糖产酸、产气及产硫化氢和细菌的运动来鉴别肠道杆菌。

KIA或TSI对初分离出的、可疑的革兰阴性杆菌的鉴定特别有用。此生化反应是许多杆菌鉴定表的组成部分，也可作为观察其他培养基反应的有价值的质控依据。

1. 培养基和试剂

1）三糖铁（TSI）琼脂培养基　该培养基适合于肠杆菌科的鉴定。用于观察细菌对糖的利用和硫化氢的产生。

成分　蛋白胨20g，牛肉膏5g，乳糖10g，蔗糖10g，葡萄糖1g，硫酸亚铁铵[$Fe(NH_4)_2(SO_4)_2\cdot 6H_2O$] 0.2g，酚红0.025g或5g/L溶液5mL，氯化钠5g，硫代硫酸钠0.2g，琼脂12g，蒸馏水1000mL，pH7.4。

制法　除酚红和琼脂外，将其他成分加入400mL蒸馏水中，搅拌均匀，静置约10min，加热煮沸至完全溶解，调至pH7.4±0.1。另将琼脂加入600mL蒸馏水中，搅拌均匀，静置约10min，加热煮沸至完全溶解。将上述两溶液混合均匀后，再加入酚红指示剂，混匀，分装试管（12mm×100mm），每管2～4mL，121℃高压灭菌10min或115℃高压灭菌15min，灭菌后制成高层斜面，呈橘红色。

该培养基含有乳糖、蔗糖和葡萄糖的比例为10∶10∶1，只能利用葡萄糖的细菌，葡萄糖被分解产酸可使斜面先变黄，但因量少，生成的少量酸，因接触空气而氧化，加之细菌利用培养基中含氮物质，生成碱性产物，故使斜面后来又变红，底部由于是在厌氧状态下，酸类不被氧化，所以仍保持黄色。而发酵乳糖的细菌（*E.coli*）则产生大量的酸，使整个培养基呈现黄色。例如，培养基接种后产生黑色沉淀，是因为某些细菌能分解含硫氨基酸，生成硫化氢，硫化氢和培养基中的铁盐反应，生成黑色的硫化亚铁沉淀。

2）三糖铁琼脂（换用方法）

成分 蛋白胨 15g，脒胨 5g，牛肉膏 3g，酵母膏 3g，乳糖 10g，蔗糖 10g，葡萄糖 1g，氯化钠 5g，硫酸亚铁 0.2g，硫代硫酸钠 0.3g，琼脂 12g，酚红 0.025g，蒸馏水 1000mL，pH7.4。

制法 将除琼脂和酚红以外的各成分溶解于蒸馏水中，校正 pH。加入琼脂，加热煮沸，以溶化琼脂。加入 0.2%酚红水溶液 12.5mL，摇匀。分装试管，装量宜多些，以便得到较高的底层。121℃高压灭菌 15min，放置高层斜面备用。

3）克氏双糖铁（KIA）培养基

上层培养基成分 蛋白胨 1g，氯化钠 0.5g，乳糖 1g，硫代硫酸钠 0.03g，硫酸亚铁 0.02g，琼脂 1g，蒸馏水 100mL。

下层培养基成分 蛋白胨 1g，氯化钠 0.5g，葡萄糖 0.2g，琼脂 0.3～0.5g，蒸馏水 100mL。

制法 将下层配好，分装中号试管(1mL)，塞好包扎，121℃高压灭菌 30min，使凝固后备用。

制上层时，先将蛋白胨水制好，加入硫酸亚铁、硫代硫酸钠，加热溶解混匀，调 pH7.6 后，再加入 1.2% 0.4mL 酚红分瓶（每瓶 300mL，称取琼脂包扎灭菌，趁热加入乳糖隔水煮沸 30min 或 112℃消毒 15min）。

取已制的下层管，每管用无菌法倒入上层液约 1.5mL，边斜放置使成斜面，凝固后备用。

其中，KIA 成分中含有葡萄糖和乳糖，二者比例为 1∶10，为可发酵糖类，其产酸时通过酚红指示剂测出，其在 pH<6.8 时变为黄色，而 KIA 的 pH 为 7.4，产少量的酸就可导致颜色变化。蛋白胨、牛肉粉和酵母粉提供氮源、维生素、矿物质；硫代硫酸钠可被某些细菌还原为硫化氢，与铁盐生成黑色硫化铁；氯化钠维持均衡的渗透压；琼脂是培养基的凝固剂。各种革兰氏阳性杆菌也可生长及产生硫化氢。

4）克氏双糖铁琼脂（换用方法）

成分 蛋白胨 20g，牛肉膏 3g，酵母膏 3g，乳糖 10g，葡萄糖 1g，氯化钠 5g，柠檬酸铁铵 0.5g，硫代硫酸钠 0.5g，琼脂 12g，酚红 0.025g，蒸馏水 1000mL，pH7.4。

制法 将除琼脂和酚红以外的各成分溶解于蒸馏水中，校正 pH。加入琼脂，加热煮沸，以溶化琼脂。加入 0.2%酚红水溶液 12.5mL，摇匀。分装试管，装量宜多些，以便得到比较高的底层。121℃高压灭菌 15min。放置高层斜面备用。

2. 质量控制

质控菌株在 36℃±1℃培养 22～24h，结果见表 1-6。

表 1-6　三糖铁实验结果

质控菌株	ATCC	生长情况	斜面/底层	底层产气	H_2S
大肠杆菌	25922	−/+	A /A	+	−
副溶血性弧菌	17802	+++	K/ A	−	−

注：“A”为产酸；“K”为产碱。ATCC 为美国模式培养物集存库。

3. 实验方法

以接种针挑取待试菌可疑菌落或纯培养物，穿刺接种至底部 3～5mm 处，并在斜面上往复划线或涂布于斜面，取一支管不接种，作为对照。置 36℃±1℃培养 18～24h，观察结果。

4. 结果判定

通过底层穿刺结果可以观察到细菌动力、对葡萄糖发酵的能力及是否产生硫化氢；而通过斜面颜色的变化可观察细菌对乳糖的发酵情况。例如，若细菌只分解葡萄糖而不分解乳糖和蔗糖，分解葡萄糖产酸使 pH 降低，因此斜面和底层均先呈黄色，但因葡萄糖量较少，所生成的少量酸可因接触空气而氧化，并因细菌生长繁殖利用含氮物质生成碱性化合物，使斜面部分又变成红色；底层由于处于缺氧状态，细菌分解葡萄糖所生成的酸类一时不被氧化而仍保持黄色。细菌分解葡萄糖、乳糖或蔗糖产酸产气，使斜面与底层均呈黄色，且有气泡。如果细菌又能分解含硫化合物，产生硫化氢，与培养基中的硫酸亚铁作用，形成黑色的硫化铁，则使培养基底部变黑。

因此实验结果有以下几种类型。

（1）非发酵型。无碳氢化合物发酵，所以无酸产生，斜面上琼脂的肽降解产物是碱性物质导致斜面变红。这种类型的细菌称为非发酵型。

（2）非乳糖发酵型。如果接种的是发酵葡萄糖不发酵乳糖的细菌，培养基内仅有 0.1% 葡萄糖可以产酸。开始阶段，培养 8～12h 时，产生的酸足以引起斜面和底部颜色变成黄色。在接下来的时间里，葡萄糖被完全消耗，斜面部分的细菌在有氧条件下开始氧化降解氨基酸，产生的胺类很快就中和斜面上存在的酸；到 18～24h，整个斜面又转换成碱性 pH，颜色又变成红色。深部（厌氧区域）氨基酸降解不足以中和形成的酸，培养基仍为黄色。肠道致病菌多不发酵乳糖，因此可以区别肠道内的致病菌和大肠埃希菌。

（3）乳糖（蔗糖）发酵型。如果细菌可利用乳糖和蔗糖发酵产酸或产酸产气，培养基全部变为黄色；如果只可以利用葡萄糖，葡萄糖被分解产酸可使斜面先变黄，但因量少，生成的少量酸，因接触空气而氧化，加之细菌利用培养基中含氮物质生成碱性产物，故使斜面最后为红色，底部由于是在厌氧状态下，酸类不被氧化，仍保持黄色。

5. 注意事项

斜面部分暴露于空气中，为有氧环境。而下部与空气隔绝是相对厌氧的环境。因此配制 KIA 或 TSI 时，最重要的是斜面部分和管下部琼脂的长度，两者均为 3cm，以保证两部分相对应的有氧或厌氧环境。

二、氢氧化钾拉丝实验

革兰阴性细菌的细胞壁肽聚糖层数少，在稀碱溶液中易于破裂，释放出未断裂的 DNA 螺旋，使氢氧化钾菌悬液呈现黏性，可用接种环搅拌后拉出黏丝来，而革兰阳性细菌在稀碱溶液中没有上述变化。该实验主要用于革兰阴性菌与易脱色的革兰阳性菌的鉴别。

1. 培养基和试剂

40g/L 氢氧化钾水溶液，应新鲜配制。

2. 实验方法

取 1 滴 40g/L 氢氧化钾水溶液（应新鲜配制）于洁净玻片上，用接种环于固体培养基上取新鲜菌落少许，与氢氧化钾水溶液搅拌混匀，并每隔几秒钟上提接种环，观察能否拉出黏丝。

3. 结果判定

能用接种环拉出丝来为阳性，仍为混悬液则为阴性。

大多数革兰阴性菌于 5～10s 内出现阳性反应，有的则需 30～45s，假单胞菌、无色杆菌、黄杆菌、产碱杆菌、莫拉菌等大多数在 10s 内呈阳性，不动杆菌、莫拉菌反应较慢，大多数菌株在 60s 内出现阳性，而革兰阳性菌在 60s 以后仍为阴性。

4. 注意事项

（1）氢氧化钾溶液与菌落比例应适当，如菌悬液太稀（加菌落太少）可出现假阴性。4%氢氧化钾溶液应新鲜配制（即用前当日配制），否则也易出现假阴性。

（2）革兰阳性菌培养物如超过 48h，可能随着菌龄增加而失去革兰阳性菌的特性，而使本实验从阴性变成阳性，即出现假阳性。因此必须使用新鲜培养物。

思考题

1. 解释生化实验的原理。
2. 试述生化实验在细菌鉴定中的作用与意义。
3. 分解糖或蛋白质的生化实验各有哪些？
4. 请谈谈多重生化实验培养基的利弊。
5. 细菌的各种生化反应实验中，接种后的培养时间长短不一是为什么？

第二章 食品中微生物指标常规检测

【内容提要】

本章主要介绍了食品中微生物指标常规检测的标准方法，包括食品中菌落总数的测定、大肠菌群 MPN 值的测定，以及食品中霉菌和酵母菌的测定方法，并阐明了各种方法的培养基和试剂、操作步骤及结果计数方法等。

【实验教学目标】

1. 熟练掌握食品中菌落总数、大肠菌群 MPN 值、食品中霉菌和酵母菌的测定方法。
2. 掌握每种标准检测方法中的关键技术，分析每种方法的特点。
3. 了解食品菌落总数、大肠菌群 MPN 值、食品中霉菌和酵母菌的卫生学意义。

【重要概念及名词】

菌落总数（CFU） 大肠菌群 MPN 值

实验七 食品中菌落总数的测定

一、目的要求

了解食品菌落总数的卫生学意义；

熟练掌握食品中菌落总数的测定方法及步骤。

二、基本原理

菌落（colony）是指细菌在固体培养基上无性分裂繁殖形成肉眼可见的群体。

菌落总数是指食品检样经过处理，在一定条件下培养后（如培养成分，培养温度和时间、pH、需氧性质等），所得 1mL（g，cm^2）检样中所含菌落的总数，通常以 CFU/g（mL，cm^2）表示，CFU 代表的是 colony-forming units，意为菌落形成单位。

菌落总数作为判定食品清洁程度（被污染程度）的指标。通常清洁度越高的食品，单位样品菌落总数越低，反之，菌落总数就越高。菌落总数的测定是以每个活细菌无性分裂繁殖形成一个肉眼可见的菌落为基础的，但是在实践中除了单个细胞形成菌落外，两个或两个以上相连的同种细胞也同样可以形成菌落，所以现在均以菌落总数（而不是活细菌数）或菌落形成单位数表达。由于菌落总数的测定是在 37℃有氧条件下培养的结果，对于厌氧菌、微需氧菌、嗜冷菌和嗜热菌在此条件下不生长，有特殊营养要求的细菌也受到限制，因此，这种方法所得到的结果，实际上只包括一群在普通营养琼脂中生长繁殖、嗜中温的需氧和兼性厌氧的细菌菌落的总数。但由于在自然界这类细菌占大多数，其数量的多少能反映出样品中细菌的总数，所以，用该方法来测定食品中含有的细菌总数已得到了广泛的认可。

三、实验材料

1. 设备

恒温箱：36℃±1℃，30℃±1℃；冰箱：2～5℃；恒温水浴箱：46℃±1℃；天平：感量0.1g；均质器；振荡器。

2. 材料

无菌吸管：1mL（具有0.01mL刻度）、10mL（具有0.1mL刻度）或微量移液器及吸头；无菌锥形瓶：容量250mL、500mL；无菌培养皿：直径90mm；pH计或pH比色管或精密pH试纸；放大镜或菌落计数器。

3. 培养基和试剂（见本实验附录A）

平板计数琼脂培养基；磷酸盐缓冲液；无菌生理盐水。

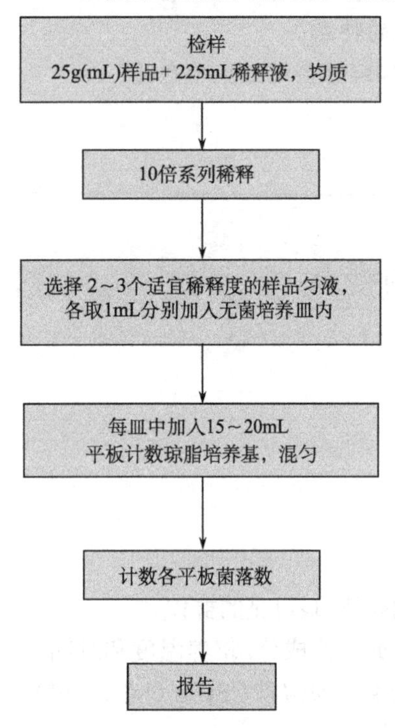

图2-1　菌落总数的检验程序

四、检验程序

菌落总数检验程序如图2-1所示。

五、操作步骤

1. 样品的稀释

（1）固体和半固体样品：称取25g样品放入盛有225mL磷酸盐缓冲液或生理盐水的无菌均质杯内，8000～10 000 r/min均质1～2min，或放入盛有225mL稀释液的无菌均质袋中，用拍击式均质器拍打1～2min，制成1∶10的样品匀液。

（2）液体样品：以无菌吸管吸取25mL样品放入盛有225mL磷酸盐缓冲液或生理盐水的无菌锥形瓶（瓶内预置适当数量的无菌玻璃珠）中，充分混匀，制成1∶10的样品匀液。

（3）用1mL无菌吸管或微量移液器吸取1∶10样品匀液1mL，沿管壁缓慢注入盛有9mL稀释液的无菌试管中（注意吸管或吸头尖端不要触及稀释液面），振摇试管或换用1支无菌吸管反复吹打，使其混合均匀，制成1∶100的样品匀液。

（4）按（3）操作程序，制备10倍系列稀释样品匀液。每递增稀释1次，换用1支1mL无菌吸管或吸头。

（5）根据对样品污染状况的估计，选择2～3个适宜稀释度的样品匀液（液体样品可以包括原液），在进行10倍递增稀释时，吸取1mL样品匀液于无菌培养皿内，每个稀释度做两个培养皿。同时，分别吸取1mL空白稀释液加入两个无菌培养皿内作空白对照。

（6）及时将15～20mL冷却至46℃的平板计数琼脂培养基（可放置于46℃±1℃恒温水浴箱中保温）倾注平皿，并转动平皿使其混合均匀。

2. 培养

（1）待琼脂凝固后，将平板翻转，36℃±1℃培养48h±2h。水产品30℃±1℃培养72h±3h。

（2）如果样品中可能含有在琼脂培养基表面弥漫生长的菌落时，可在凝固后的琼脂表面覆盖一薄层琼脂培养基（约 4mL），凝固后翻转平板，按上一步条件进行培养。

3. 菌落计数

可用肉眼观察，必要时用放大镜或菌落计数器，记录稀释倍数和相应的菌落数量。菌落计数以菌落形成单位（CFU）表示。

（1）选取菌落数为 30～300CFU、无蔓延菌落生长的平板计数菌落总数。低于 30CFU 的平板记录具体菌落数，大于 300CFU 的可记录为多不可计。每个稀释度的菌落数应采用两个平板的平均数。

（2）其中一个平板有较大片状菌落生长时，则不宜采用，而应以无片状菌落生长的平板作为该稀释度的菌落数；若片状菌落不到平板的一半，而其余一半中菌落分布又很均匀，即可计算半个平板后乘以 2，代表一个平板菌落数。

（3）当平板上出现菌落间无明显界限的链状生长时，则将每条单链作为一个菌落计数。

六、结果与报告

1. 菌落总数的计算方法

（1）若只有一个稀释度平板上的菌落数在适宜计数范围内，计算两个平板菌落数的平均值，再将平均值乘以相应稀释倍数，作为每 g（mL）样品中菌落总数结果。

（2）若有两个连续稀释度的平板菌落数在适宜计数范围内，按公式（2-1）计算

$$N=\frac{\sum C}{(n_1+0.1n_2)\ d} \tag{2-1}$$

式中：N 表示样品中菌落数；$\sum C$ 表示平板（含适宜范围菌落数的平板）菌落数之和；n_1 表示第一稀释度（低稀释倍数）平板个数；n_2 表示第二稀释度（高稀释倍数）平板个数；d 表示稀释因子（第一稀释度）。

示例：

稀释度	1∶100（第一稀释度）	1∶1000（第二稀释度）
菌落数（CFU）	232，244	33，35

$$N=\frac{\sum C}{(n_1+0.1n_2)\ d}$$

$$=\frac{(232+244+33+35)}{(2+0.1\times 2)\times 10^{-2}}=24\ 727$$

上述数据按规定数字修约后，表示为 25 000 或 2.5×10^4。

（3）若所有稀释度的平板上菌落数均大于 300CFU，则对稀释度最高的平板进行计数，其他平板可记录为多不可计，结果按平均菌落乘以最高稀释倍数计算。

（4）若所有稀释度的平板菌落数均小于 30CFU，则应按稀释度最低的平均菌落数乘以稀释倍数计算。

（5）若所有稀释度（包括液体样品原液）平板均无菌落生长，则以小于 1 乘以最低稀释倍数计算。

（6）若所有稀释度的平板菌落数均不在 30～300CFU 之间，其中一部分小于 30CFU 或大于 300CFU 时，则以最接近 30CFU 或 300CFU 的平均菌落数乘以稀释倍数计算。

2. 菌落总数的报告

（1）菌落数小于 100CFU 时，按“四舍五入”原则修约，以整数报告。

（2）菌落数大于或等于100CFU时，第3位数字采用“四舍五入”原则修约后，取前2位数字，后面用0代替位数；也可用10的指数形式来表示，也按“四舍五入”原则修约，采用两位有效数字。

（3）若所有平板上为蔓延菌落而无法计数，则报告菌落蔓延。

（4）若空白对照上有菌落生长，则此次检测结果无效。

（5）称重取样以 CFU/g 为单位报告，体积取样以 CFU/mL 为单位报告。

附录 A　培养基和试剂

A.1　平板计数琼脂（plate count agar，PCA）培养基

成分　胰蛋白胨 5.0g，酵母浸膏 2.5g，葡萄糖 1.0g，琼脂 15.0g，蒸馏水 1000mL，pH7.0±0.2。

制法　将上述成分加于蒸馏水中，煮沸溶解，调 pH。分装试管或锥形瓶，121℃高压灭菌 15min。

A.2　磷酸盐缓冲液

成分　磷酸二氢钾（KH_2PO_4）34.0g，蒸馏水 500mL，pH 7.2。

制法

贮存液：称取 34.0g 的磷酸二氢钾溶于 500mL 蒸馏水中，用大约 175mL 的 1mol/L 氢氧化钠溶液调节 pH，用蒸馏水稀释至 1000mL 后贮存于冰箱。

稀释液：取贮存液 1.25mL，用蒸馏水稀释至 1000mL，分装于适宜容器中，121℃高压灭菌 15min。

A.3　无菌生理盐水

成分　氯化钠 8.5g，蒸馏水 1000mL。

制法　称取 8.5g 氯化钠溶于 1000mL 蒸馏水中，121℃高压灭菌 15min。

实验八　食品中大肠菌群的计数

一、目的要求

了解大肠菌群在食品卫生学检验中的检测意义；
学习与熟悉掌握食品中大肠菌群的测定方法。

二、基本原理

大肠菌群指一群在 37℃能发酵乳糖产酸产气，需氧或兼性厌氧的革兰氏阴性无芽孢杆菌。

它包括埃希氏菌属、柠檬酸细菌属、肠杆菌属、克雷伯氏菌属。大肠菌群的检测就是根据大肠菌群的定义，即利用它们能发酵乳糖产酸产气的特性而设计的初发酵实验；初发酵阳性管通过煌绿乳糖胆盐肉汤复发酵实验。复发酵实验为大肠菌群阳性管数，查 MPN 检索表，报告每 g（mL）检样中大肠菌群最可能数（MPN）。

三、实验材料

1. 设备

恒温培养箱：36℃±1℃；冰箱：2～5℃；恒温水浴箱：46℃±1℃；天平：感量 0.1g；均质器；振荡器。

2. 材料

无菌吸管：1mL（具 0.01mL 刻度）、10mL（具 0.1mL 刻度）或微量移液器及吸头；无菌锥形瓶：容量 500mL；无菌培养皿：直径 90mm；pH 计或 pH 比色管或精密 pH 试纸；菌落计数器。

3. 培养基和试剂（见本实验附录 A）

月桂基硫酸盐胰蛋白胨（lauryl sulfate tryptose，LST）肉汤；煌绿乳糖胆盐（brilliant green lactose bile，BGLB）肉汤；结晶紫中性红胆盐琼脂（violet red bile agar，VRBA）；磷酸盐缓冲液；无菌生理盐水；无菌 1mol/L NaOH；无菌 1mol/L HCl。

第一法　大肠菌群 MPN 计数法

一、检验程序

大肠菌群 MPN 计数法的检验程序如图 2-2 所示。

二、操作步骤

1. 样品的稀释

（1）固体和半固体样品：称取 25g 样品，放入盛有 225mL 磷酸盐缓冲液或生理盐水的无菌均质杯内，8000～1000r/min 均质 1～2min，或放入盛有 225mL 磷酸盐缓冲液或生理盐水的无菌均质袋中，用拍击式均质器拍打 1～2min，制成 1∶10 的样品匀液。

（2）液体样品：以无菌吸管吸取 25mL 样品放入盛有 225mL 磷酸盐缓冲液或生理盐水的无菌锥形瓶（瓶内预置适当数量的无菌玻璃珠）中，充分混匀，制成 1∶10 的样品匀液。

（3）样品匀液的 pH 应在 6.5～7.5 之间，必要时分别用 1mol/L NaOH 或 1mol/L HCl 调节。

（4）用1mL无菌吸管或微量移液器吸取1∶10样品匀液1mL，沿管壁缓慢注入盛有9mL磷酸盐缓冲液或生理盐水的无菌试管中（注意吸管或吸头尖端不要触及稀释液面），振摇试管或换用1支1mL无菌吸管反复吹打，使其混合均匀，制成1∶100的样品匀液。

（5）根据对样品污染状况的估计，按上述操作，依次制成 10 倍递增系列稀释样品匀液。每递增稀释 1 次，换用 1 支 1mL 无菌吸管或吸头。从制备样品匀液至样品接种完毕，全过程不得超过 15min。

2. 初发酵实验

每个样品选择 3 个适宜的连续稀释度的样品匀液（液体样品可以选择原液），每个稀释

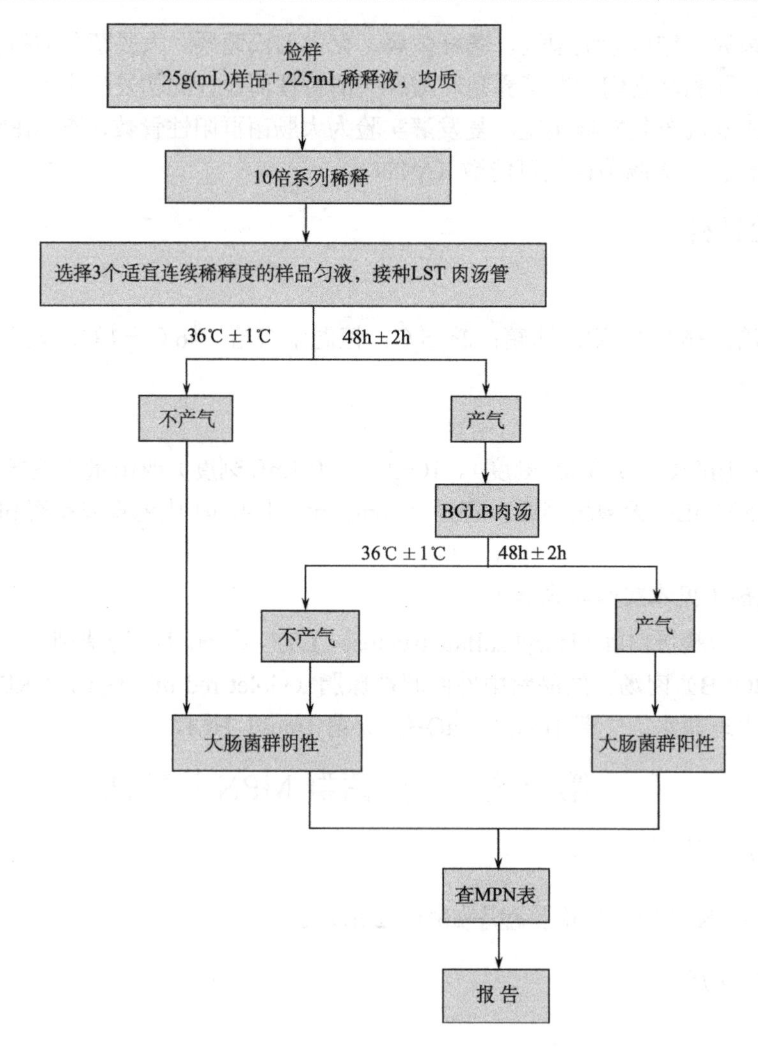

图 2-2　大肠菌群 MPN 计数法检验程序

度接种 3 管月桂基硫酸盐胰蛋白胨（LST）肉汤，每管接种 1mL（如接种量超过 1mL，则用双料 LST 肉汤），36℃±1℃培养 24h±2h，观察倒管内是否有气泡产生，24h±2h 产气者进行复发酵实验，如未产气则继续培养至 48h±2h，产气者进行复发酵实验。未产气者为大肠菌群阴性。

3. 复发酵实验

用接种环从产气的 LST 肉汤管中分别取培养物 1 环，移种于煌绿乳糖胆盐（BGLB）肉汤管中，36℃±1℃培养 48h±2h，观察产气情况。产气者计为大肠菌群阳性管。

4. 大肠菌群最可能数（MPN）的报告

按上一步确证的大肠菌群 BGLB 阳性管数，检索 MPN 表（本实验附录 B），报告每 g（mL）样品中大肠菌群的 MPN 值。

第二法　大肠菌群平板计数法

一、检验程序

大肠菌群平板计数法的检验程序如图 2-3 所示。

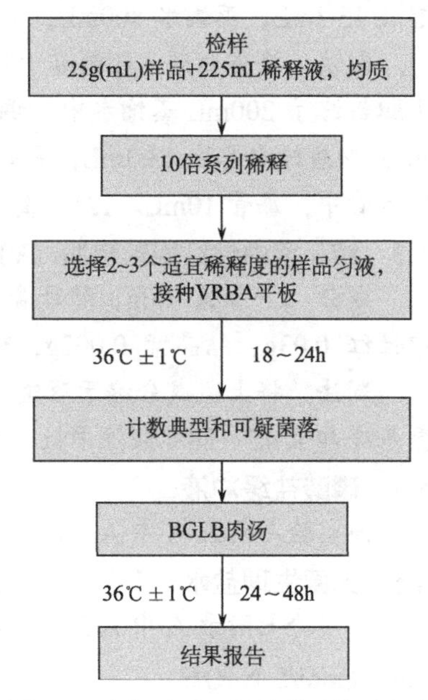

图 2-3　大肠菌群平板计数法检验程序

二、操作步骤

1. 样品的稀释

按第一法中“二、操作步骤”进行。

2. 平板计数

（1）选取 2～3 个适宜的连续稀释度，每个稀释度接种 2 个无菌平皿，每皿 1mL。同时取 1mL 生理盐水加入无菌平皿作空白对照。

（2）及时将 15～20mL 冷至 46℃的结晶紫中性红胆盐琼脂（VRBA）倾注于每个平皿中。小心旋转平皿，将培养基与样液充分混匀，待琼脂凝固后，再加 3～4mL VRBA 覆盖平板表层。翻转平板，置 36℃±1℃培养 18～24h。

3. 平板菌落数的选择

选取菌落数在 15～150CFU 之间的平板，分别计数平板上出现的典型和可疑大肠菌群菌落。典型菌落为紫红色，菌落周围有红色的胆盐沉淀环，菌落直径为 0.5mm 或更大。

4. 证实实验

从VRBA平板上挑取10个不同类型的典型菌落和可疑菌落，分别移种于BGLB肉汤管内，36℃±1℃培养24～48h，观察产气情况。凡BGLB肉汤管产气，即可报告为大肠菌群阳性。

5. 大肠菌群平板计数的报告

经最后证实为大肠菌群阳性的试管比例乘以上述第 3 步中计数的平板菌落数，再乘以稀释倍数，即为每 g（mL）样品中大肠菌群数。

例：10^{-4} 样品稀释液 1mL，在 VRBA 平板上有 100 个典型菌落和可疑菌落，挑取其中 10 个接种 BGLB 肉汤管，证实有 6 个阳性管，则该样品的大肠菌群数为：

$$100\times(6/10)\times10^{4}\ \text{CFU/g (mL)} = 6.0\times10^{5}\ \text{CFU/g (mL)}$$

附录 A　培养基和试剂

A.1　月桂基硫酸盐胰蛋白胨（LST）肉汤

成分　胰蛋白胨或胰酪胨 20.0g，氯化钠 5.0g，乳糖 5.0g，磷酸氢二钾（K_2HPO_4）2.75g，磷酸二氢钾（KH_2PO_4）2.75g，月桂基硫酸钠 0.1g，蒸馏水 1000 mL，pH 6.8±0.2。

制法　将上述成分溶解于蒸馏水中，调 pH。分装到有玻璃小倒管的试管中，每管 10mL。121℃高压灭菌 15min。

A.2　煌绿乳糖胆盐（BGLB）肉汤

成分　蛋白胨 10.0g，乳糖 10.0g，牛胆粉（oxgall 或 oxbile）溶液 200mL，0.1%煌绿水溶液 13.3mL，蒸馏水 800mL，pH 7.2±0.1。

制法　将蛋白胨、乳糖溶于约 500mL 蒸馏水中，加入牛胆粉溶液 200mL（将 20.0g 脱水牛胆粉溶于 200mL 蒸馏水中，调 pH 至 7.0～7.5），用蒸馏水稀释至 975mL，调 pH，再加入 0.1%煌绿水溶液 13.3mL，用蒸馏水补足至 1000mL，用棉花过滤后，分装到有玻璃小倒管的试管中，每管 10mL。121℃高压灭菌 15min。

A.3　结晶紫中性红胆盐琼脂（VRBA）

成分　蛋白胨 7.0g，酵母膏 3.0g，乳糖 10.0g，氯化钠 5.0g，胆盐或 3 号胆盐 1.5g，中性红 0.03g，结晶紫 0.002g，琼脂 15～18g，蒸馏水 1000mL，pH 7.4±0.1。

制法　将上述成分溶于蒸馏水中，静置几分钟，充分搅拌，调节 pH。煮沸 2min，将培养基冷却至 45～50℃倾注平板。使用前临时制备，不得超过 3h。

A.4　磷酸盐缓冲液

同实验七附录 A 中 A.2（第 44 页）。

A.5　无菌生理盐水

同实验七附录 A 中 A.3（第 44 页）。

A.6　1mol/L NaOH

成分　NaOH 40.0g，蒸馏水 1000mL。

制法　称取 40g 氢氧化钠溶于 1000mL 蒸馏水中，121℃高压灭菌 15min。

A.7　1mol/L HCl

成分　HCl 90mL，蒸馏水 1000mL。

制法　移取浓盐酸 90mL，用蒸馏水稀释至 1000mL，121℃高压灭菌 15min。

附录 B　大肠菌群最可能数（MPN）检索表

每 g（mL）检样中大肠菌群最可能数（MPN）检索表

阳性管数			MPN	95%可信限		阳性管数			MPN	95%可信限	
0.10	0.01	0.001		下限	上限	0.10	0.01	0.001		下限	上限
0	0	0	<3.0	—	9.5	1	2	1	15	4.5	42
0	0	1	3.0	0.15	9.6	1	3	0	16	4.5	42
0	1	0	3.0	0.15	11	2	0	0	9.2	1.4	38
0	1	1	6.1	1.2	18	2	0	1	14	3.6	42
0	2	0	6.2	1.2	18	2	0	2	20	4.5	42
0	3	0	9.4	3.6	38	2	1	0	15	3.7	42
1	0	0	3.6	0.17	18	2	1	1	20	4.5	42
1	0	1	7.2	1.3	18	2	1	2	27	8.7	94
1	0	2	11	3.6	38	2	2	0	21	4.5	4.2
1	1	0	7.4	1.3	20	2	2	1	28	8.7	94
1	1	1	11	3.6	38	2	2	2	35	8.7	94
1	2	0	11	3.6	42	2	3	0	29	8.7	94

续表

阳性管数			MPN	95%可信限		阳性管数			MPN	95%可信限	
0.10	0.01	0.001		下限	上限	0.10	0.01	0.001		下限	上限
2	3	1	36	8.7	94	3	2	0	93	18	420
3	0	0	23	4.6	94	3	2	1	150	37	420
3	0	1	38	8.7	110	3	2	2	210	40	430
3	0	2	64	17	180	3	2	3	290	90	1000
3	1	0	43	9	180	3	3	0	240	42	1000
3	1	1	75	17	200	3	3	1	460	90	2000
3	1	2	120	37	420	3	3	2	1100	180	4100
3	1	3	160	40	420	3	3	3	>1100	420	—

注：本表采用3个稀释度[0.1g（mL）、0.01g（mL）和0.001g（mL）]，每个稀释度接种3管；表内所列检样量如改用1g（mL）、0.1g（mL）和0.01g（mL）时，表内数字应相应降低为原先的1/10；如改用0.01g（mL）、0.001g（mL）、0.0001g（mL）时，则表内数字应相应增高10倍，其余类推。

实验九　食品中霉菌和酵母菌的计数

一、目的要求

学习与熟悉食品中霉菌和酵母菌计数的测定方法。

了解食品中霉菌和酵母菌检验的卫生学意义。

二、基本原理

稀释平板菌落计数法是根据微生物在高浓度稀释条件下固体培养基上所形成的单个菌落是由一个单细胞（孢子）繁殖而成这一培养特征设计的计数方法。先将待测定的微生物样品按比例做一系列的稀释后，再吸取一定量某几个稀释度的菌液于无菌培养皿中，及时倒入培养基，立即摇匀。经培养后，将各平板中计得的菌落数乘以稀释倍数，即可测知单位体积的原始菌样中所含的活菌数。稀释平板菌落计数法既可定性又可定量，所以既可用于微生物的分离纯化又可用于微生物的数量测定。除用于细菌计数外，霉菌和酵母菌（moulds and yeasts）计数均可采用此方法，区别只在于真菌和细菌计数所用培养基不同，真菌培养基里加入了抑制细菌生长的抗生素，另外真菌培养所使用温度亦不同于细菌培养。

三、范围

本标准规定了食品中霉菌和酵母菌的计数方法。

本标准适用于各类食品中霉菌和酵母菌的计数。

四、实验材料

1. 设备和材料

除微生物实验室常规灭菌及培养设备外，其他设备和材料如下。

冰箱：2～5℃；恒温培养箱：28℃±1℃；均质器；恒温振荡器；显微镜：10×～100×；电子天平：感量0.1g；无菌锥形瓶：容量250mL、500mL；无菌广口瓶：500mL；无菌吸管：1mL（具0.01mL刻度）、10mL（具0.1mL刻度）；无菌培养皿：直径90mm；无菌试管：10mm×75mm；无菌牛皮纸袋、塑料袋。

2. 培养基和试剂（见本实验附录A）

马铃薯-葡萄糖-琼脂培养基；孟加拉红培养基。

五、检验程序

霉菌和酵母菌计数的检验程序如图2-4所示。

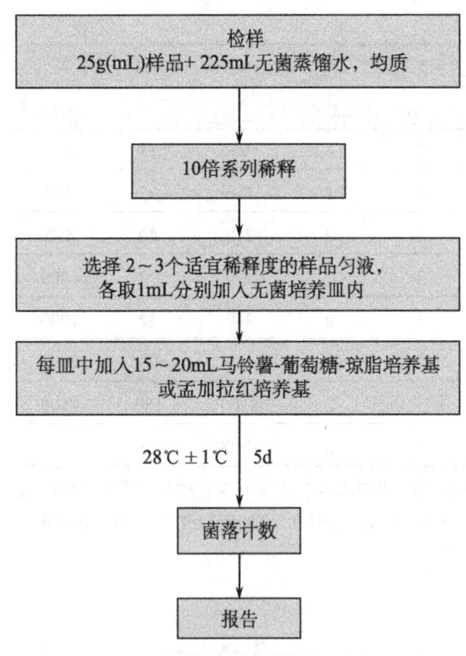

图2-4　霉菌和酵母菌计数的检验程序

六、操作步骤

1. 样品的稀释

（1）固体和半固体样品：称取25g样品至盛有225mL灭菌蒸馏水的锥形瓶中，充分振荡，即为1∶10稀释液，或放入盛有225mL无菌蒸馏水的均质袋中，用拍击式均质器拍打2min，制成1∶10的样品匀液。

（2）液体样品：以无菌吸管吸取25mL样品至盛有225mL无菌蒸馏水的锥形瓶（可在瓶内预置适当数量的无菌玻璃珠）中，充分混匀，制成1∶10的样品匀液。

（3）取1mL 1∶10稀释液注入含有9mL无菌水的试管中，另换一支1mL无菌吸管反复吹吸，此液为1∶100稀释液。

（4）按上述步骤（3）操作程序，制备10倍系列稀释样品匀液。每递增稀释一次，换用1次1mL无菌吸管。

（5）根据对样品污染状况的估计，选择2～3个适宜稀释度的样品匀液（液体样品可包括原液），在进行10倍递增稀释的同时，每个稀释度分别吸取1mL样品匀液于2个无菌培养皿内。同时分别取1mL样品稀释液加入2个无菌培养皿作空白对照。

（6）及时将15～20mL冷却至46℃的马铃薯-葡萄糖-琼脂培养基或孟加拉红培养基（可放置于46℃±1℃恒温水浴箱中保温）倾注平皿，并转动平皿使其混合均匀。

2. 培养

待琼脂凝固后，将平板倒置，28℃±1℃培养5d，观察并记录。

3. 菌落计数

可用肉眼观察，必要时可用放大镜，记录各稀释倍数和相应的霉菌和酵母菌数。以菌落形成单位（CFU）表示。

选取菌落数在10～150CFU的平板，根据菌落形态分别计数霉菌和酵母菌数。霉菌蔓延生长覆盖整个平板的可记录为多不可计。菌落数应采用两个平板的平均数。

七、结果与报告

1. 计算两个平板菌落数的平均值，再将平均值乘以相应稀释倍数计算

（1）若所有平板上菌落数均大于150CFU，则对稀释度最高的平板进行计数，其他平板可记录为多不可计，结果按平均菌落数乘以最高稀释倍数计算。

（2）若所有平板上菌落数均小于10CFU，则应按稀释度最低的平均菌落数乘以稀释倍数计算。

（3）若所有稀释度平板均无菌落生长，则以小于1乘以最低稀释倍数计算，如为原液，则以小于1计数。

2. 报告

（1）菌落数在100CFU以内时，按“四舍五入”原则修约，采用两位有效数字报告。

（2）菌落数大于或等于100CFU时，第3位数字采用“四舍五入”原则修约后，取前2位数字，后面用0代替位数；也可用10的指数形式来表示，也按“四舍五入”原则修约，采用两位有效数字。

（3）称重取样以CFU/g为单位报告，体积取样以CFU/mL为单位报告，报告或分别报告霉菌或酵母菌数。

八、霉菌直接镜检计数法

常用的为赫氏霉菌计测法，本方法适用于番茄酱罐头。

1. 设备和材料

折光仪；显微镜；赫氏计测玻片：具有标准计测室的特制玻片；盖玻片；测微器：具标准刻度的玻片。

2. 操作步骤

（1）检样的制备：取定量检样，加蒸馏水稀释至折光指数为1.3447～1.3460（即浓度为7.9%～8.8%）备用。

（2）显微镜标准视野的校正：将显微镜按放大率90～125倍调节标准视野，使其直径为1.382mm。

（3）涂片：洗净赫氏计测玻片，将制好的标准液用玻璃棒均匀地摊布于计测室，以备观察。

（4）观测：将制好的载玻片放于显微镜标准视野下进行霉菌观测，一般每一检样观察50个视野，同一检样应由两人进行观察。

（5）结果与计算：在标准视野下，发现有霉菌菌丝其长度超过标准视野（1.382mm）的1/6或三根菌丝总长度超过标准视野的1/6（即测微器的一格）时即为阳性（+），否则为阴性（–），按100视野计，其中发现有霉菌菌丝体存在的视野数即为霉菌的视野百分数。

附录A　培养基和试剂

A.1　马铃薯-葡萄糖-琼脂培养基

成分　马铃薯(去皮切块)300g，葡萄糖 20.0g，琼脂 20.0g，氯霉素 0.1g，蒸馏水 1000mL。

制法　将马铃薯去皮切块，加入 1000mL 蒸馏水，煮沸 10～20min。用纱布过滤，补加蒸馏水至1000mL。加入葡萄糖和琼脂，加热溶化，分装后，121℃灭菌 20min。倾注平板前，用少量乙醇溶解氯霉素加入培养基中。

A.2　孟加拉红培养基

成分　蛋白胨 5.0g，葡萄糖 10.0g，磷酸二氢钾 1.0g，硫酸镁（无水）0.5g，琼脂 20.0g，孟加拉红 0.033g，氯霉素 0.1g，蒸馏水 1000mL。

制法　上述各成分加入蒸馏水中，加热溶化，补足蒸馏水至1000mL，分装后，121℃灭菌 20min。倾注平板前，用少量乙醇溶解氯霉素加入培养基中。

思考题

1. 食品中菌落总数测定方法的优点和不足是什么？
2. 若平板上菌落数生长一半较均匀，另一半呈片生长，如何计数菌落数？
3. 什么是大肠菌群？
4. 大肠菌群检测方法的关键技术是什么？
5. 大肠菌群 MPN 值的食品卫生学意义是什么？
6. 用平板菌落计数法计数霉菌为什么要在培养基中加入孟加拉红和氯霉素？

第三章 食品中常见病原微生物检测技术

【内容提要】

本章主要介绍了食品中导致食源性疾病的常见病原微生物的检测技术。阐明了检测方法的原理和步骤，以及实验所用的培养基和试剂、操作方法及结果判定方法。

【实验教学目标】

1. 通过本章的检测方法了解食源性病原微生物的检测方法的复杂性；
2. 掌握检测的操作方法和步骤，学习结果判定的方法。

【重要概念及名词】

增菌培养　选择性培养基　生化鉴定　血清学分型

实验十　食品中沙门氏菌检验

一、目的要求

掌握食品中沙门氏菌检验的增菌培养、选择性平板分离、生化鉴定及血清学分型的系统检验方法。

二、基本原理

沙门氏菌(*Salmonella* spp.)是在公共卫生学上有重要意义的一种常见的人畜共患病原菌。迄今为止，世界上已发现了 2500 多种血清型。它是一大类寄生于人类和动物肠道内的革兰氏阴性杆菌，是生化反应和抗原构造相似、无芽孢、周身鞭毛、能运动的肠杆菌科沙门氏菌属细菌。该菌在动物屠宰或食品生产加工各环节中易导致畜禽肉、蛋类、生鲜奶等多数动物源性食品污染，人类食用这些食品后会引起食物中毒和传染病流行。虽然食品中沙门氏菌的含量较少，且常由于食品加工过程使其受到损伤而处于濒死的状态，但只要条件适宜仍可增殖，引起疾病，且检测难度增大。分离与检测食品中的沙门氏菌的检验方法有 5 个基本步骤：前增菌；选择性增菌；选择性平板分离；生化鉴定；血清学分型鉴定。

沙门氏菌不发酵乳糖、侧金盏花醇及蔗糖，不液化明胶，不产生靛基质，不分解尿素，能发酵葡萄糖产酸产气。沙门氏菌由于不发酵乳糖，能在各种选择性培养基上生成特征性菌落，可与肠道其他菌属等初步区别开。根据沙门氏菌属的生化特征，借助于三糖铁、靛基质、尿素、KCN、赖氨酸等实验可与肠道其他菌属相区别。沙门氏菌属的所有菌种均有特殊的抗原结构，借此也可以把它们鉴别出来。

本实验采用食品安全国家标准方法（食品微生物学检验—沙门氏菌检验 GB 4789.4—2010）。

三、实验材料

1. 设备和材料

除微生物实验室常规灭菌及培养设备外，其他设备和材料如下。

冰箱：2～5℃；恒温培养箱：36℃±1℃，42℃±1℃；均质器；振荡器；电子天平：感量0.1g；无菌锥形瓶：容量 250mL，500mL；无菌吸管：1mL（具 0.01mL 刻度）、10mL（具0.1mL 刻度）或微量移液器及吸头；无菌培养皿：直径 90mm；无菌试管：3mm×50mm、10mm×75mm；无菌毛细管；pH 计或 pH 比色管或精密 pH 试纸；全自动微生物生化鉴定系统。

2. 培养基和试剂（见本实验附录 A）

缓冲蛋白胨水（BPW）；四硫磺酸钠煌绿（TTB）增菌液；亚硒酸盐胱氨酸（SC）增菌液；亚硫酸铋（BS）琼脂；HE 琼脂；木糖赖氨酸脱氧胆盐（XLD）琼脂；沙门氏菌属显色培养基；营养琼脂；三糖铁（TSI）琼脂；蛋白胨水、靛基质试剂；尿素琼脂（pH7.2）；氰化钾（KCN）培养基；赖氨酸脱羧酶实验培养基；糖发酵管；邻硝基酚-β-D-半乳糖苷（ONPG）培养基；半固体琼脂；丙二酸钠培养基；沙门氏菌 O 和 H 诊断血清；生化鉴定试剂盒（如 API20E）。

四、检验程序

沙门氏菌检验程序如图 3-1 所示。

五、操作步骤

1. 前增菌

称取 25g（mL）样品放入盛有 225mL BPW 的无菌均质杯中，以 8000～10 000r/min 均质 1～2min，或置于盛有 225mL BPW 的无菌均质袋中，用拍击式均质器拍打 1～2min。若样品为液态，不需要均质，振荡混匀。如需测定 pH ，用 1mol/mL 无菌 NaOH 或 HCl 调 pH 至 6.8±0.2。

无菌操作将样品转至 500mL 锥形瓶中，如使用均质袋，可直接进行培养，于 36℃±1℃培养 8～18h。

如为冷冻产品，应在 45℃以下不超过 15min，或 2～5℃不超过 18h 解冻。

2. 增菌

轻轻摇动培养过的样品混合物，移取 1mL，转种于 10mL TTB 内，于 42℃±1℃培养 18～24h。同时，另取 1mL，转种于 10 mL SC 内，于 36℃±1℃培养 18～24h。

3. 分离

分别用接种环取增菌液 1 环，划线接种于一个 BS 琼脂平板和一个 XLD 琼脂平板（或HE 琼脂平板或沙门氏菌属显色培养基平板）。于 36℃±1℃分别培养 18～24h（XLD 琼脂平板、HE 琼脂平板、沙门氏菌属显色培养基平板）或 40～48h（BS 琼脂平板），观察各个平板上生长的菌落，各个平板上的菌落特征见表 3-1。

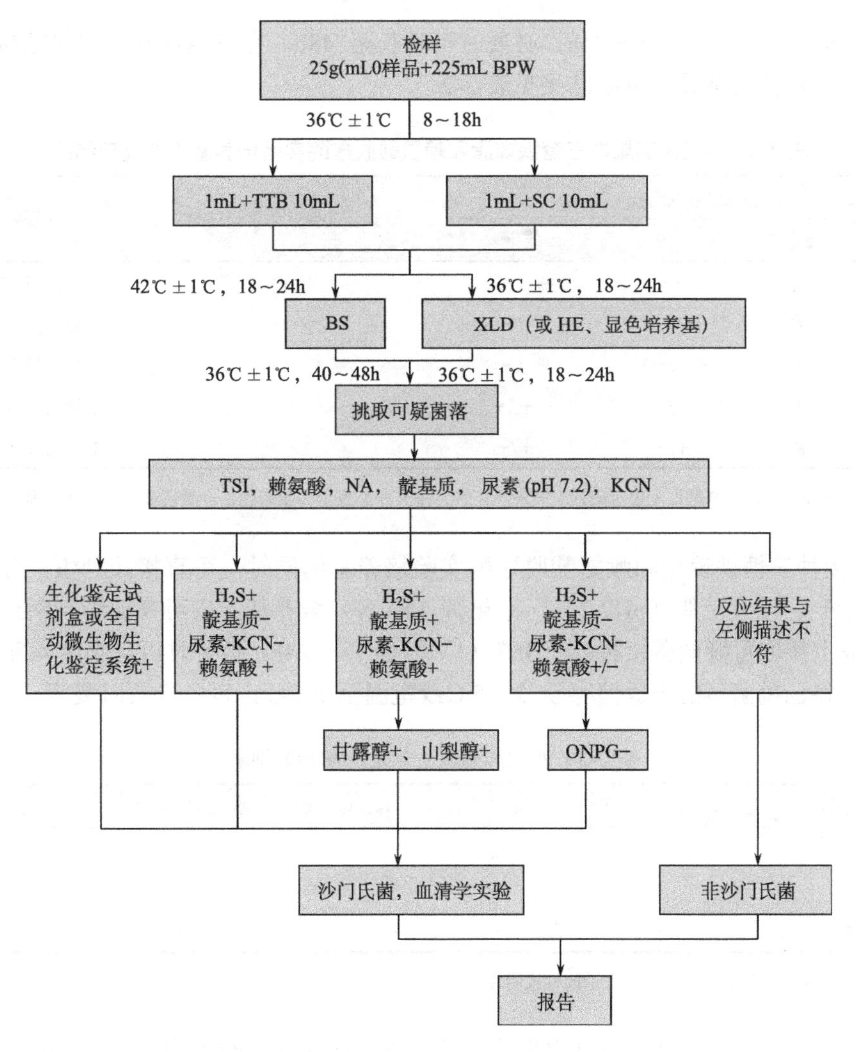

图 3-1　沙门氏菌检验程序

表 3-1　沙门氏菌属在不同选择性琼脂平板上的菌落特征

选择性琼脂平板	沙门氏菌
BS 琼脂	菌落为黑色有金属光泽、棕褐色或灰色，菌落周围培养基可呈黑色或棕色；有些菌株形成灰绿色的菌落，周围培养基不变
HE 琼脂	蓝绿色或蓝色，多数菌落中心黑色或几乎全黑色；有些菌株为黄色，中心黑色或几乎全黑色
XLD 琼脂	菌落呈粉红色，带或不带黑色中心，有些菌株可呈现大的带光泽的黑色中心，或呈现全部黑色的菌落；有些菌株为黄色菌落，带或不带黑色中心
沙门氏菌属显色培养基	按照显色培养基的说明进行判定

4. 生化实验

（1）自选择性琼脂平板上分别挑取 2 个以上典型或可疑菌落，接种三糖铁琼脂，先在斜面划线，再于底层穿刺；接种针不要灭菌，直接接种赖氨酸脱羧酶实验培养基和营养琼脂平板，于 36℃±1℃ 培养 18～24h，必要时可延长至 48h。在三糖铁琼脂和赖氨酸脱羧酶实验培养基内，沙门氏菌属的反应结果见表 3-2。

表 3-2　沙门氏菌属在三糖铁琼脂和赖氨酸脱羧酶实验培养基内的反应结果

三糖铁琼脂				赖氨酸脱羧酶实验培养基	初步判断
斜面	底层	产气	硫化氢		
K	A	+（−）	+（−）	+	可疑沙门氏菌属
K	A	+（−）	+（−）	−	可疑沙门氏菌属
A	A	+（−）	+（−）	+	可疑沙门氏菌属
A	A	+/−	+/−	−	非沙门氏菌
K	K	+/−	+/−	+/−	非沙门氏菌

注：K 表示产碱，A 表示产酸；+表示阳性，−表示阴性；+（−）表示多数阳性，少数阴性；+/−表示阳性或阴性。

（2）接种三糖铁琼脂和赖氨酸脱羧酶实验培养基的同时，可直接接种蛋白胨水（供做靛基质实验）、尿素琼脂（pH7.2）、氰化钾（KCN）培养基，也可在初步判断结果后从营养琼脂平板上挑取可疑菌落接种。于 36℃±1℃培养 18～24h，必要时可延长至 48h，按表 3-3 判定结果。将已挑菌落的平板储存于 2～5℃或室温至少 24h，以备必要时复查。

表 3-3　沙门氏菌属生化反应初步鉴别表

反应序号	硫化氢（H_2S）	靛基质	pH7.2 尿素	氰化钾（KCN）	赖氨酸脱羧酶
A1	+	−	−	−	+
A2	+	+	−	−	+
A3	−	−	−	−	+/−

注：+表示阳性；−表示阴性；+/−表示阳性或阴性。

a. 反应序号 A1：典型反应判定为沙门氏菌属。如尿素、KCN 和赖氨酸脱羧酶 3 项中有 1 项异常，按表 3-4 可判定为沙门氏菌。如有 2 项异常为非沙门氏菌。

表 3-4　沙门氏菌属生化反应初步鉴别表

pH 7.2 尿素	氰化钾（KCN）	赖氨酸脱羧酶	判定结果
−	−	−	甲型副伤寒沙门氏菌（要求血清学鉴定结果）
−	+	+	沙门氏菌Ⅳ或Ⅴ（要求符合本群生化特性）
+	−	+	沙门氏菌个别变体（要求血清学鉴定结果）

注：+表示阳性；−表示阴性。

b. 反应序号 A2：补做甘露醇和山梨醇实验。沙门氏菌靛基质阳性变体两项实验结果均为阳性，但需要结合血清学鉴定结果进行判定。

c. 反应序号 A3：补做 ONPG。ONPG 阴性为沙门氏菌，同时赖氨酸脱羧酶阳性；但甲型副伤寒沙门氏菌的赖氨酸脱羧酶阴性。

必要时按表 3-5 进行沙门氏菌生化群的鉴别。

表 3-5　沙门氏菌属各生化群的鉴别

项目	I	II	III	IV	V	VI
卫矛醇	+	+	−	−	+	−
山梨醇	+	+	+	+	+	−
水杨苷	−	−	−	+	−	−
ONPG	−	−	+	−	+	−
丙二酸盐	−	+	+	−	−	−

注：＋表示阳性；－表示阴性。

（3）如选择生化鉴定试剂盒或全自动微生物生化鉴定系统，可根据以上“4.生化实验”步骤（1）初步判断结果，从营养琼脂平板上挑取可疑菌落，用生理盐水制备成浊度适当的菌悬液，使用生化鉴定试剂盒或全自动微生物生化鉴定系统进行鉴定。

5. 血清学鉴定

（1）抗原的准备。一般采用 1.2%～1.5%琼脂培养物作为玻片凝集实验用的抗原。

O 血清不凝集时，将菌株接种在琼脂量较高（如2%～3%）的培养基上再检查；如果是由于 Vi 抗原的存在而阻止了 O 凝集反应时，可挑取菌苔于1mL 生理盐水中做成浓菌液，于酒精灯火焰上煮沸后再检查。H 抗原发育不良时，将菌株接种在 0.55%～0.65%半固体琼脂平板的中央，待菌落蔓延生长时，在其边缘部分取菌检查；或将菌株通过装有0.3%～0.4%半固体琼脂的小玻管1～2次，自远端取菌培养后再检查。

（2）多价菌体抗原（O）鉴定。在玻片上画出 2 个约 1cm×2cm 的区域，挑取 1 环待测菌，各放 1/2 环于玻片上的每一区域上部，在其中一个区域下部加 1 滴多价菌体（O）抗血清，在另一区域下部加入 1 滴生理盐水，作为对照。再用无菌的接种环或针分别将两个区域内的菌落研成乳状液。将玻片倾斜摇动混合 1min，并对着黑暗背景进行观察，任何程度的凝集现象皆为阳性反应。

（3）多价鞭毛抗原（H）鉴定。

（4）血清学分型（选做项目）。

a. O 抗原的鉴定。 A～F 多价 O 血清做玻片凝集实验，同时用生理盐水做对照。在生理盐水中自凝者为粗糙形菌株，不能分型。

被 A～F 多价 O 血清凝集者，依次用 O4；O3、O10；O7；O8；O9；O2 和 O11 因子血清做凝集实验。根据实验结果，判定 O 群。被 O3、O10 血清凝集的菌株，再用 O10、O15、O34、O19 单因子血清做凝集实验，判定 E1、E2、E3、E4 各亚群，每一个 O 抗原成分的最后确定均应根据 O 单因子血清的检查结果，没有 O 单因子血清的要用两个 O 复合因子血清进行核对。

不被A～F多价O血清凝集者，先用9种多价O血清检查，如有其中一种血清凝集，则再用这种血清所包括的O群血清逐一检查，以确定O群。9种多价O血清所包括的O因子如下：

O 多价 1　A，B，C，D，E，F 群（并包括 6，14 群）

O 多价 2　13，16，17，18，21 群

O 多价 3　28，30，35，38，39 群

O 多价 4　40，41，42，43 群
O 多价 5　44，45，47，48 群
O 多价 6　50，51，52，53 群
O 多价 7　55，56，57，58 群
O 多价 8　59，60，61，62 群
O 多价 9　63，65，66，67 群

b. H 抗原的鉴定。属于 A～F 各 O 群的常见菌型，依次用表 3-6 所述 H 因子血清检查第 1 相和第 2 相的 H 抗原。

表 3-6　A～F 群常见菌型 H 抗原表

O 群	第 1 相	第 2 相
A	a	无
B	g，f，s	无
B	i，b，d	2
C1	k，v，r，c	5，z15
C2	b，d，r	2，5
D（不产气的）	d	无
D（产气的）	g，m，p，q	无
E1	h，v	6，w，x
E4	g，s，t	无
E4	i	无

不常见的菌型，先用 8 种多价 H 血清检查，如有其中一种或两种血清凝集，则再用这一种或两种血清所包括的各种 H 因子血清逐一检查，以确定第 1 相和第 2 相的 H 抗原。8 种多价 H 血清所包括的 H 因子如下：

H 多价 1　a，b，c，d，i
H 多价 2　eh，enx，enz_{15}，fg，gms，gpu，gp，gq，mt，gz_{51}
H 多价 3　k，r，y，z，z_{10}，lv，lw，lz_{13}，lz_{28}，lz_{40}
H 多价 4　1,2；1,5；1,6；1,7；z_6
H 多价 5　z_4z_{23}，z_4z_{24}，z_4z_{32}，z_{29}，z_{35}，z_{36}，z_{38}
H 多价 6　z_{39}，z_{41}，z_{42}，z_{44}
H 多价 7　z_{52}，z_{53}，z_{54}，z_{55}
H 多价 8　z_{56}，z_{57}，z_{60}，z_{61}，z_{62}

每一个 H 抗原成分的最后确定均应根据 H 单因子血清的检查结果，没有 H 单因子血清的要用两个 H 复合因子血清进行核对。

检出第 1 相 H 抗原而未检出第 2 相 H 抗原的或检出第 2 相 H 抗原而未检出第 1 相 H 抗原的，可在琼脂斜面上移种 1～2 代后再检查。如仍只检出一个相的 H 抗原，要用位相变异的方法检查其另一个相。单相菌不必做位相变异检查。

注：位相变异实验方法如下。

小玻管法：将半固体管（每管1～2mL）在酒精灯上溶化并冷至50℃，取已知相的H因子血清0.05～0.1mL，加入于溶化的半固体内，混匀后，用毛细吸管吸取分装于供位相变异实验的小玻管内，待凝固后，用接种针挑取待检菌，接种于一端。将小玻管平放在平皿内，并在其旁放一团湿棉花，以防琼脂中水分蒸发而干缩，每天检查结果，待另一相细菌解离后，可以从另一端挑取细菌进行检查。培养基内血清的浓度应有适当的比例，过高时细菌不能生长，过低时同一相细菌的动力不能抑制。一般按原血清1∶200～1∶800的量加入。

小倒管法：将两端开口的小玻管（下端开口要留一个缺口，不要平齐）放在半固体管内，小玻管的上端应高出培养基的表面，灭菌后备用。临用时在酒精灯上加热溶化，冷至50℃，挑取因子血清1环，加入小套管中的半固体内，略加搅动，使其混匀，待凝固后，将待检菌株接种于小套管中的半固体表层内，每天检查结果，待另一相细菌解离后，可从套管外的半固体表面取菌检查，或转种1%软琼脂斜面，于37℃培养后再做凝集实验。

简易平板法：将0.35%～0.4%半固体琼脂平板烘干表面水分，挑取因子血清1环，滴在半固体平板表面，放置片刻，待血清吸收到琼脂内，在血清部位的中央点种待检菌株，培养后，在形成蔓延生长的菌苔边缘取菌检查。

c. Vi 抗原的鉴定。用 Vi 因子血清检查。已知具有 Vi 抗原的菌型有伤寒沙门氏菌、丙型副伤寒沙门氏菌、都柏林沙门氏菌。

菌型的判定。根据血清学分型鉴定的结果，按照本实验附录 B 或有关沙门氏菌属抗原表判定菌型。

六、结果与报告

综合以上生化实验和血清学鉴定的结果，报告25g（mL）样品中检出或未检出沙门氏菌。

附录A　培养基和试剂

A.1　缓冲蛋白胨水（BPW）

成分　蛋白胨10.0g，氯化钠5.0g，磷酸氢二钠（含12个结晶水）9.0g，磷酸二氢钾1.5g，蒸馏水1000mL，pH 7.2±0.2。

制法　将各成分加入蒸馏水中，搅混均匀，静置约10min，煮沸溶解，调pH，121℃高压灭菌15min。

A.2　四硫磺酸钠煌绿（TTB）增菌液

基础液　蛋白胨10.0g，牛肉膏5.0g，氯化钠3.0g，碳酸钙45.0g，蒸馏水1000mL，pH 7.0±0.2。

除碳酸钙外，将各成分加入蒸馏水中，煮沸溶解，再加入碳酸钙，调节pH，121℃高压灭菌20min。

硫代硫酸钠溶液　硫代硫酸钠（含5个结晶水）50.0g，蒸馏水加至100mL，121℃高压灭菌20min。

碘溶液　碘片20.0g，碘化钾25.0g，蒸馏水加至100mL。

将碘化钾充分溶解于少量的蒸馏水中，再投入碘片，振摇玻瓶至碘片全部溶解为止，然后加蒸馏水至规定的总量，贮存于棕色瓶内，塞紧瓶盖备用。

0.5%煌绿水溶液 煌绿0.5g，蒸馏水100mL。溶解后存放暗处，不少于1d，使其自然灭菌。

牛胆盐溶液 牛胆盐10.0g，蒸馏水100mL。加热煮沸至完全溶解，高压灭菌121℃，20min。

制法 基础液900mL，硫代硫酸钠溶液100mL，碘溶液20.0mL，煌绿水溶液2.0mL，牛胆盐溶液50.0mL。临用前按上述顺序，以无菌操作依次加入基础液中，每加入一种成分，均应摇匀后再加入另一种成分。

A.3 亚硒酸盐胱氨酸（SC）增菌液

成分 蛋白胨5.0g，乳糖4.0g，磷酸氢二钠10.0g，亚硒酸氢钠4.0g，L-胱氨酸0.01g，蒸馏水1000mL，pH 7.0±0.2。

制法 除亚硒酸氢钠和L-胱氨酸外，将各成分加入蒸馏水中，煮沸溶解，冷至55℃以下，以无菌操作加入亚硒酸氢钠和1g/L L-胱氨酸溶液10mL（称取0.1g L-胱氨酸，加1mol/L氢氧化钠溶液15mL，使溶解，再加无菌蒸馏水至100mL即成，如为DL-胱氨酸，用量应加倍）。摇匀，调节pH。

A.4 亚硫酸铋（BS）琼脂

成分 蛋白胨10.0g，牛肉膏5.0g，葡萄糖5.0g，硫酸亚铁0.3g，磷酸氢二钠4.0g，煌绿0.025g或5.0g/L水溶液5.0mL，柠檬酸铋铵2.0g，亚硫酸钠6.0g，琼脂18~20g，蒸馏水1000mL，pH 7.5±0.2。

制法 将前三种成分加入300mL蒸馏水（制作基础液），硫酸亚铁和磷酸氢二钠分别加入20mL和30mL蒸馏水中，柠檬酸铋铵和亚硫酸钠分别加入另一20mL和30mL蒸馏水中，琼脂加入600mL蒸馏水中，然后分别搅拌均匀，煮沸溶解。冷至80℃左右时，先将硫酸亚铁和磷酸氢二钠混匀，倒入基础液中，再混匀。将柠檬酸铋铵和亚硫酸钠混匀，倒入基础液中，再混匀。调节pH，随即倾入琼脂液中，混合均匀，冷至50~55℃。加入煌绿溶液，充分混匀后立即倾注平皿。

注：本培养基不需要高压灭菌，在制备过程中不宜过分加热，避免降低其选择性，贮于室温暗处，超过48h会降低其选择性，本培养基宜于当天制备第二天使用。

A.5 HE琼脂（Hektoen Enteric agar）

成分 蛋白胨12.0g，牛肉膏3.0g，乳糖12.0g，蔗糖12.0g，水杨素2.0g，胆盐20.0g，氯化钠5.0g，琼脂18.0~20.0g，蒸馏水1000mL，0.4%溴麝香草酚蓝溶液16.0mL，Andrade指示剂20.0mL，甲液20.0mL，乙液20.0mL，pH 7.5±0.2。

甲液的配制：硫代硫酸钠34.0g，柠檬酸铁铵4.0g，蒸馏水100mL。

乙液的配制：去氧胆酸钠10.0g，蒸馏水100mL。

Andrade指示剂：酸性复红0.5g，1mol/L氢氧化钠溶液16.0mL，蒸馏水100mL。将复红溶解于蒸馏水中，加入氢氧化钠溶液。数小时后如复红褪色不全，再加氢氧化钠溶液1~2 mL。

制法 将前面7种成分溶解于400mL蒸馏水内作为基础液；将琼脂加入于600mL蒸馏水内，然后分别搅拌均匀，煮沸溶解。加入甲液和乙液于基础液内，调节pH。再加入指示剂（Andrade、溴麝香草酚蓝），并与琼脂液合并，待冷至50~55℃倾注平皿。

注：本培养基不需要高压灭菌，在制备过程中不宜过分加热，避免降低其选择性。

A.6　木糖赖氨酸脱氧胆盐（XLD）琼脂

成分　酵母膏3.0g，L-赖氨酸5.0g，木糖3.75g，乳糖7.5g，蔗糖7.5g，去氧胆酸钠2.5g，柠檬酸铁铵0.8g，硫代硫酸钠6.8g，氯化钠5.0g，琼脂15.0g，酚红0.08g，蒸馏水1000mL，pH 7.4±0.2。

制法　除酚红和琼脂外，将其他成分加入400mL蒸馏水中，煮沸溶解，调节pH。另将琼脂加入600 mL蒸馏水中，煮沸溶解。

将上述两溶液混合均匀后，再加入指示剂，待冷至50～55℃倾注平皿。

注：本培养基不需要高压灭菌，在制备过程中不宜过分加热，避免降低其选择性，贮于室温暗处。本培养基宜于当天制备第二天使用。

A.7　营养琼脂培养基

成分　蛋白胨10.0g，牛肉膏3.0g，氯化钠5.0g，琼脂15.0g，蒸馏水1000.0mL。

制法　将除琼脂以外的各成分溶解于蒸馏水内，加入15%氢氧化钠溶液约2mL，冷却至25℃左右校正pH至7.0±0.2。加入琼脂，加热煮沸，使琼脂溶化。于121℃灭菌15min。

A.8　三糖铁（TSI）琼脂

成分　蛋白胨20.0g，牛肉膏5.0g，乳糖10.0g，蔗糖10.0g，葡萄糖1.0g，硫酸亚铁铵（含6个结晶水）0.2g，酚红0.025g或5.0g/L溶液5.0mL，氯化钠5.0g，硫代硫酸钠0.2g，琼脂12.0g，蒸馏水1000mL，pH7.4±0.2。

制法　除酚红和琼脂外，将其他成分加入400mL蒸馏水中，煮沸溶解，调节pH。另将琼脂加入600mL蒸馏水中，煮沸溶解。将上述两溶液混合均匀后，再加入酚红指示剂5mL，混匀，分装试管，每管2～4mL，121℃高压灭菌10min或115℃高压灭菌15min，灭菌后制成高层斜面，呈橘红色。如不立即使用，在2～8℃条件下可储存一个月。

A.9　蛋白胨水、靛基质试剂

蛋白胨水　蛋白胨（或胰蛋白胨）20.0g，氯化钠5.0g，蒸馏水1000mL，pH 7.4±0.2。将上述成分加入蒸馏水中，煮沸溶解，调节pH，分装小试管，121℃高压灭菌15min。

靛基质试剂

（1）柯凡克试剂：将5g对二甲氨基甲醛溶解于75mL戊醇中，然后缓慢加入浓盐酸25mL。

（2）欧-波试剂：将1g对二甲氨基苯甲醛溶解于95mL 95%乙醇内，然后缓慢加入浓盐酸20mL。

实验方法　挑取小量培养物接种，在36℃±1℃培养1～2d，必要时可培养4～5d。加入柯凡克试剂约0.5mL，轻摇试管，阳性者于试剂层呈深红色；或加入欧-波试剂约0.5mL，沿管壁流下，覆盖于培养液表面，阳性者于液面接触处呈玫瑰红色。

注：蛋白胨中应含有丰富的色氨酸。每批蛋白胨买来后，应先用已知菌种鉴定后方可使用。此试剂在2～8℃条件下可储存一个月。

A.10　尿素琼脂（pH 7.2）

成分　蛋白胨1.0g，氯化钠5.0g，葡萄糖1.0g，磷酸二氢钾2.0g，0.4%酚红3.0mL，琼脂20.0g，蒸馏水1000mL，20%尿素溶液100mL，pH7.2±0.2。

制法　除尿素、琼脂和酚红外，将其他成分加入400mL蒸馏水中，煮沸溶解，调节pH。另将琼脂加入600mL蒸馏水中，煮沸溶解。

将上述两溶液混合均匀后，再加入指示剂后分装，121℃高压灭菌15min。冷至 50～55℃，加入经除菌过滤的尿素溶液。尿素的最终浓度为2%。分装于无菌试管内，放成斜面备用。

实验方法　挑取琼脂培养物接种，在 36℃±1℃培养 24h，观察结果。尿素酶阳性者由于产碱而使培养基变为红色。

A.11　氰化钾（KCN）培养基

成分　蛋白胨 10.0g，氯化钠 5.0g，磷酸二氢钾 0.225g，磷酸氢二钠 5.64g，蒸馏水 1000mL，0.5%氰化钾溶液 20.0mL。

制法　将除氰化钾以外的成分加入蒸馏水中，煮沸溶解，分装后 121℃高压灭菌 15min。放在冰箱内使其充分冷却。每 100mL 培养基加入 0.5%氰化钾溶液 2.0mL（最后浓度为 1：10 000），分装于无菌试管内，每管约 4mL，立刻用无菌橡皮塞塞紧，放在 4℃冰箱内，至少可保存两个月。同时将不加氰化钾的培养基作为对照培养基，分装试管备用。

实验方法　将琼脂培养物接种于蛋白胨水内成为稀释菌液，挑取 1 环接种于氰化钾（KCN）培养基，并另挑取 1 环接种于对照培养基。在 36℃±1℃培养 1～2d，观察结果。如有细菌生长即为阳性（不抑制），经 2d 细菌不生长为阴性（抑制）。

注：氰化钾是剧毒药，使用时应小心，切勿沾染，以免中毒。夏天分装培养基应在冰箱内进行。实验失败的主要原因是封口不严，氰化钾逐渐分解，产生氢氰酸气体逸出，以致药物浓度降低，细菌生长，因而造成假阳性反应。实验时对每一环节都要特别注意。

A.12　赖氨酸脱羧酶实验培养基

成分　蛋白胨 5.0g，酵母浸膏 3.0g，葡萄糖 1.0g，蒸馏水 1000mL，1.6%溴甲酚紫-乙醇溶液 1.0mL，L-赖氨酸或 DL-赖氨酸 0.5g/100mL 或 1.0g/100mL，pH6.8±0.2。

制法　除赖氨酸以外的成分加热溶解后，分装每瓶 100mL，分别加入赖氨酸。L-赖氨酸按 0.5%加入，DL-赖氨酸按 1%加入，调节 pH。对照培养基不加赖氨酸。分装于无菌的小试管内，每管 0.5mL，上面滴加一层液体石蜡，115℃高压灭菌 10min。

实验方法　从琼脂斜面上挑取培养物接种，于 36℃±1℃培养 18～24h，观察结果。氨基酸脱羧酶阳性者由于产碱，培养基应呈紫色。阴性者无碱性产物，但因葡萄糖产酸而使培养基变为黄色。对照管应为黄色。

A.13　糖发酵管

成分　牛肉膏 5.0g，蛋白胨 10.0g，氯化钠 3.0g，磷酸氢二钠（含 12 个结晶水）2.0g，0.2%溴麝香草酚蓝溶液 12.0mL，蒸馏水 1000mL，pH 7.4±0.2。

制法

（1）葡萄糖发酵管按上述成分配好后，调节 pH。按 0.5%加入葡萄糖，分装于有一个倒置小管的小试管内，121℃高压灭菌 15min。

（2）其他各种糖发酵管可按上述成分配好后，分装每瓶 100mL，121℃高压灭菌 15min。另将各种糖类分别配好 10%溶液，同时高压灭菌。将 5mL 糖溶液加入于 100mL 培养基内，以无菌操作分装小试管。

注：蔗糖不纯，加热后会自行水解者，应采用过滤法除菌。

实验方法　从琼脂斜面上挑取小量培养物接种，于 36℃±1℃培养，一般 2～3d。迟缓反应需观察 14～30d。

A.14　邻硝基酚-β-D-半乳糖苷酶培养基

成分　邻硝基酚-β-D-半乳糖苷（*O*-nitrophenyl-β-D-galactopyranoside，ONPG）60.0mg，0.01mol/L 磷酸钠缓冲液（pH7.5）10.0mL，1%蛋白胨水（pH7.5）30.0mL。

制法　将ONPG溶于缓冲液内，加入蛋白胨水，以过滤法除菌，分装于无菌的小试管内，每管0.5mL，用橡皮塞塞紧。

实验方法　自琼脂斜面上挑取培养物一满环接种，于36℃±1℃培养，1～3h和24h观察结果。如果β-D-半乳糖苷酶产生，则于1～3h变黄色，如无此酶则24h不变色。

A.15　半固体琼脂

成分　牛肉膏0.3g，蛋白胨1.0g，氯化钠0.5g，琼脂0.35～0.4g，蒸馏水100mL，pH 7.4±0.2。

制法　按以上成分配好，煮沸溶解，调节pH。分装小试管。121℃高压灭菌15min。直立凝固备用。

注：供动力观察、菌种保存、H抗原位相变异实验等用。

A.16　丙二酸钠培养基

成分　酵母浸膏1.0g，硫酸铵2.0g，磷酸氢二钾0.6g，磷酸二氢钾0.4g，氯化钠2.0g，丙二酸钠3.0g，0.2%溴麝香草酚蓝溶液12.0mL，蒸馏水1000mL，pH 6.8±0.2。

制法　除指示剂以外的成分溶解于水，调节pH，再加入指示剂，分装试管，121℃高压灭菌15min。

实验方法　用新鲜的琼脂培养物接种，于36℃±1℃培养48h，观察结果。阳性者由绿色变为蓝色。

附录B　常见沙门氏菌抗原表

菌名	拉丁菌名	O抗原	H抗原	
			第1相	第2相
A群				
甲型副伤寒沙门氏菌	*S. paratyphi* A	1，2，12	a	[1,5]
B群				
基桑加尼沙门氏菌	*S. kisangani*	1,4,[5],12	a	1,2
阿雷查瓦莱塔沙门氏菌	*S. arechavaleta*	4,[5],12	a	1,7
马流产沙门氏菌	*S. abortusequi*	4,12	—	e,n,x,
乙型副伤寒沙门氏菌	*S. paratyphi* B	1,4,[5],12	b	1,2
利密特沙门氏菌	*S. limete*	1,4,12,[27]	b	1,5
阿邦尼沙门氏菌	*S. abony*	1,4,[5],12,27	b	e,n,x
维也纳沙门氏菌	*S. wien*	1,4,12,[27]	b	l,w
伯里沙门氏菌	*S .bury*	4,12,[27]	c	z6
斯坦利沙门氏菌	*S. stanley*	1,4,[5],12,[27]	d	1,2
圣保罗沙门氏菌	*S. saintpaul*	1,4,[5],12	e,h	1,2
里定沙门氏菌	*S .reading*	1,4,[5],12	e,h	1,5

续表

菌名	拉丁菌名	O 抗原	H 抗原	
			第 1 相	第 2 相
彻斯特沙门氏菌	*S. chester*	1,4,[5],12	e,h	e,n,x
德尔卑沙门氏菌	*S. derby*	1,4,[5],12	f,g	[1,2]
阿贡纳沙门氏菌	*S. agona*	1,4,[5],12	f,g,s	[1,2]
埃森沙门氏菌	*S. essen*	4,12	g,m	—
加利福尼亚沙门氏菌	*S. california*	4,12	g,m,t	[z_{67}]
金斯敦沙门氏菌	*S. kingston*	1,4,[5],12,[27]	g,s,t	[1,2]
布达佩斯沙门氏菌	*S. budapest*	1,4,12,[27]	g,t	—
鼠伤寒沙门氏菌	*S. typhimurium*	1,4,[5],12	i	1,2
拉古什沙门氏菌	*S. lagos*	1,4,[5],12	i	1,5
布雷登尼沙门氏菌	*S.bredeney*	1,4,12,[27]	l,v	1,7
基尔瓦沙门氏菌Ⅱ	*S.kilwa* Ⅱ	4,12	l,w	e,n,x
海德尔堡沙门氏菌	*S.heidelberg*	1,4,[15],12	r	1,2
印第安纳沙门氏菌	*S.indiana*	1,4,12	z	1,7
斯坦利维尔沙门氏菌	*S.stanleyville*	1,4,[5],12.[27]	z4,z23	[1,2]
伊图里沙门氏菌	*S.ituri*	1,4,12	z10	1,5
C1 群				
奥斯陆沙门氏菌	*S.oslo*	6,7,14	a	e,n,x
爱丁堡沙门氏菌	*S.edinburg*	6,7, 14	b	1,5
布隆方丹沙门氏菌Ⅱ	*S.bloemfontein* Ⅱ	6,7	b	[e,n,x]：z_{42}
丙型副伤寒沙门氏菌	*S.paratyphi* C	6,7,[Vi]	c	1,5
猪霍乱沙门氏菌	*S.choleraesuis*	6,7	c	1,5
猪伤寒沙门氏菌	*S.typhisuis*	6,7	c	1,5
罗米他沙门氏菌	*S.lomita*	6,7	e,h	1,5
布伦登卢普沙门氏菌	*S.braenderup*	6,7, 14	e,h	e,n,z_{15}
里森沙门氏菌	*S.rissen*	6,7, 14	f,g	—
蒙得维的亚沙门氏菌	*S.montevideo*	6,7, 14	g,m,[p],s	[1,2,7]
里吉尔沙门氏菌	*S.riggil*	6,7	g,[t]	—
奥雷宁堡沙门氏菌	*S.oranieburg*	6,7, 14	m,t	[2,5,7]
奥里塔蔓林沙门氏菌	*S.oritamerin*	6,7	i	1,5
汤卜逊沙门氏菌	*S.thompson*	6,7, 14	k	1,5
康科德沙门氏菌	*S.concord*	6,7	l,v	1,2
伊鲁木沙门氏菌	*S.irumu*	6,7	l,v	1,5
姆卡巴沙门氏菌	*S.mkamba*	6,7	l,v	1,6
波恩沙门氏菌	*S.bonn*	6,7	l,v	e,n,x
波茨坦沙门氏菌	*S.potsdam*	6,7,14	l,v	e,n,z_{15}

续表

菌名	拉丁菌名	O 抗原	H 抗原	
			第 1 相	第 2 相
格但斯克沙门氏菌	*S.gdansk*	6,7,14	l,v	z_6
维尔肖沙门氏菌	*S.virchow*	6,7, 14	r	1,2
婴儿沙门氏菌	*S.infantis*	6,7, 14	r	1,5
巴布亚沙门氏菌	*S.papuana*	6,7	r	e,n,z15
巴雷利沙门氏菌	*S.bareilly*	6,7, 14	y	1,5
哈特福德沙门氏菌	*S.hartford*	6,7	y	e,n,x
三河岛沙门氏菌	*S.mikawasima*	6,7, 14	y	e,n,z15
姆班达卡沙门氏菌	*S.mbandaka*	6,7, 14	z10	e,n,z15
田纳西沙门氏菌	*S.tennessee*	6,7, 14	z29	[1,2,7]
布伦登卢普沙门氏菌	*S.braenderup*	6,7, 14	e,h	e,n,z15
耶路撒冷沙门氏菌	*S.jerusalem*	6,7, 14	z10	l,w
C2 群				
习志野沙门氏菌	*S.narashino*	6.8	a	e,n,x
名古屋沙门氏菌	*S.nagoya*	6,8	b	1,5
加瓦尼沙门氏菌	*S.gatuni*	6,8	b	e,n,x
慕尼黑沙门氏菌	*S.muenchen*	6,8	d	1,2
蔓哈顿沙门氏菌	*S.manhattan*	6,8	d	1,5
纽波特沙门氏菌	*S.newport*	6,8,20	e,h	1,2
科特布斯沙门氏菌	*S.kottbus*	6,8	e,h	1,5
茨昂威沙门氏菌	*S.tshiongwe*	6,8	e,h	e,n,z_{15}
林登堡沙门氏菌	*S.lindenburg*	6,8	i	1,2
塔科拉迪沙门氏菌	*S.takoradi*	6,8	i	1,5
波那雷恩沙门氏菌	*S.bonariensis*	6,8	i	e,n,x
利齐菲尔德沙门氏菌	*S.litchfield*	6,8	l,v	1,2
病牛沙门氏菌	*S.bovismorbificans*	6,8, 20	r,[i]	1,5
查理沙门氏菌	*S.chailey*	6,8	z_4,z_{23}	e,n,z_{15}
C3 群				
巴尔多沙门氏菌	*S.bardo*	8	e,h	1,2
依麦克沙门氏菌	*S.emek*	8,20	g,m,s	—
肯塔基沙门氏菌	*S.kentucky*	8, 20	i	z_6
D 群				
仙台沙门氏菌	*S.sendai*	1,9,12	a	1,5
伤寒沙门氏菌	*S.typhi*	9,12,[Vi]	d	—
塔西沙门氏菌	*S.tarshyne*	9,12	d	1,6
伊斯特本沙门氏菌	*S.eastbourne*	1,9,12	e,h	1,5
以色列沙门氏菌	*S.israel*	9,12	e,h	e,n,z_{15}

续表

菌名	拉丁菌名	O 抗原	H 抗原	
			第 1 相	第 2 相
肠炎沙门氏菌	*S.enteritidis*	1,9,12	g,m	[1,7]
布利丹沙门氏菌	*S.blegdam*	9,12	g,m,q	—
沙门氏菌 Ⅱ	*Salmonella* Ⅱ	1,9,12	g,m,[s],t	[1,5,7]
都柏林沙门氏菌	*S.dublin*	1,9,12,[Vi]	g,p	—
芙蓉沙门氏菌	*S.seremban*	9,12	i	1,5
巴拿马沙门氏菌	*S.panama*	1,9,12	l,v	1,5
戈丁根沙门氏菌	*S.goettingen*	9,12	l,v	e,n,z_{15}
爪哇安纳沙门氏菌	*S.javiana*	1,9,12	L,z_{28}	1,5
鸡-雏沙门氏菌	*S.gallinarum-pullorum*	1,9,12	—	—
E1 群				
奥凯福科沙门氏菌	*S.okefoko*	3,10	c	z_6
瓦伊勒沙门氏菌	*S.vejle*	3,{10}，{15}	e,h	1,2
明斯特沙门氏菌	*S.muenster*	3,{10}{15}{15,34}	e,h	1，5
鸭沙门氏菌	*S.anatum*	3, {10}{15}{15,34}	e,h	1,6
纽兰沙门氏菌	*S.newlands*	3,{10}，{15,34}	e,h	e,n,x
火鸡沙门氏菌	*S.meleagridis*	3, {10}{15}{15,34}	e,h	l,w
雷根特沙门氏菌	*S.regent*	3,10	f,g,[s]	[1,6]
西翰普顿沙门氏菌	*S.westhampton*	3,{10}{15}{15,34}	g,s,t	—
阿姆德尔尼斯沙门氏菌	*S.amounderness*	3,10	i	1,5
新罗歇尔沙门氏菌	*S.new-rochelle*	3,10	k	l,w
恩昌加沙门氏菌	*S.nchanga*	3,{10}{15}	l,v	1,2
新斯托夫沙门氏菌	*S.sinstorf*	3,10	l,v	1,5
伦敦沙门氏菌	*S.london*	3,{10}{15}	l,v	1,6
吉韦沙门氏菌	*S.give*	3,{10}{15}{15,34}	l,v	1,7
鲁齐齐沙门氏菌	*S.ruzizi*	3,10	l,v	e,n,z15
乌干达沙门氏菌	*S.uganda*	3,{10}{15}	l,z13	1,5
乌盖利沙门氏菌	*S.ughelli*	3,10	r	1,5
韦太夫雷登沙门氏菌	*S.weltevreden*	3,{10}{15}	r	z6
克勒肯威尔沙门氏菌	*S.clerkenwell*	3,10	z	l,w
列克星敦沙门氏菌	*S.lexington*	3,{10}{15}{15,34}	z10	1,5
萨奥沙门氏菌	*S.sao*	1,3,19	e,h	e,n,z15
卡拉巴尔沙门氏菌	*S.calabar*	1,3,19	e,h	l,w
山夫登堡沙门氏菌	*S.senftenberg*	1,3,19	g,[s],t	—
斯特拉特福沙门氏菌	*S.stratford*	1,3,19	i	1,2
塔克松尼沙门氏菌	*S.taksony*	1,3,19	i	z6
索恩保沙门氏菌	*S.schoeneberg*	1,3,19	z	e,n,z15

续表

菌名	拉丁菌名	O 抗原	H 抗原	
			第 1 相	第 2 相
F 群				
昌丹斯沙门氏菌	*S.chandans*	11	d	[e,n,x]
阿柏丁沙门氏菌	*S.aberdeen*	11	i	1,2
布里赫姆沙门氏菌	*S.brijbhumi*	11	i	1,5
威尼斯沙门氏菌	*S.veneziana*	11	i	e,n,x
阿巴特图巴沙门氏菌	*S.abaetetuba*	11	k	1,5
鲁比斯劳沙门氏菌	*S.rubislaw*	11	r	e,n,x
其他群				
浦那沙门氏菌	*S.poona*	1,13,22	z	1,6
里特沙门氏菌	*S.ried*	1,13,22	z_4,z_{23}	[e,n,z_{15}]
密西西比沙门氏菌	*S.mississippi*	1,13,23	b	1,5
古巴沙门氏菌	*S.cubana*	1,13,23	z29	—
苏拉特沙门氏菌	*S.surat*	[1],6,14,[25]	r,[i]	e,n,z_{15}
松兹瓦尔沙门氏菌	*S.sundsvall*	[1],6,14,[25]	z	e,n,x
非丁伏斯沙门氏菌	*S.hvittingfoss*	16	b	e,n,x
威斯敦沙门氏菌	*S.weston*	16	e,h	z6
上海沙门氏菌	*S.shanghai*	16	l,v	1,6
自贡沙门氏菌	*S.zigong*	16	l,w	1,5
巴圭达沙门氏菌	*S.baguida*	21	z4,z23	—
迪尤波尔沙门氏菌	*S.dieuoppeul*	28	i	1,7
卢肯瓦尔德沙门氏菌	*S.luckenwalde*	28	z10	e,n,z15
拉马特根沙门氏菌	*S.ramatgan*	30	k	1,5
阿德莱沙门氏菌	*S.adelaide*	35	f,g	—
旺兹沃思沙门氏菌	*S.wandsworth*	39	b	1,2
雷俄格伦德沙门氏菌	*S.riogrande*	40	b	1,5
莱瑟沙门氏菌	*S.lethe* Ⅱ	41	g,t	—
达莱姆沙门氏菌	*S.dahlem*	48	k	e,n,z15
沙门氏菌 Ⅲb	*Salmonella* Ⅲb	61	l,v	1,5,7

实验十一　食品中志贺氏菌检验

一、目的要求

掌握食品中志贺氏菌的系统检验方法。

二、基本原理

志贺氏菌（*Shigella* spp.）属于肠杆菌科细菌，俗称痢疾杆菌，包括痢疾志贺氏菌、福氏志贺氏菌、鲍氏志贺氏菌和宋内氏志贺氏菌四群。它们主要通过食品加工、集体食堂和饮食行业的从业人员中痢疾患者或带菌者直接或间接污染食物，从而导致痢疾的发生，是一种最为常见的、危害较大的致病菌。

志贺氏菌为一种不形成芽孢、无荚膜、无鞭毛但有菌毛的革兰氏阴性杆菌，能分解葡萄糖产酸不产气、大多数不分解乳糖，不利用葡萄糖铵、西蒙氏柠檬酸盐，不分解水杨苷、七叶苷；硝酸盐还原、甲基红实验阳性，尿素酶、赖氨酸脱羧酶实验阴性，对甘露醇的分解能力不同；β-半乳糖苷酶、鸟氨酸脱羧酶、靛基质、棉子糖实验结果因不同志贺氏菌菌群而有差异。志贺氏菌的鉴定主要根据血清学反应，再以生化反应证实。

本实验采用食品安全国家标准方法(食品微生物学检验—志贺氏菌检验GB 4789.5—2012)。

三、实验材料

1. 设备和材料

除微生物实验室常规灭菌及培养设备外，其他设备和材料如下。

恒温培养箱：36℃±1℃；冰箱：2～5℃；膜过滤系统；厌氧培养装置：41.5℃±1℃；电子天平：感量0.1g；显微镜：10×～100×；均质器；振荡器；无菌吸管：1mL（具0.01mL刻度）、10mL（具0.1mL刻度）或微量移液器及吸头；无菌均质杯或无菌均质袋：容量500mL；无菌培养皿：直径90mm；pH计或pH比色管或精密pH试纸；全自动微生物生化鉴定系统。

2. 培养基和试剂（见本实验附录A）

志贺氏菌增菌肉汤-新生霉素；麦康凯（MAC）琼脂；木糖赖氨酸脱氧胆酸盐（XLD）琼脂；志贺氏菌显色培养基；三糖铁（TSI）琼脂；营养琼脂斜面；半固体琼脂；葡萄糖铵培养基；尿素琼脂；β-半乳糖苷酶培养基；氨基酸脱羧酶实验培养基；糖发酵管；西蒙氏柠檬酸盐培养基；黏液酸盐培养基；蛋白胨水、靛基质试剂；志贺氏菌属诊断血清；生化鉴定试剂盒。

四、检验程序

志贺氏菌检验程序如图 3-2 所示。

五、操作步骤

1. 增菌

以无菌操作取检样 25g（mL），加入装有灭菌 225mL 志贺氏菌增菌肉汤的均质杯，用旋转刀片式均质器以 8000～10 000r/min 均质；或加入装有 225mL 志贺氏菌增菌肉汤的均质袋中，用拍击式均质器连续均质 1～2min，液体样品振荡混匀即可。于 41.5℃±1℃，厌氧培养 16～20h。

2. 分离

取增菌后的志贺氏增菌液分别划线接种于XLD琼脂平板和MAC琼脂平板或志贺氏菌显色培养基平板上，于 36℃±1℃培养 20～24h，观察各个平板上生长的菌落形态。宋内氏志贺

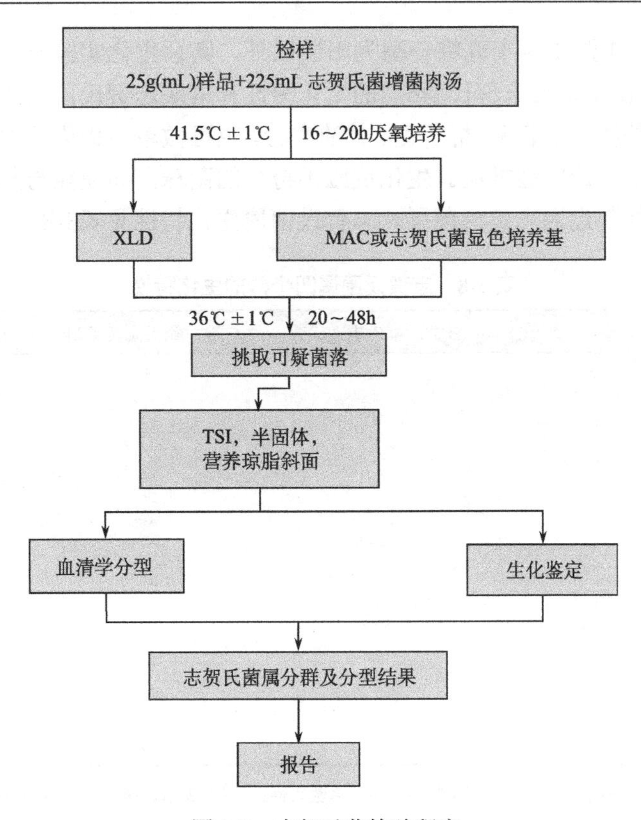

图 3-2　志贺氏菌检验程序

氏菌的单个菌落直径大于其他志贺氏菌。若出现的菌落不典型或菌落较小不易观察，则继续培养至 48h 再进行观察。志贺氏菌在不同选择性琼脂平板上的菌落特征见表 3-7。

表 3-7　志贺氏菌在不同选择性琼脂平板上的菌落特征

选择性琼脂平板	志贺氏菌的菌落特征
MAC 琼脂	无色至浅粉红色，半透明、光滑、湿润、圆形、边缘整齐或不齐
XLD 琼脂	粉红色至无色，半透明、光滑、湿润、圆形、边缘整齐或不齐
志贺氏菌显色培养基	按照显色培养基的说明进行判定

（1）自选择性琼脂平板上分别挑取 2 个以上典型或可疑菌落，分别接种 TSI、半固体和营养琼脂斜面各一管，置 36℃±1℃培养 20～24h，分别观察结果。

（2）凡是三糖铁琼脂中斜面产碱、底层产酸（发酵葡萄糖，不发酵乳糖，蔗糖）、不产气（福氏志贺氏菌 6 型可产生少量气体）、不产硫化氢、半固体管中无动力的菌株，挑取上一步（1）中已培养的营养琼脂斜面上生长的菌苔，进行生化实验和血清学分型。

3. 生化实验及附加生化实验

（1）生化实验。 用以上步骤2“分离”（1）中已培养的营养琼脂斜面上生长的菌苔进行生化实验，即 β-半乳糖苷酶、尿素、赖氨酸脱羧酶、鸟氨酸脱羧酶及水杨苷和七叶苷的分解实验。除宋内氏志贺氏菌、鲍氏志贺氏菌13型的鸟氨酸阳性，宋内氏菌和痢疾志贺氏菌

1型，鲍氏志贺氏菌13型的 β-半乳糖苷酶为阳性以外，其余生化实验志贺氏菌属的培养物均为阴性结果。另外，由于福氏志贺氏菌6型的生化特性和痢疾志贺氏菌或鲍氏志贺氏菌相似，必要时还需加做靛基质、甘露醇、棉子糖、甘油实验，也可做革兰氏染色检查和氧化酶实验，应为氧化酶阴性的革兰氏阴性杆菌。生化反应不符合的菌株，即使能与某种志贺氏菌分型血清发生凝集，仍不得判定为志贺氏菌属。志贺氏菌属生化特性见表3-8。

表 3-8　志贺氏菌属四个群的生化特性

生化反应	A 群：痢疾志贺氏菌	B 群：福氏志贺氏菌	C 群：鲍氏志贺氏菌	D 群：宋内氏志贺氏菌
β-半乳糖苷酶	–[a]	–	–[a]	+
尿素	–	–	–	–
赖氨酸脱羧酶	–	–	–	–
鸟氨酸脱羧酶	–	–	–[b]	+
水杨苷	–	–	–	–
七叶苷	–	–	–	–
靛基质	–/+	(+)	–/+	–
甘露醇	–	+[c]	+	+
棉子糖	–	+	–	+
甘油	(+)	–	(+)	d

注：+表示阳性；–表示阴性；–/+表示多数阴性；+/–表示多数阳性；（+）表示迟缓阳性。d 表示有不同生化型。

a. 痢疾志贺 1 型和鲍氏 13 型为阳性；b. 鲍氏 13 型为鸟氨酸阳性；c. 福氏 4 型和 6 型常见甘露醇阴性变种。

（2）附加生化实验。由于某些不活泼的大肠埃希氏菌（anaerogenic *E.coli*）、A-D（alkalescens-disparbiotypes，碱性-异型）菌的部分生化特征与志贺氏菌相似，并能与某种志贺氏菌分型血清发生凝集，因此前面生化实验符合志贺氏菌属生化特性的培养物还需另加葡萄糖胺、西蒙氏柠檬酸盐、黏液酸盐实验（36℃培养 24～48h）验证。志贺氏菌属与不活泼大肠埃希氏菌、A-D 菌的生化特性区别见表 3-9。

表 3-9　志贺氏菌属与不活泼大肠埃希氏菌、A-D 菌的生化特性区别

生化反应	A 群：痢疾志贺氏菌	B 群：福氏志贺氏菌	C 群：鲍氏志贺氏菌	D 群：宋内氏志贺氏菌	大肠埃希氏菌	A-D 菌
葡萄糖铵	–	–	–	–	+	+
西蒙氏柠檬酸盐	–	–	–	–	d	d
黏液酸盐	–	–	–	d	+	d

注：+表示阳性；–表示阴性；d 表示有不同生化型。

在葡萄糖铵、西蒙氏柠檬酸盐、黏液酸盐实验三项反应中志贺氏菌一般为阴性，而不活泼的大肠埃希氏菌、A-D（碱性-异型）菌至少有一项反应为阳性。

（3）如选择生化鉴定试剂盒或全自动微生物生化鉴定系统，可根据“五、操作步骤”中“2. 分离”中步骤（2）的初步判断结果，用“五、操作步骤”中“2.分离”中步骤（1）中已培养的营养琼脂斜面上生长的菌苔，使用生化鉴定试剂盒或全自动微生物生化鉴定系统进行鉴定。

4. 血清学鉴定

（1）抗原的准备。志贺氏菌属没有动力，所以没有鞭毛抗原。志贺氏菌属主要有菌体（O）抗原。O 抗原又可分为型和群的特异性抗原。

一般采用 1.2%～1.5%琼脂培养物作为玻片凝集实验用的抗原。

注 1：一些志贺氏菌如果因为 K 抗原的存在而不出现凝集反应时，可挑取菌苔于 1mL 生理盐水做成浓菌液，100℃煮沸 15～60min 去除 K 抗原后再检查。

注 2：D 群志贺氏菌既可能是光滑型菌株也可能是粗糙型菌株，与其他志贺氏菌群抗原不存在交叉反应。与肠杆菌科不同，宋内氏志贺氏菌粗糙型菌株不一定会自凝。宋内氏志贺氏菌没有 K 抗原。

（2）凝集反应。在玻片上画出 2 个约 1cm×2cm 的区域，挑取一环待测菌，各放 1/2 环于玻片上的每一区域上部，在其中一个区域下部加 1 滴抗血清，在另一区域下部加入 1 滴生理盐水作为对照。再用无菌的接种环或针分别将两个区域内的菌落研成乳状液。将玻片倾斜摇动混合 1min，并对着黑色背景进行观察，如果抗血清中出现凝结成块的颗粒，而且生理盐水中没有发生自凝现象，那么凝集反应为阳性。如果生理盐水中出现凝集，视作为自凝。这时，应挑取同一培养基上的其他菌落继续进行实验。

如果待测菌的生化特征符合志贺氏菌属生化特征，而其血清学实验为阴性的话，则按“4. 血清学鉴定”中“（1）抗原的准备”中注 1 进行实验。

（3）血清学分型（选做项目）。先用四种志贺氏菌多价血清检查，如果呈现凝集，则再用相应各群多价血清分别实验。先用 B 群福氏志贺氏菌多价血清进行实验，如呈现凝集，再用其群和型因子血清分别检查。如果 B 群多价血清不凝集，则用 D 群宋内氏志贺氏菌血清进行实验，如呈现凝集，则用其 I 相和 II 相血清检查；如果 B、D 群多价血清都不凝集，则用 A 群痢疾志贺氏菌多价血清及 1～12 各型因子血清检查，如果上述三种多价血清都不凝集，可用 C 群鲍氏志贺氏菌多价检查，并进一步用 1～18 各型因子血清检查。福氏志贺氏菌各型和亚型的型抗原和群抗原鉴别见表 3-10。

表 3-10　福氏志贺氏菌各型和亚型的型抗原和群抗原的鉴别表

型和亚型	型抗原	群抗原	在群因子血清中的凝集		
			3，4	6	7，8
a	I	4	+	−	−
1b	I	（4），6	(+)	+	−
2a	II	3，4	+	−	−
3a	III	（3，4），6，7，8	(+)	+	+
3b	III	（3，4），6	(+)	+	−
4a	IV	3，4	+	−	−
4b	IV	6	−	+	−
4c	IV	7，8	−	−	+

续表

型和亚型	型抗原	群抗原	在群因子血清中的凝集		
			3，4	6	7，8
5a	V	（3，4）	（+）	–	–
5b	V	7，8	–	–	+
6	VI	4	+	–	–
X	–	7，8	–	–	+
Y	–	3，4	+	–	–

注：+表示凝集；–表示不凝集；（）表示有或无。

六、结果与报告

综合以上生化实验和血清学鉴定的结果，报告25g（mL）样品中检出或未检出志贺氏菌。

附录A　培养基和试剂

A.1　志贺氏菌增菌肉汤-新生霉素（*Shigella* broth）

A.1.1　志贺氏菌增菌肉汤

成分　胰蛋白胨20.0g，葡萄糖1.0g，磷酸氢二钾2.0g，磷酸二氢钾2.0g，氯化钠5.0g，吐温80（Tween 80）1.5mL，蒸馏水1000mL。

制法　将以上成分混合加热溶解，冷却至25℃左右校正pH至7.0±0.2，分装适当的容器，121℃灭菌15min。取出后冷却至50～55℃，加入除菌过滤的新生霉素溶液（0.5μg/mL），分装225mL备用。

注：如不立即使用，在2～8℃条件下可储存一个月。

A.1.2　新生霉素溶液

成分　新生霉素25.0mg，蒸馏水1000.0mL。

制法　将新生霉素溶解于蒸馏水中，用0.22μm过滤膜除菌，如不立即使用，在2～8℃条件下可储存一个月。

临用时每225mL志贺氏菌增菌肉汤加入5mL新生霉素溶液，混匀。

A.2　麦康凯（MAC）琼脂

成分　蛋白胨20.0g，乳糖10.0g，3号胆盐1.5g，氯化钠5.0g，中性红0.03g，结晶紫0.001g，琼脂15.0g，蒸馏水1000.0mL。

制法　将以上成分混合加热溶解，冷却至25℃左右校正pH至7.2±0.2，分装，121℃高压灭菌15min。冷却至45～50℃，倾注平板。

注：如不立即使用，在2～8℃条件下可储存两周。

A.3　木糖赖氨酸脱氧胆盐（XLD）琼脂

同实验十附录A中A.6（第61页）。

A.4　三糖铁（TSI）琼脂

同验十附录A中A.8（第61页）。

A.5　营养琼脂斜面

成分　蛋白胨 10.0g，牛肉膏 3.0g，氯化钠 5.0g，琼脂 15.0g，蒸馏水 1000.0mL。

制法　将除琼脂以外的各成分溶解于蒸馏水内，加入 15%氢氧化钠溶液约 2mL，冷却至 25℃左右校正 pH 至 7.0±0.2。加入琼脂，加热煮沸，使琼脂溶化。分装小号试管，每管约 3mL。于 121℃灭菌 15min，制成斜面。

注：如不立即使用，在 2～8℃条件下可储存两周。

A.6　半固体琼脂

同实验十附录 A 中 A.15（第 63 页）。

A.7　葡萄糖铵培养基

成分　氯化钠 5.0g，硫酸镁（$MgSO_4 \cdot 7H_2O$）0.2g，磷酸二氢铵 1.0g，磷酸氢二钾 1.0g，葡萄糖 2.0g，琼脂 20.0g，0.2%溴麝香草酚蓝水溶液 40.0mL，蒸馏水 1000.0mL。

制法　先将盐类和糖溶解于水内，校正 pH 至 6.8±0.2，再加琼脂加热溶解，然后加入指示剂。混合均匀后分装试管，121℃高压灭菌 15min。制成斜面备用。

实验方法　用接种针轻轻触及培养物的表面，在盐水管内做成极稀的悬液，肉眼观察不到混浊，以每一接种环内含菌数在 20～100 之间为宜。将接种环灭菌后挑取菌液接种，同时再以同法接种普通斜面一支作为对照。于 36℃±1℃培养 24h。阳性者葡萄糖铵斜面上有正常大小的菌落生长；阴性者不生长，但在对照培养基上生长良好。如在葡萄糖铵斜面生长极微小的菌落可视为阴性结果。

注：容器使用前应用清洁液浸泡，再用清水、蒸馏水冲洗干净，并用新棉花做成棉塞，干热灭菌后使用。如果操作时不注意，有杂质污染时，易造成假阳性的结果。

A.8　尿素琼脂

成分　蛋白胨 1.0g，氯化钠 5.0g，葡萄糖 1.0g，磷酸二氢钾 2.0g，0.4%酚红溶液 3.0mL，琼脂 20.0g，20%尿素溶液 100.0mL，蒸馏水 900.0mL。

制法　除酚红和尿素外的其他成分加热溶解，冷却至 25℃左右，校正 pH 至 7.2±0.2，加入酚红指示剂，混匀，于 121℃灭菌 15min。冷至约 55℃，加入用 0.22μm 过滤膜除菌后的 20%尿素水溶液 100mL，混匀，以无菌操作分装灭菌试管，每管 3～4mL，制成斜面后放冰箱备用。

实验方法　挑取琼脂培养物接种，在 36℃±1℃培养 24h，观察结果。尿素酶阳性者由于产碱而使培养基变为红色。

A.9　β-D 半乳糖苷酶培养基

A.9.1　液体法（ONPG 法）

成分　邻硝基酚-β-D-半乳糖苷（ONPG）60.0mg，0.01mol/L 磷酸钠缓冲液（pH7.5±0.2）10.0mL，1%蛋白胨水（pH7.5±0.2）30.0mL。

制法　将 ONPG 溶于缓冲液内，加入蛋白胨水，以过滤法除菌，分装于 10mm×75mm 试管内，每管 0.5mL，用橡皮塞塞紧。

实验方法　自琼脂斜面上挑取培养物一满环接种于 36℃±1℃培养 1～3h 和 24h 观察结果。如果 β-D-半乳糖苷酶产生，则于 1～3h 变黄色，如无此酶则 24h 不变色。

A.9.2　平板法（X-gal 法）

成分　蛋白胨 20.0g，氯化钠 3.0g，5-溴-4-氯-3-吲哚-β-D-半乳糖苷（X-gal）200.0mg，

琼脂 15.0g，蒸馏水 1000.0mL。

制法 将上述各成分加热煮沸于 1L 水中，冷却至 25℃左右校正 pH 至 7.2±0.2，115℃高压灭菌 10min。倾注平板避光冷藏备用。

实验方法 挑取琼脂斜面培养物接种于平板，划线和点种均可，于 36℃±1℃培养 18～24h 观察结果。如果β-D-半乳糖苷酶产生，则平板上培养物颜色变蓝色，如无此酶则培养物为无色或不透明色，培养 48～72h 后有部分转为淡粉红色。

A.10 氨基酸脱羧酶实验培养基

成分 蛋白胨 5.0g，酵母浸膏 3.0g，葡萄糖 1.0g，1.6%溴甲酚紫-乙醇溶液 1.0mL，L 型或 DL 型赖氨酸和鸟氨酸 0.5g/100mL 或 1.0g/100mL，蒸馏水 1000.0mL。

制法 除氨基酸以外的成分加热溶解后，分装每瓶 100mL，分别加入赖氨酸和鸟氨酸。L-氨基酸按 0.5%加入，DL-氨基酸按 1%加入，再校正 pH 至 6.8±0.2。对照培养基不加氨基酸。分装于灭菌的小试管内，每管 0.5mL，上面滴加一层石蜡油，115℃高压灭菌 10min。

实验方法 从琼脂斜面上挑取培养物接种，于 36℃±1℃培养 18～24h，观察结果。氨基酸脱羧酶阳性者由于产碱，培养基应呈紫色。阴性者无碱性产物，但因葡萄糖产酸而使培养基变为黄色。阴性对照管应为黄色，空白对照管为紫色。

A.11 糖发酵管

同实验十附录 A 中 A.13（第 62 页）。

A.12 西蒙氏柠檬酸盐培养基

成分 氯化钠 5.0g，硫酸镁（$MgSO_4 \cdot 7H_2O$）0.2g，磷酸二氢铵 1.0g，磷酸氢二钾 1.0g，柠檬酸钠 5.0g，琼脂 20g，0.2%溴麝香草酚蓝溶液 40.0mL，蒸馏水 1000.0mL。

制法 先将盐类溶解于水内，调至 pH 6.8±0.2，加入琼脂，加热溶化。然后加入指示剂，混合均匀后分装试管，121℃灭菌 15min。制成斜面备用。

实验方法 挑取少量琼脂培养物接种，于 36℃±1℃培养 4d，每天观察结果。阳性者斜面上有菌落生长，培养基从绿色转为蓝色。

A.13 黏液酸盐培养基

A.13.1 测试肉汤

成分 酪蛋白胨 10.0g，溴麝香草酚蓝溶液 0.024g，蒸馏水 1000.0mL，黏液酸 10.0g。

制法 慢慢加入 5mol/L 氢氧化钠以溶解黏液酸，混匀。

其余成分加热溶解，加入上述黏液酸，冷却至 25℃左右校正 pH 至 7.4±0.2，分装试管，每管约 5mL，于 121℃高压灭菌 10min。

A.13.2 质控肉汤

成分 酪蛋白胨 10.0g，溴麝香草酚蓝溶液 0.024g，蒸馏水 1000.0mL。

制法 所有成分加热溶解，冷却至 25℃左右，校正 pH 至 7.4±0.2，分装试管，每管约 5mL，于 121℃高压灭菌 10min。

实验方法 将待测新鲜培养物接种测试肉汤和质控肉汤，于 36℃±1℃培养 48h 观察结果，肉汤颜色蓝色不变则为阴性结果，黄色或稻草黄色为阳性结果。

A.14 蛋白胨水、靛基质试剂

同实验十附录 A 中 A.9（第 61 页）。

实验十二　食品中金黄色葡萄球菌检验

一、目的要求

掌握食品中金黄色葡萄球菌的检验方法和鉴定要点。

二、基本原理

金黄色葡萄球菌（*Staphylococcus aureus*）为葡萄球菌属的成员，革兰氏阳性呈葡萄状排列的球菌。在自然界中无处不在，空气、水、土壤、灰尘及人和动物体表及其与外界相通的腔道中均存在。因此，食品易受其污染。金黄色葡萄球菌可产生多种毒素和酶。在血平板上生长时，产生金黄色色素使菌落呈金黄色；产生溶血素使菌落周围形成大而透明的溶血圈。在 Baird-Parker 平板上生长时，因将亚碲酸钾还原成碲酸钾使菌落呈灰黑色；因产生脂酶使菌落周围有一混浊带，而在其外层因产生蛋白水解酶有一透明带。在肉汤中生长时，菌体可生成血浆凝固酶并释放于培养基中（为游离凝固酶）。此酶类似凝血酶原物质，不直接作用到血浆纤维蛋白原上，而是被血浆中的致活剂（即凝固酶致活因子）激活后，变成耐热的凝血酶样物质，此物质可使血浆中的液态纤维蛋白原变成固态纤维蛋白，血浆因而成凝固状态。

本实验采用食品安全国家标准方法（食品微生物学检验—金黄色葡萄球菌检验 GB 4789.10—2010）。

三、实验材料

1. 设备和材料

除微生物实验室常规灭菌及培养设备外，其他设备和材料如下。

恒温培养箱：36℃±1℃；冰箱：2～5℃；恒温水浴箱：37～65℃；天平：感量 0.1g；均质器；振荡器；无菌吸管：1mL（具 0.01mL 刻度）、10mL（具 0.1mL 刻度）或微量移液器及吸头；无菌锥形瓶：容量 100mL、500mL；无菌培养皿：直径 90mm；注射器：0.5mL；pH 计或 pH 比色管或精密 pH 试纸。

2. 培养基和试剂（见本实验附录 A）

10%氯化钠胰酪胨大豆肉汤；7.5%氯化钠肉汤；血琼脂平板；Baird-Parker 琼脂平板；脑心浸出液肉汤（BHI）；兔血浆；磷酸盐缓冲液（稀释液）；营养琼脂斜面；革兰氏染色液；无菌生理盐水。

第一法　金黄色葡萄球菌定性检验

一、检验程序

金黄色葡萄球菌定性检验程序如图 3-3 所示。

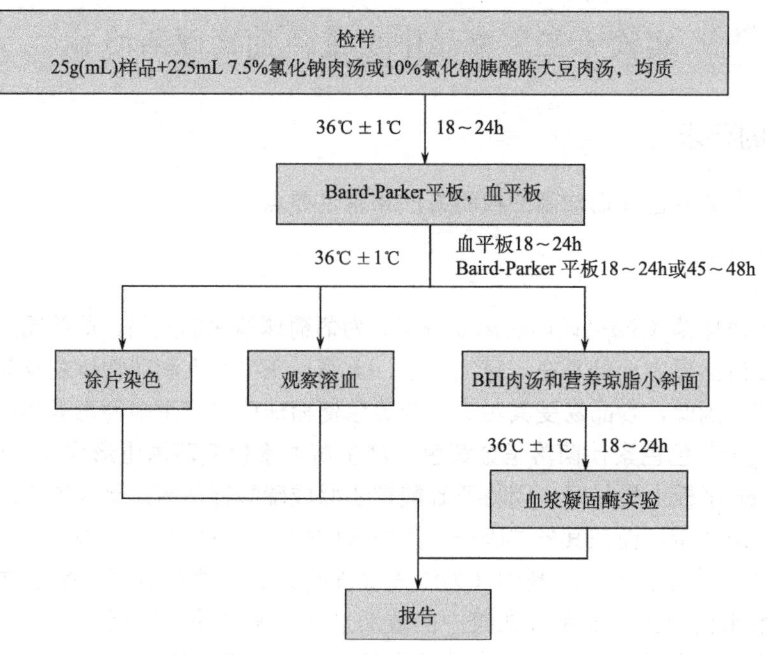

图 3-3　金黄色葡萄球菌检验程序

二、操作步骤

1. 样品的处理

称取 25g 样品至盛有 225mL 7.5%氯化钠肉汤或 10%氯化钠胰酪胨大豆肉汤的无菌均质杯内，8000～10 000r/min 均质 1～2min，或放入盛有 225mL 7.5%氯化钠肉汤或 10%氯化钠胰酪胨大豆肉汤的无菌均质袋中，用拍击式均质器拍打 1～2min。若样品为液态，吸取 25mL 样品至盛有 225mL 7.5%氯化钠肉汤或 10%氯化钠胰酪胨大豆肉汤的无菌锥形瓶（瓶内可预置适当数量的无菌玻璃珠）中，振荡混匀。

2. 增菌和分离培养

（1）将上述样品匀液于 36℃±1℃培养 18～24h。金黄色葡萄球菌在 7.5%氯化钠肉汤中呈混浊生长，污染严重时在 10%氯化钠胰酪胨大豆肉汤内呈混浊生长。

（2）将上述培养物分别划线接种到 Baird-Parker 平板和血平板。血平板 36℃±1℃培养 18～24h。Baird-Parker 平板 36℃±1℃培养 18～24h 或 45～48h。

（3）金黄色葡萄球菌在 Baird-Parker 平板上，菌落直径为 2～3mm，颜色呈灰色到黑色，边缘为淡色，周围为一混浊带，在其外层有一透明圈。用接种针接触菌落有似奶油至树胶样的硬度，偶然会遇到非脂肪溶解的类似菌落；但无混浊带及透明圈。长期保存的冷冻或干燥食品中所分离的菌落比典型菌落所产生的黑色较淡些，外观可能粗糙并干燥。在血平板上，形成菌落较大，圆形、光滑凸起、湿润、金黄色（有时为白色），菌落周围可见完全透明溶血圈。挑取上述菌落进行革兰氏染色镜检及血浆凝固酶实验。

3. 鉴定

（1）染色镜检：金黄色葡萄球菌为革兰氏阳性球菌，排列呈葡萄球状，无芽孢，无荚膜，直径为 0.5～1μm。

（2）血浆凝固酶实验：挑取 Baird-Parker 平板或血平板上可疑菌落 1 个或以上，分别接种到 5mL BHI 和营养琼脂小斜面，36℃±1℃培养 18～24h。

取新鲜配制兔血浆 0.5mL，放入小试管中，再加入 BHI 培养物 0.2～0.3mL，振荡摇匀，置 36℃±1℃温箱或水浴箱内，每半小时观察一次，观察 6h，如呈现凝固（即将试管倾斜或倒置时，呈现凝块）或凝固体积大于原体积的一半，被判定为阳性结果。同时以血浆凝固酶实验阳性和阴性葡萄球菌菌株的肉汤培养物作为对照。也可用商品化的试剂，按说明书操作，进行血浆凝固酶实验。

结果如可疑，挑取营养琼脂小斜面的菌落到 5mL BHI，36℃±1℃培养 18～48h，重复实验。

4. 葡萄球菌肠毒素的检验

可疑食物中毒样品或产生葡萄球菌肠毒素的金黄色葡萄球菌菌株的鉴定，应按本实验附录 B 检测葡萄球菌肠毒素。

三、结果与报告

结果判定：符合“二、操作步骤”中步骤 2 和步骤 3，可判定为金黄色葡萄球菌。结果报告：在 25g（mL）样品中检出或未检出金黄色葡萄球菌。

第二法　金黄色葡萄球菌 Baird-Parker 平板计数

一、检验程序

金黄色葡萄球菌平板计数程序如图 3-4 所示。

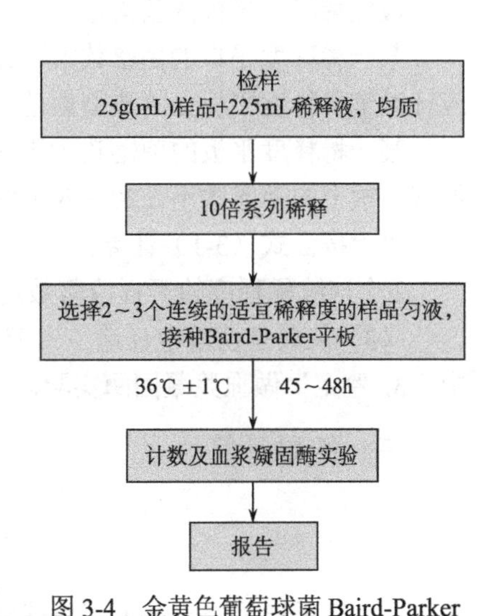

图 3-4　金黄色葡萄球菌 Baird-Parker 平板法检验程序

二、操作步骤

1. 样品的稀释

（1）固体和半固体样品：称取 25g 样品置盛有 225mL 磷酸盐缓冲液或生理盐水的无菌均质杯内，8000～10 000r/min 均质 1～2min，或置盛有 225mL 稀释液的无菌均质袋中，用拍击式均质器拍打 1～2min，制成 1∶10 的样品匀液。

（2）液体样品：以无菌吸管吸取 25mL 样品置盛有 225mL 磷酸盐缓冲液或生理盐水的无菌锥形瓶（瓶内预置适当数量的无菌玻璃珠）中，充分混匀，制成 1∶10 的样品匀液。

（3）用1mL无菌吸管或微量移液器吸取1∶10样品匀液1mL，沿管壁缓慢注于盛有9mL稀释液的无菌试管中（注意吸管或吸头尖端不要触及稀释液面），振摇试管或换用1支1mL无菌吸管反复吹打使其混合均匀，制成1∶100的样品匀液。

（4）按（3）操作程序，制备 10 倍系列稀释样品匀液。每递增稀释一次，换用 1 次 1mL 无菌吸管或吸头。

2. 样品的接种

根据对样品污染状况的估计，选择2～3个适宜稀释度的样品匀液（液体样品可包括原液），在进行10倍递增稀释时，每个稀释度分别吸取1mL 样品匀液以0.3mL、0.3mL、0.4mL 接种量分别加入三块 Baird-Parker 平板，然后用无菌 L 棒涂布整个平板，注意不要触及平板边缘。使用前，如 Baird-Parker 平板表面有水珠，可放在25～50℃的培养箱里干燥，直到平板表面的水珠消失。

3. 培养

在通常情况下，涂布后，将平板静置10min，如样液不易吸收，可将平板放在培养箱36℃±1℃培养1h；等样品匀液吸收后翻转平皿，倒置于培养箱，36℃±1℃培养45～48h。

4. 典型菌落计数和确认

（1）金黄色葡萄球菌在 Baird-Parker 平板上，菌落直径为 2～3mm，颜色呈灰色到黑色，边缘为淡色，周围为一混浊带，在其外层有一透明圈。用接种针接触菌落有似奶油至树胶样的硬度，偶然会遇到非脂肪溶解的类似菌落；但无混浊带及透明圈。长期保存的冷冻或干燥食品中所分离的菌落比典型菌落所产生的黑色较淡些，外观可能粗糙并干燥。

（2）选择有典型的金黄色葡萄球菌菌落的平板，且同一稀释度3个平板所有菌落数合计在20～200CFU之间的平板，计数典型菌落数。如果：

只有一个稀释度平板的菌落数在20～200CFU之间且有典型菌落，计数该稀释度平板上的典型菌落；

最低稀释度平板的菌落数小于20CFU且有典型菌落，计数该稀释度平板上的典型菌落；

某一稀释度平板的菌落数大于200CFU且有典型菌落，但下一稀释度平板上没有典型菌落，应计数该稀释度平板上的典型菌落；

某一稀释度平板的菌落数大于200CFU且有典型菌落，且下一稀释度平板上有典型菌落，但其平板上的菌落数不在20～200CFU之间，应计数该稀释度平板上的典型菌落。

以上按公式（3-1）计算。

2 个连续稀释度的平板菌落数均在 20～200CFU，按公式（3-2）计算。

（3）从典型菌落中任选 5 个菌落（小于 5 个全选），分别按第一法“二、操作步骤”中“3. 鉴定”做血浆凝固酶实验。

三、结果计算

$$T=\frac{AB}{Cd} \tag{3-1}$$

式中：T 表示样品中金黄色葡萄球菌菌落数；A 表示某一稀释度典型菌落的总数；B 表示某一稀释度血浆凝固酶阳性的菌落数；C 表示某一稀释度用于血浆凝固酶实验的菌落数；d 表示稀释因子。

$$T=\frac{A_1B_1/C_1+A_2B_2/C_2}{1.1d} \tag{3-2}$$

式中：T 表示样品中金黄色葡萄球菌菌落数；A_1 表示第一稀释度（低稀释倍数）典型菌落

的总数；A_2表示第二稀释度（高稀释倍数）典型菌落的总数；B_1表示第一稀释度（低稀释倍数）血浆凝固酶阳性的菌落数；B_2表示第二稀释度（高稀释倍数）血浆凝固酶阳性的菌落数；C_1表示第一稀释度（低稀释倍数）用于血浆凝固酶实验的菌落数；C_2表示第二稀释度（高稀释倍数）用于血浆凝固酶实验的菌落数；1.1 表示计算系数；d 表示稀释因子（第一稀释度）。

四、结果与报告

根据 Baird-Parker 平板上金黄色葡萄球菌的典型菌落数，按公式（3-1）计算，报告每 g（mL）样品中金黄色葡萄球菌数，以 CFU/g（mL）表示；如 T 值为 0，则以小于 1 乘以最低稀释倍数报告。

第三法　金黄色葡萄球菌 MPN 计数

一、检验程序

金黄色葡萄球菌MPN计数程序如图3-5所示。

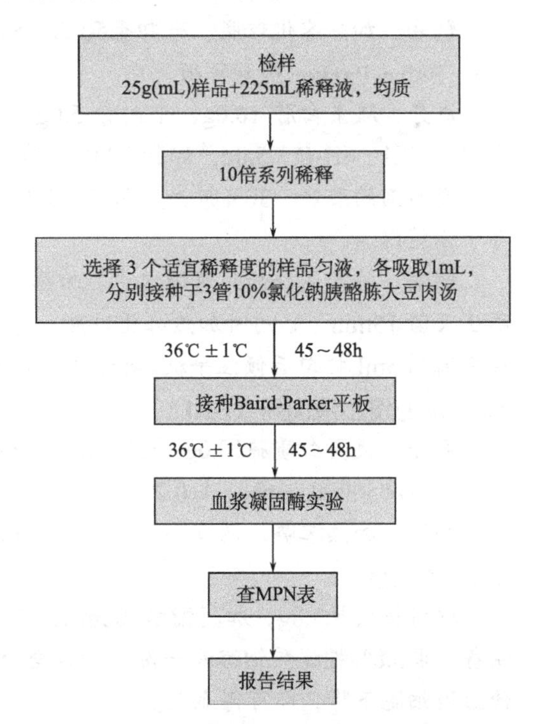

图 3-5　金黄色葡萄球菌 MPN 法检验程序

二、操作步骤

1. 样品的稀释

按第二法“二、操作步骤”中“1. 样品的稀释”进行。

2. 接种和培养

（1）根据对样品污染状况的估计，选择3个适宜稀释度的样品匀液（液体样品可包括原液），在进行10倍递增稀释时，每个稀释度分别吸取1mL样品匀液接种到10%氯化钠胰酪胨大豆肉汤管，每个稀释度接种3管，将上述接种物于36℃±1℃培养45～48h。

（2）用接种环从有细菌生长的各管中移取1 环，分别接种 Baird-Parker 平板，36℃±1℃培养 45～48h。

3. 典型菌落计数和确认

（1）见第二法中“二、操作步骤”中“4.典型菌落计数和确认”。

（2）从典型菌落中至少挑取 1 个菌落接种到 BHI 肉汤和营养琼脂斜面，36℃±1℃培养18～24h。进行血浆凝固酶实验，见第一法中“二、操作步骤”中“3.鉴定”。

三、结果与报告

计算血浆凝固酶实验阳性菌落对应的管数，查MPN检索表（本实验附录C），报告每g（mL）样品中金黄色葡萄球菌的最可能数，以 MPN/g（mL）表示。

附录A　培养基和试剂

A.1　10%氯化钠胰酪胨大豆肉汤

成分　胰酪胨（或胰蛋白胨）17.0g，植物蛋白胨（或大豆蛋白胨）3.0g，氯化钠 100.0g，磷酸氢二钾 2.5g，丙酮酸钠 10.0g，葡萄糖 2.5g，蒸馏水 1000mL，pH7.3±0.2。

制法　将上述成分混合，加热，轻轻搅拌并溶解，调节pH，分装，每瓶225mL，121℃高压灭菌15min。

A.2　7.5%氯化钠肉汤

成分　蛋白胨 10.0g，牛肉膏 5.0g，氯化钠 75g，蒸馏水 1000mL，pH 7.4。

制法　将上述成分加热溶解，调节pH，分装，每瓶225mL，121℃高压灭菌15min。

A.3　血琼脂平板

成分　豆粉琼脂（pH7.4～7.6）100mL，脱纤维羊血（或兔血）5～10mL。

制法　加热溶化琼脂，冷却至50℃，以无菌操作加入脱纤维羊血，摇匀，倾注平板。

A.4　Baird-Parker 琼脂平板

成分　胰蛋白胨 10.0g，牛肉膏 5.0g，酵母膏 1.0g，丙酮酸钠 10.0g，甘氨酸 12.0g，氯化锂（$LiCl \cdot 6H_2O$）5.0g，琼脂 20.0g，蒸馏水 950mL，pH 7.0±0.2。

增菌剂的配法　30%卵黄盐水 50mL与经过除菌过滤的 1%亚碲酸钾溶液 10mL混合，保存于冰箱内。

制法　将各成分加到蒸馏水中，加热煮沸至完全溶解，调节pH。分装每瓶 95mL，121℃高压灭菌 15min。临用时加热溶化琼脂，冷至 50℃，每 95mL加入预热至 50℃的卵黄亚碲酸钾增菌剂 5mL摇匀后倾注平板。培养基应是致密不透明的。使用前在冰箱储存不得超过 48h。

A.5　脑心浸出液肉汤（BHI）

成分　胰蛋白质胨10.0g，氯化钠5.0g，磷酸氢二钠（$Na_2HPO_4 \cdot 12H_2O$）2.5g，葡萄糖2.0g，牛心浸出液500mL，pH 7.4±0.2。

制法　加热溶解，调节 pH，分装16mm×160mm 试管，每管5mL 置121℃灭菌15min。

A.6　兔血浆

取柠檬酸钠3.8g，加蒸馏水100mL，溶解后过滤，装瓶，121℃高压灭菌15min。兔血浆制备：取3.8%柠檬酸钠溶液一份，加兔全血四份，混好静置（或以3000r/min离心30min），使血液细胞下降，即可得血浆。

A.7　磷酸盐缓冲液（PBS）

成分　磷酸二氢钾（KH_2PO_4）34.0g，蒸馏水500mL，pH 7.2。

制法

贮存液：称取 34.0g 磷酸二氢钾溶于 500mL 蒸馏水中，用大约 175mL 的 1mol/L 氢氧化钠溶液调节 pH 至 7.2，用蒸馏水稀释至 1000mL 后贮存于冰箱。

稀释液：取贮存液1.25mL，用蒸馏水稀释至1000mL，分装于适宜容器中，121℃高压灭菌15min。

A.8　营养琼脂斜面

同实验十一中附录A中A.5（第73页）。

A.9　革兰氏染色液

A.9.1　结晶紫染色液

成分　结晶紫 1.0g，95%乙醇 20.0mL，1%草酸铵水溶液 80.0mL。

制法　将结晶紫完全溶解于乙醇中，然后与草酸铵溶液混合。

A.9.2　革兰氏碘液

成分　碘 1.0g，碘化钾 2.0g，蒸馏水 300mL。

制法　将碘与碘化钾先行混合，加入蒸馏水少许充分振摇，待完全溶解后，再加蒸馏水至 300mL。

A.9.3　沙黄复染液

成分　沙黄 0.25g，95%乙醇 10.0mL，蒸馏水 90.0mL。

制法　将沙黄溶解于乙醇中，然后用蒸馏水稀释。

A.9.4　染色法

a. 涂片在火焰上固定，滴加结晶紫染液，染 1min，水洗。

b. 滴加革兰氏碘液，作用 1min，水洗。

c. 滴加 95%乙醇脱色 15～30s，直至染色液被洗掉，不要过分脱色，水洗。

d. 滴加复染液，复染 1min，水洗、待干、镜检。

A.10　无菌生理盐水

成分　氯化钠 8.5g，蒸馏水 1000mL。

制法　称取 8.5g 氯化钠溶于 1000mL 蒸馏水中，121℃高压灭菌 15min。

附录 B　葡萄球菌肠毒素检验

B.1　试剂和材料

除另有规定外，所用试剂均为分析纯，实验用水应符合 GB/T 6682 对一级水的规定。

B.1.1　A、B、C、D、E 型金黄色葡萄球菌肠毒素分型 ELISA 检测试剂盒

B.1.2　pH 试纸，范围在 3.5～8.0，精度 0.1

B.1.3　0.25mol/L、pH8.0 的 Tris 缓冲液：将 121.1g 的 Tris 溶解到 800mL 的去离子水中，待温度冷至室温后，加 42mL 浓 HCl，调 pH 至 8.0

B.1.4　pH 7.4 的磷酸盐缓冲液：称取 $NaH_2PO_4 \cdot H_2O$ 0.55g（或 $NaH_2PO_4 \cdot 2H_2O$ 0.62g），$Na_2HPO_4 \cdot 2H_2O$ 2.85g（或 $Na_2HPO_4 \cdot 12H_2O$ 5.73g），NaCl 8.7g 溶于 1000mL 蒸馏水中，充分混匀即可

B.1.5　庚烷

B.1.6　10%次氯酸钠溶液

B.1.7　肠毒素产毒培养基

成分　蛋白胨 20.0g，胰消化酪蛋白 200mg（氨基酸），氯化钠 5.0g，磷酸氢二钾 1.0g，磷酸二氢钾 1.0g，氯化钙 0.1g，硫酸镁 0.2g，菸酸 0.01g，蒸馏水 1000mL，pH7.2～7.4。

制法　将所有成分混于水中，溶解后调节 pH，121℃高压灭菌 30min。

B.1.8　营养琼脂

成分　蛋白胨 10.0g，牛肉膏 3.0g，氯化钠 5.0g，琼脂 15.0～20.0g，蒸馏水 1000mL。

制法　将除琼脂以外的各成分溶解于蒸馏水内，加入 15%氢氧化钠溶液约 2mL，校正

pH 至 7.2～7.4。加入琼脂，加热煮沸，使琼脂溶化。分装烧瓶，121℃高压灭菌 15min。

B.2　仪器和设备

电子天平：感量 0.01g；均质器；离心机：转速 3000～5000*g*；离心管：50mL；滤器：滤膜孔径 0.2μm；微量加样器：20～200μL、200～1000μL；微量多通道加样器：50～300μL；自动洗板机（可选择使用）；酶标仪：波长 450nm。

B.3　原理

本方法可用 A、B、C、D、E 型金黄色葡萄球菌肠毒素分型酶联免疫吸附试剂盒完成。本方法测定的基础是酶联免疫吸附反应（ELISA）。96 孔酶标板的每一个微孔条的 A～E 孔分别包被了 A、B、C、D、E 型葡萄球菌肠毒素抗体，H 孔为阳性质控，已包被混合型葡萄球菌肠毒素抗体，F 和 G 孔为阴性质控，包被了非免疫动物的抗体。样品中如果有葡萄球菌肠毒素，游离的葡萄球菌肠毒素则与各微孔中包被的特定抗体结合，形成抗原抗体复合物，其余未结合的成分在洗板过程中被洗掉；抗原抗体复合物再与过氧化物酶标记物（二抗）结合，未结合上的酶标记物在洗板过程中被洗掉；加入酶底物和显色剂并孵育，酶标记物上的酶催化底物分解，使无色的显色剂变为蓝色；加入反应终止液可使颜色由蓝变黄，并终止了酶反应；以 450nm 波长的酶标仪测量微孔溶液的吸光度值，样品中的葡萄球菌肠毒素与吸光度值成正比。

B.4　检测步骤

B.4.1　从分离菌株培养物中检测葡萄球菌肠毒素方法

待测菌株接种营养琼脂斜面（试管 18mm×180mm）37℃培养 24h，用 5mL 生理盐水洗下菌落，倾入 60mL 产毒培养基中，每个菌种种一瓶，37℃振荡培养 48h，振速为 100 次/min，吸出菌液 8000r/min 离心 20min，加热 100℃ 10min，取上清液，取 100μL 稀释后的样液进行实验。

B.4.2　从食品中提取和检测葡萄球菌毒素的方法

B.4.2.1　乳和乳粉。

将 25g 乳粉溶解到 125mL、0.25mol/L、pH8.0 的 Tris 缓冲液中，混匀后同液体乳一样按以下步骤制备。将乳于 15℃，3500*g* 离心 10min。将表面形成的一层脂肪层移走，变成脱脂乳。用蒸馏水对其进行稀释（1∶20）。取 100μL 稀释后的样液进行实验。

B.4.2.2　脂肪含量不超过 40%的食品。

称取 10g 样品绞碎，加入 pH7.4 的 PBS 液 15mL 进行均质。振摇 15min。于 15℃，3500*g* 离心 10min。必要时，移去上面脂肪层。取上清液进行过滤除菌。取 100μL 的滤出液进行实验。

B.4.2.3　脂肪含量超过 40%的食品。

称取 10g 样品绞碎，加入 pH7.4 的 PBS 液 15mL 进行均质。振摇 15min。于 15℃，3500*g* 离心 10min。吸取 5mL 上层悬浮液，转移到另外一个离心管中，再加入 5mL 的庚烷，充分混匀 5min。于 15℃，3500*g* 离心 5min。将上部有机相（庚烷层）全部弃去，注意该过程中不要残留庚烷。将下部水相层进行过滤除菌。取 100μL 的滤出液进行实验。

B.4.2.4　其他食品可酌情参考上述食品处理方法。

B.4.3　检测

B.4.3.1　所有操作均应在室温（20～25℃）下进行，A、B、C、D、E 型金黄色葡萄球菌肠毒素分型 ELISA 检测试剂盒中所有试剂的温度均应回升至室温方可使用。测定中吸取不同的试剂和样品溶液时应更换吸头，用过的吸头以及废液要浸泡到 10％次氯酸钠溶液中过夜。

B.4.3.2　将所需数量的微孔条插入框架中（一个样品需要一个微孔条）。将样品液加入微孔条的 A～G 孔，每孔 100μL。H 孔加 100μL 的阳性对照，用手轻拍微孔板充分混匀，用黏胶纸封住微孔以防溶液挥发，置室温下孵育 1h。

B.4.3.3　将孔中液体倾倒至含 10%次氯酸钠溶液的容器中，并在吸水纸上拍打几次以确保孔内不残留液体。每孔用多通道加样器注入 250μL 的洗液，再倾倒掉并在吸水纸上拍干。重复以上洗板操作 4 次。本步骤也可由自动洗板机完成。

B.4.3.4　每孔加入 100μL 的酶标抗体，用手轻拍微孔板充分混匀，置室温下孵育 1h。

B.4.3.5　重复 B.4.3.3 的洗板程序。

B.4.3.6　加 50μL 的 TMB 底物和 50μL 的发色剂至每个微孔中，轻拍混匀，室温黑暗避光处孵育 30min。

B.4.3.7　加入 100μL 的 2mol/L 硫酸终止液，轻拍混匀，30min 内用酶标仪在 450nm 波长条件下测量每个微孔溶液的 OD 值。

B.4.4　结果的计算和表述

B.4.4.1　质量控制。

测试结果阳性质控的 OD 值要大于 0.5，阴性质控的 OD 值要小于 0.3，如果不能同时满足以上要求，测试的结果不被认可。对阳性结果要排除内源性过氧化物酶的干扰。

B.4.4.2　临界值的计算。

每一个微孔条的 F 孔和 G 孔为阴性质控，两个阴性质控 OD 值的平均值加上 0.15 为临界值。

示例：阴性质控 1=0.08

阴性质控 2=0.10

平均值=0.09

临界值=0.09+0.15=0.24

B.4.4.3　结果表述。

OD 值小于临界值的样品孔判为阴性，表述为样品中未检出某型金黄色葡萄球菌肠毒素；OD 值大于或等于临界值的样品孔判为阳性，表述为样品中检出某型金黄色葡萄球菌肠毒素。

B.5　生物安全

因样品中不排除有其他潜在的传染性物质存在，所以要严格按照 GB19489 对废弃物进行处理。

附录 C　金黄色葡萄球菌最可能数（MPN）检索表

每 g（mL）检样中金黄色葡萄球菌最可能数（MPN）检索表

阳性管数			MPN	95%置信区间		阳性管数			MPN	95%置信区间	
0.10	0.01	0.001		下限	上限	0.10	0.01	0.001		下限	上限
0	0	0	<3.0	—	9.5	1	0	0	3.6	0.17	18
0	0	1	3.0	0.15	9.6	1	0	1	7.2	1.3	18
0	1	0	3.0	0.15	11	1	0	2	11	3.6	38
0	1	1	6.1	1.2	18	1	1	0	7.4	1.3	20
0	2	0	6.2	1.2	18	1	1	1	11	3.6	38
0	3	0	9.4	3.6	38	1	2	0	11	3.6	42

续表

阳性管数			MPN	95%置信区间		阳性管数			MPN	95%置信区间	
0.10	0.01	0.001		下限	上限	0.10	0.01	0.001		下限	上限
1	2	1	15	4.5	42	3	0	1	38	8.7	110
1	3	0	16	4.5	42	3	0	2	64	17	180
2	0	0	9.2	1.4	38	3	1	0	43	9	180
2	0	1	14	3.6	42	3	1	1	75	17	200
2	0	2	20	4.5	42	3	1	2	120	37	420
2	1	0	15	3.7	42	3	1	3	160	40	420
2	1	1	20	4.5	42	3	2	0	93	18	420
2	1	2	27	8.7	94	3	2	1	150	37	420
2	2	0	21	4.5	42	3	2	2	210	40	430
2	2	1	28	8.7	94	3	2	3	290	90	1000
2	2	2	35	8.7	94	3	3	0	240	42	1000
2	3	0	29	8.7	94	3	3	1	460	90	2000
2	3	1	36	8.7	94	3	3	2	1100	180	4100
3	0	0	23	4.6	94	3	3	3	>1100	420	—

注：本表采用 3 个稀释度[0.1g（mL）、0.01g（mL）和 0.001g（mL）]，每个稀释度接种 3 管；表内所列检样量如改用 1g（mL）、0.1g（mL）和 0.01g（mL）时，表内数字应相应降低为原先的 1/10；如改用 0.01g（mL）、0.001g（mL）、0.0001g（mL）时，则表内数字应相应增高 10 倍，其余类推。

实验十三　食品中致泻大肠埃希氏菌检验

一、目的要求

了解致泻大肠埃希氏菌的分类；

掌握食品或食物中毒样品中致泻大肠埃希氏菌的系统检验方法。

二、基本原理

大肠埃希氏菌（*Escherichia coli*，习惯上称为大肠杆菌）为肠杆菌科埃希氏菌属的一个种。能引起人类发生腹泻的具有致病性的大肠埃希氏菌，统称为致泻大肠埃希氏菌。根据其不同的生物学特性，一般包括 6 种，即肠产毒性大肠埃希氏菌（ETEC）、肠致病性大肠埃希氏菌（EPEC）、肠出血性大肠埃希氏菌（EHEC）、肠凝聚性大肠埃希氏菌（EAEC）、肠侵袭性大肠埃希氏菌（EIEC）和扩散黏附性大肠埃希氏菌（DAEC）。大肠杆菌通过污染水源、食品而引起疾病暴发流行，其中尤以 EPEC、ETEC 所占比例为大，病情严重者（如 EHEC 中的 O157∶H7 引起的）可危及生命。

大肠埃希氏菌属于卫生学意义的大肠菌群和粪大肠菌群的范畴。可以采用 I（吲哚）、M（甲基红）、Vi（3-羟基-2-丁酮）、C（柠檬酸），即 IMViC 生化实验对大肠埃希氏菌做进一步的鉴定，其 IMViC 结果为++−−或−+−−。然而，大肠埃希氏菌之间生化反应的差异非常常见。例如，许多菌种非/迟发酵乳糖，但不说明它们遗传上有明显不同，生化反应非典型的大肠埃希氏菌菌株与典型菌株的 DNA 相关性在 85%～100%。其中，H_2S、脲酶、吲哚、ONPG 实验常为首选生化反应，其余为进一步的生化实验。大肠埃希氏菌在赖氨酸脱羧酶、黏质酸盐、乙酸盐生化实验中，有一项或多项实验阳性，且厌氧生长弱、有动力和吲哚实验阳性可与志贺氏菌相鉴别。经分离、鉴定、确证为大肠埃希氏菌后，可对其进行血清学分型和毒素鉴定来进一步分型。

本实验采用国家标准推荐方法（食品卫生微生物学检验—致泻大肠埃希氏菌检验 GB/T 4789.6—2003）。

三、实验材料

1. 设备和材料

冰箱：0～4℃；恒温培养箱：36℃±1℃，42℃；恒温水浴锅：100℃，65～68℃，50℃；显微镜：10×～100×；离心机：3000r/min；酶标仪；均质器或灭菌乳钵；架盘药物天平：0～500g，精确至 0.5g；细菌浓度比浊管：Mac Farland 3 号；灭菌广口瓶：500mL；灭菌锥形瓶：250mL、500mL；灭菌吸管：1mL（具 0.01mL 刻度）、5mL（具 0.1mL 刻度）；灭菌培养皿：直径 90mm；灭菌试管：10mm×75mm、16mm×160mm；注射器：0.25mL，连接内径为 1mm 塑料小管一段；灭菌的刀子、剪刀、镊子等。

硝酸纤维素滤膜 150mm×50mm，0.45μm。临用时切成两张，每张 75mm×50mm，用铅笔划格，每格 6mm×6mm，每行 10 格，分 6 行。灭菌备用。

小白鼠：1～4 日龄。

2. 培养基和试剂（见本实验附录 A）

乳糖胆盐发酵管；营养肉汤；肠道菌增菌肉汤；麦康凯琼脂；伊红美蓝琼脂（EMB）；三糖铁（TSI）琼脂；克氏双糖铁琼脂（KI）；糖发酵管（乳糖、鼠李糖、木糖和甘露醇）；赖氨酸脱羧酶实验培养基；尿素琼脂（pH7.2）；氰化钾（KCN）培养基；蛋白胨水、靛基质试剂；半固体琼脂；Honda 氏产毒肉汤；Elek 氏培养基；氧化酶试剂；革兰氏染色液。

致病性大肠埃希氏菌诊断血清、侵袭性大肠埃希氏菌诊断血清、产毒性大肠埃希氏诊断血清、出血性大肠埃希氏菌诊断血清。

产毒性大肠埃希氏菌 LT 和 ST 酶标诊断试剂盒。

产毒性 LT 和 ST 大肠埃希氏菌标准菌株。

抗 LT 抗毒素；多黏菌素 B 纸片：300IU，16mm；0.1%硫柳汞溶液；2%伊文思蓝溶液。

四、检验程序

致泻大肠埃希氏菌的检验程序如图 3-6 所示。

五、操作步骤

1. 增菌

样品采集后应尽快检验。除了易腐食品在检验之前预冷外，一般不冷藏。以无菌操作取检样 25g（mL），加在 225mL 营养肉汤中，以均质器打碎 1min 或用乳钵加灭菌砂磨碎。取出适量，接种乳糖胆盐培养基，以测定大肠菌群 MPN，其余的移入 500mL 广口瓶内，于 36℃±1℃培养 6h。挑取 1 环，接种于 30mL 肠道菌增菌肉汤内，于 42℃培养 18h。

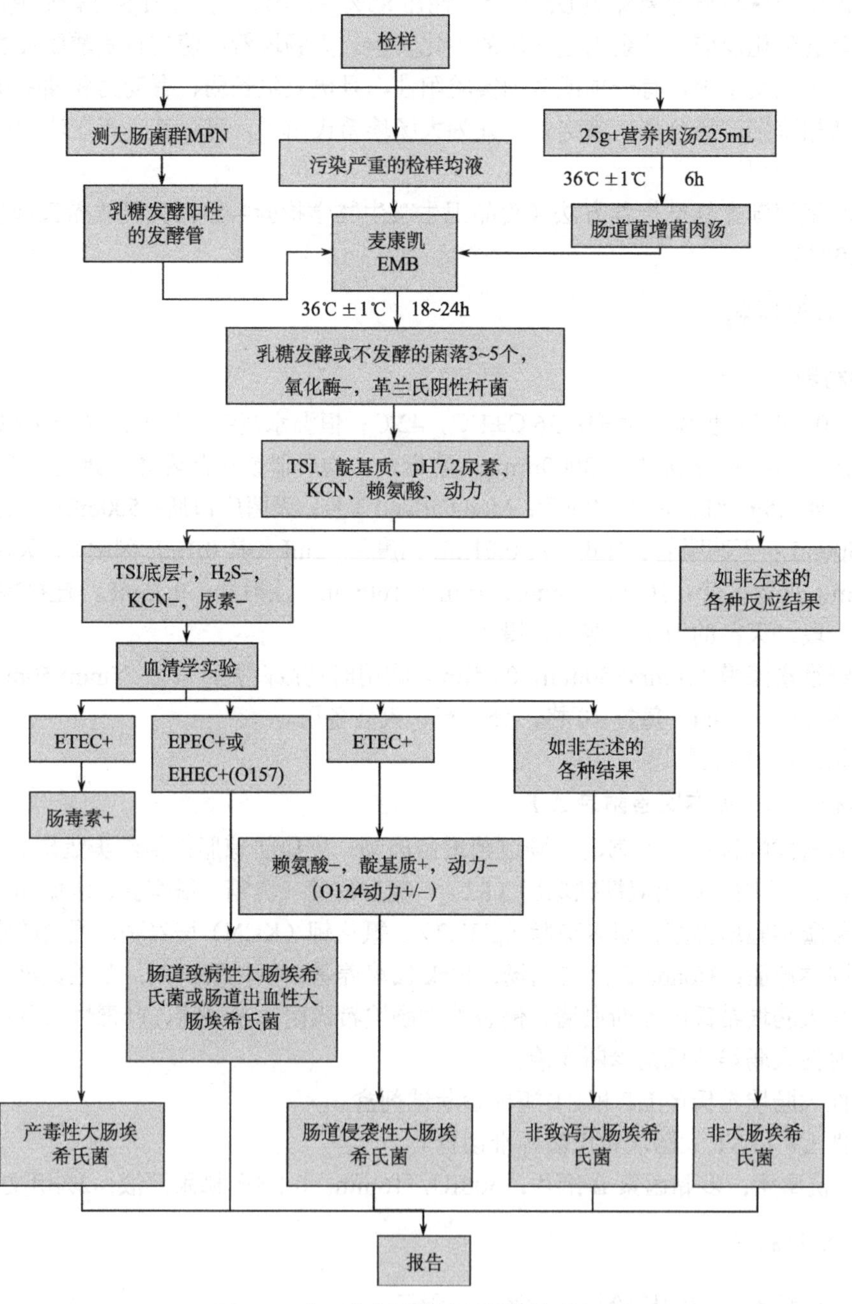

图 3-6　致泻性大肠埃希氏菌的检验程序

2. 分离

将乳糖发酵阳性的乳糖胆盐发酵管和增菌液分别划线接种麦康凯或伊红美蓝琼脂平板；污染严重的检样，可将检样匀液直接划线接种麦康凯或伊红美蓝琼脂平板，于 36℃±1℃培养 18～24h，观察菌落。

3. 生化实验

（1）自鉴别平板上直接挑取数个菌落分别接种三糖铁琼脂（TSI）或可氏双糖铁琼脂（KI）。同时将这些培养物分别接种蛋白胨水、半固体、pH7.2 尿素琼脂、KCN 肉汤和赖氨酸脱羧酶实验培养基。以上培养物均在 36℃培养过夜。

（2）TSI 斜面产酸或不产酸，底层产酸，H_2S 阴性，KCN 阴性和尿素阴性的培养物为大肠埃希氏菌；TSI 底层不产酸，或 H_2S、KCN、尿素有任一项为阳性的培养物，均非大肠埃希氏菌。必要时做氧化酶实验和革兰氏染色。

4. 血清学实验

（1）假定实验：挑取经生化实验证实为大肠埃希氏菌琼脂培养物，用致病性大肠埃希氏菌、侵袭性大肠埃希氏菌和产肠毒素大肠埃希氏菌多价 O 血清和出血性大肠埃希氏菌 O157 血清做玻片凝集实验。当与某一种多价 O 血清凝集时，再与该多价血清所包含的单价 O 血清做实验。致泻大肠埃希氏菌所包括的 O 抗原群见表 3-11。如与某一个单价 O 血清呈现强凝集反应，即为假定实验阳性。

表 3-11　致泻大肠埃希氏菌所包括的 O 抗原群

大肠埃希氏菌的种类	所包括的 O 抗原群
EPEC	O26　O55　O86　O111ab　O114　O119　O125ac　O127　O128ab　O142　O158
EHEC	O157
EIEC	O28ac　O29　O112ac　O115　O124　O135　O136　O143　O144　O152　O164　O167
ETEC	O6　O11　O15　O20　O25　O27　O63　O78　O85　O114　O115　O126　O128ac　O148　O149　O159　O166　O167

（2）证实实验：制备抗原悬液，稀释至与 Mac Farland 3 号比浊管相当的浓度。原效价为（1∶160）～（1∶320）的 O 血清，用 0.5%盐水稀释至 1∶40，稀释血清与抗原悬液在 10mm×75mm 试管内等量混合，做单管凝集实验。混匀后放于 50℃水浴锅内，经 16h 后观察结果。如出现凝集，可证实为该 O 抗原。

5. 肠毒素实验

1）*方法一　酶联免疫吸附实验检测 LT 和 ST*

（1）产毒培养：将实验菌株和阳性及阴性对照菌株分别接种于 0.6mL CAYE 培养基内，37℃振荡培养过夜。加入 20 000IU/mL 的多黏菌素 B 0.05mL，于 37℃培养 1h，4000r/min 离心 15min，分离上清液，加入 0.1%硫柳汞 0.05mL，于 4℃保存待用。

（2）LT 检测方法（双抗体夹心法）。

包被：先在产肠毒素大肠埃希氏菌 LT 和 ST 酶标诊断试剂盒中取出包被用 LT 抗体管，加入包被液 0.5mL，混匀后全部吸出于 3.6mL 包被液中混匀，以每孔 100μL 量加入到 40 孔聚苯乙烯硬反应板中，第一孔留空作对照，于 4℃冰箱湿盒中过夜。

洗板：将板中溶液甩去，用洗涤液 I 液洗三次，甩尽液体，翻转反应板，在吸水纸上拍打，去尽孔中残留液体。

封闭：每孔加 100μL 封闭液，于 37℃水浴中 1h。

洗板：用洗涤液Ⅱ洗三次，操作同上。

加样本：每孔分别加各种实验菌株产毒培养液 100μL，37℃水浴中 1h。

洗板：用洗涤液Ⅱ洗三次，操作同上。

加酶标抗体：先在酶标 LT 抗体管中加 0.5mL 稀释液，混匀后全部吸出于 3.6mL 稀释液中混匀，每孔加 100μL，37℃水浴中 1h。

洗板：用洗涤液Ⅱ洗三次，操作同上。

酶底物反应：每孔（包括第一孔）各加基质液 100μL，室温下避光作用 5～10min，加入终止液 50μL。

结果判定：以酶标仪在波长 492nm 下测定吸光值 OD 值，待测标本 OD 值大于阴性对照 3 倍以上为阳性，目测颜色为橘黄色或明显高于阴性对照为阳性。

（3）ST 检测方法（抗原竞争法）。

包被：先在包被用 ST 抗原管中加入 0.5mL 包被液，混匀后全部吸出于 1.6mL 包被液中混匀，以每孔 50μL 量加入到 40 孔聚苯乙烯软反应板中，加液后轻轻敲板，使液体布满孔底。第一孔留空作对照，于 4℃冰箱湿盒中过夜。

洗板：用洗涤液Ⅰ洗三次，操作同上。

封闭：每孔加 100μL 封闭液，于 37℃水浴中 1h。

洗板：用洗涤液Ⅱ洗三次，操作同上。

加样本及 ST 单克隆抗体：每孔分别加各试管菌株产毒培养液 50μL，稀释的 ST 单克隆抗体 50μL（先在 ST 单克隆抗体管中加 0.5mL 稀释液，混匀后全部吸出于 1.6mL 稀释液中，混匀备用），37℃水浴中 1h。

洗板：用洗涤液Ⅰ洗三次，操作同上。

加酶标记兔抗鼠 Ig 复合物：先在酶标记兔抗鼠 Ig 复合物管中加 0.5mL 稀释液，混匀后全部吸出于 3.6mL 稀释液中混匀，每孔加 100μL，37℃水浴 1h。

洗板：用洗涤液Ⅰ洗三次，操作同上

酶底物反应：每孔（包括第一孔）各加基质液 100μL，室温下避光作用 5～10min，加入终止液 50μL。

结果判定：以酶标仪在波长 492nm 下测定吸光值（OD）值，计算见公式（3-3）

$$吸光度=\frac{阴性对照OD值-待测样本OD值}{阴性对照OD值}\times 100\% \tag{3-3}$$

吸光值大于等于 50%为阳性。目测无色或明显淡于阴性对照为阳性。

2）*方法二　双向琼脂扩散实验检测 LT*　　将被检菌株按五点环形接种于 Elek 氏培养基上。以同样操作，共做两份，于 36℃培养 48h。在每株菌的菌苔上放多黏菌素 B 纸片，于 36℃经 5～6h，使肠毒素渗入琼脂中，在五点环形菌苔各 5mm 处的中央，挖一个直径 4mm 的圆孔，并用一滴琼脂垫底。在平板的中央孔内滴加 LT 抗毒素 30μL，用已知产 LT 和不产毒菌株作对照，于 36℃经 15～20h 观察结果。在菌斑和抗毒素孔之间出现白色沉淀者为阳性，无沉淀者为阴性。

3）*方法三　乳鼠灌胃实验检测 ST*　　将被检菌株接种于 Honda 氏产毒肉汤内，于 36℃培养 24h，以 3000r/min 离心 30min，取上清液经薄膜滤器过滤，加热 60℃ 30min，每 1mL 滤膜内加入 2%伊文思蓝溶液 0.02mL。将此滤液用塑料小管注入 1～4 日龄的乳鼠胃内 0.1mL，同时接种 3～4 只，禁食 3～4h 后用三氯甲烷麻醉，取出全部肠管，称量肠管（包括积液）重量及剩余体重，肠管重量与剩余体重之比大于 0.09 为阳性，0.07～0.09 为可疑。

六、结果与报告

综合以上生化实验、血清学实验、肠毒素实验作出报告。

附录A 培养基和试剂

A.1 乳糖胆盐发酵管

成分 蛋白胨20g，猪胆盐（或牛、羊胆盐）5g，乳糖10g，0.04%溴甲酚紫水溶液25mL，蒸馏水1000mL，pH7.4。

制法 将蛋白胨、胆盐及乳糖溶于水中，校正pH，加入指示剂，分装每管10mL，放入杜氏小管，115℃高压灭菌15min。

注：双料乳糖胆盐发酵管除蒸馏水外，其他成分加倍。

A.2 营养肉汤

成分 蛋白胨10g，牛肉膏3g，氯化钠5g，蒸馏水1000mL，pH7.4。

制法 将上述成分混合，溶解后校正pH，分装烧瓶，每瓶225mL，121℃高压灭菌15min。

A.3 肠道菌增菌肉汤

成分 蛋白胨10g，葡萄糖5g，牛胆盐20g，磷酸氢二钠8g，磷酸二氢钾2g，煌绿0.015g，蒸馏水1000mL，pH7.2。

制法 将上述成分配好，加热使溶解，校正pH。分装每瓶30mL，115℃高压灭菌15min。

A.4 麦康凯琼脂

同实验十一附录A中A.2（第72页）。

A.5 伊红美蓝琼脂（EMB）

成分 蛋白胨10g，乳糖10g，磷酸氢二钾2g，琼脂17g，2%伊红Y溶液20mL，0.65%美蓝溶液10mL，蒸馏水1000mL，pH7.1。

制法 将蛋白胨、磷酸盐和琼脂溶解于蒸馏水中，校正pH，分装于烧瓶内，121℃高压灭菌15min备用。临用时加入乳糖并加热溶化琼脂，冷至50～55℃，加入伊红和美蓝溶液，摇匀，倾注平板。

A.6 三糖铁琼脂

同实验十附录A中A.8（第61页）。

A.7 克氏双糖铁琼脂（KI）

成分 蛋白胨20g，牛肉膏3g，酵母膏3g，山梨醇20g，葡萄糖1g，氯化钠5g，柠檬酸铁铵0.5g，硫代硫酸钠0.5g，琼脂12g，酚红0.025g，蒸馏水1000mL，pH7.4。

制法 将除琼脂和酚红以外的各成分溶解于蒸馏水中，校正pH。加入0.02%的酚红水溶液12.5mL，摇匀，分装试管，装量宜多些，以便得到比较高的底层。121℃高压灭菌15min，放置高层斜面备用。

A.8 糖发酵管（乳糖、鼠李糖、木糖和甘露醇）

同实验十附录A中A.13（第62页）。

A.9 赖氨酸脱羧酶实验培养基

同实验十附录A中A.12（第62页）。

A.10　尿素琼脂（pH7.2）

同实验十附录 A 中 A.10（第 61 页）。

A.11　氰化钾（KCN）培养基

同实验十附录 A 中 A.11（第 62 页）。

A.12　蛋白胨水、靛基质试剂

同实验十附录 A 中 A.9（第 61 页）。

A.13　半固体琼脂

同实验十附录 A 中 A.15（第 63 页）。

A.14　Honda 氏产毒肉汤

成分　水解酪蛋白 20g，酵母浸膏粉 10g，氯化钠 2.5g，磷酸氢二钠 15g，葡萄糖 5g，微量元素 0.5mL，蒸馏水 1000mL，pH7.5。

微量元素配方　硫酸镁 5g，氯化铁 0.5g，氯化钴 2g，蒸馏水 100mL。

制法　溶解后校正 pH，121℃高压灭菌 15min，待冷至 45～50℃时，加入林可霉素溶液，每毫升培养基内含 90μg。

A.15　Elek 氏培养基

成分　胨 20g，麦芽糖 3g，乳糖 0.7g，氯化钠 5g，琼脂 15g，40%氢氧化钠溶液 1.5mL，蒸馏水 1000mL，pH7.8。

制法　用 500mL 蒸馏水溶解琼脂以外的成分，煮沸，并用滤纸过滤。用 1mol/L 氢氧化钠校正 pH。用另外 500mL 蒸馏水加热溶解琼脂。将两液混合，分装试管 10mL 或 20mL，121℃高压灭菌 15min，临用时加热溶化琼脂倾注平板。

A.16　氧化酶试剂

试剂

（1）1%盐酸二甲基对苯二胺溶液：少量新鲜配制，于冰箱内避光保存。

（2）1% α-萘酚-乙醇溶液。

实验方法

（1）取白色纯洁滤液蘸取菌落，加盐酸二甲基对苯二胺溶液一滴，阳性者呈现红色，并逐渐加深；再加 α-萘酚-乙醇溶液一滴，阳性者于 0.5min 内呈现鲜蓝色，阴性于 2min 内不变色。

（2）以毛细吸管吸取试剂，直接滴加于菌落上，其显色反应与以上相同。

A.17　革兰氏染色液

同实验十二附录 A 中 A.9（第 81 页）。

实验十四　食品中溶血性链球菌检验

一、目的要求

了解食品中溶血性链球菌的检验原理；

掌握食品中溶血性链球菌的鉴定要点和检验方法。

二、基本原理

溶血性链球菌（*Streptococcus hemolyticus*）属于链球菌属，为链状排列的革兰氏阳性球菌。存在于水、空气、尘埃、粪便及健康人和动物的口腔、鼻腔、咽喉中，可通过直接接触、飞沫、患者上呼吸道感染、化脓性感染部位等污染食品，进而对人类进行感染。

根据链球菌在血液培养基上生长繁殖后是否溶血及其溶血性质，将其分为α-溶血性链球菌、β-溶血性链球菌和γ-溶血性链球菌，其中乙型（β）溶血性链球菌致病性强，能产生溶血毒素，在血平板上生长，可使菌落周围形成一个有2～4mm宽，界限分明，完全透明的无色溶血环，称乙型溶血；还能产生链激酶（又称溶纤维蛋白酶），激活血浆中的血浆蛋白酶原，使之变成活性的血浆蛋白酶，故可溶解血块或阻止血浆凝固；还可以产生胞外cAMP因子，它可以增强葡萄球菌的溶血能力，即增强对羊、牛血红细胞的溶解能力，因此，在羊血琼脂平板上接种链球菌处，可以见到蘑菇状或箭头样的溶血区。

本实验采用食品安全国家标准方法（食品微生物学检验—β型溶血性链球菌检验 GB 4789.11—2014）。

三、实验材料

1. 设备和材料

除微生物实验室常规灭菌及培养设备外，其他设备和材料如下。

恒温培养箱：36℃±1℃；冰箱：2～5℃；厌氧培养装置；天平：感量0.1g；均质器与配套均质袋；显微镜：10×～100×；无菌吸管：1mL（具0.01mL刻度）、10mL（具0.1mL刻度）或微量移液器及吸头；无菌锥形瓶：100mL、200mL、2000mL；无菌培养皿：直径90mm；pH计或pH比色管或精密pH试纸；水浴装置：36℃±1℃；微生物生化鉴定系统。

2. 培养基和试剂（见本实验附录A）

改良胰蛋白胨大豆肉汤培养基；哥伦比亚CNA血琼脂；哥伦比亚血琼脂；革兰氏染色液；胰蛋白胨大豆肉汤；草酸钾血浆；0.25%氯化钙（$CaCl_2$）溶液；3%过氧化氢（H_2O_2）溶液；生化鉴定试剂盒或生化鉴定卡。

四、检验程序

溶血性链球菌的检验程序如图3-7所示。

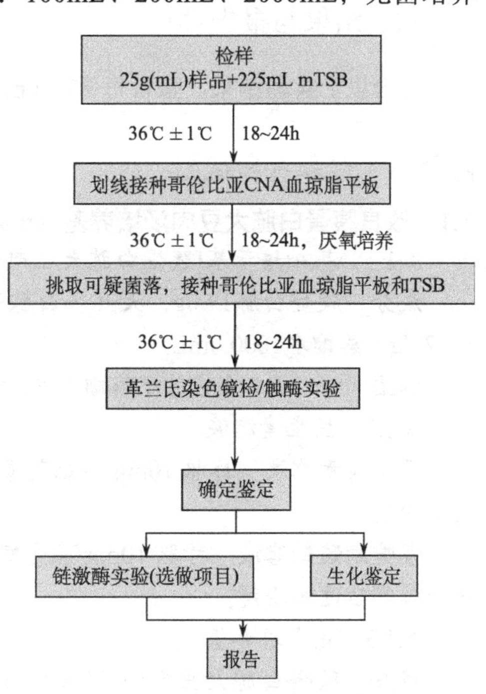

图3-7　溶血性链球菌的检验程序

五、操作步骤

1. 样品处理及增菌

按无菌操作称取检样25g（mL），加入盛有225mL mTSB的均质袋中，用拍击式均质器均质 1～2min；或加入盛有 225mL mTSB 的均质杯中，以 8000～10 000r/min 均质 1～2min。若样品为液态，振荡均匀即可。36℃±1℃培养 18～24h。

2. 分离

将增菌液划线接种于哥伦比亚 CNA 血琼脂平板，36℃±1℃厌氧培养 18～24h，观察菌落形态。

溶血性链球菌在哥伦比亚 CNA 血琼脂平板上的典型菌落形态为直径 2～3mm，灰白色、半透明、光滑、表面突起、圆形、边缘整齐，并产生 β 型溶血。

3. 鉴定

（1）分纯培养。挑取 5 个（如小于 5 个则全选）可疑菌落分别接种哥伦比亚血琼脂平板和 TSB 增菌液，36℃±1℃培养 18～24h。

（2）革兰氏染色镜检。挑取可疑菌落染色镜检。β型溶血性链球菌为革兰氏染色阳性，球形或卵圆形，常排列成短链状。

（3）触酶实验。挑取可疑菌落于洁净的载玻片上，滴加适量 3%过氧化氢溶液，立即产生气泡者为阳性。β 型溶血性链球菌触酶为阴性。

（4）链激酶实验（选做项目）。吸取草酸钾血浆 0.2mL 于 0.8mL 灭菌生理盐水中混匀，再加入经 36℃±1℃培养 18～24h 的可疑菌的 TSB 培养液 0.5mL 及 0.25%氯化钙溶液 0.25mL，振荡摇匀，置于 36℃±1℃水浴中 10min，血浆混合物自行凝固（凝固程度至试管倒置，内容物不流动）。继续 36℃±1℃培养 24h，凝固块重新完全溶解为阳性，不溶解为阴性。β 型溶血性链球菌为阳性。

（5）其他检验。使用生化鉴定试剂盒或生化鉴定卡对可疑菌落进行鉴定。

六、结果与报告

综合以上实验结果，报告每 25g（mL）检样中检出或未检出溶血性链球菌。

附录 A　培养基和试剂

A.1　改良胰蛋白胨大豆肉汤培养基（modified tryptone soybean broth, mTSB）

A.1.1　基础培养基[胰蛋白胨大豆肉汤（TSB）]

成分　胰蛋白胨17.0g，大豆蛋白胨3.0g，氯化钠5.0g，磷酸二氢钾（无水）2.5g，葡萄糖 2.5g，蒸馏水1000.0mL。

制法　将以上各成分溶于蒸馏水中，加热溶解，校正 pH 至7.3±0.2，121℃灭菌15min，备用。

A.1.2　抗生素溶液

多黏菌素溶液　称取 10mg 多黏菌素 B 于 10mL 灭菌蒸馏水中，振摇混匀，充分溶解后过滤除菌。

萘啶酮酸钠溶液　称取 10mg 萘啶酮酸于 10mL 0.05mol/L 氢氧化钠溶液中，振摇混匀，充分溶解后过滤除菌。

A.1.3　完全培养基

成分　胰蛋白胨大豆肉汤（TSB）1000.0mL，多黏菌素溶液10.0mL，萘啶酮酸钠溶液10.0mL。

制法　无菌条件下，将上述各成分进行混合，充分混匀，分装备用。

A.2　哥伦比亚 CNA 血琼脂（Columbia CNA blood agar）

成分　胰酪蛋白胨 12.0g，动物组织蛋白消化液 5.0g，酵母提取物 3.0g，牛肉提取物 3.0g，玉米淀粉 1.0g，氯化钠 5.0g，琼脂 13.5g，多黏菌素 0.01g，萘啶酸 0.01g，蒸馏水 1000.0mL。

制法　将上述各成分溶于蒸馏水中，加热溶解，校正 pH 至 7.3±0.2，121℃灭菌 12min，待冷却至 50℃左右时加 50mL 无菌脱纤维绵羊血，摇匀后倒平板。

A.3　哥伦比亚血琼脂（Columbia blood agar）

A.3.1　基础培养基

成分　动物组织酶解物 23.0g，淀粉 1.0g，氯化钠 5.0g，琼脂 8.0～18.0g，蒸馏水 1000.0mL。

制法　将基础培养基成分溶解于蒸馏水中，加热促其溶解。121℃高压灭菌 15min。

A.3.2　无菌脱纤维绵羊血

无菌操作条件下，将绵羊血加入到盛有灭菌玻璃珠的容器中，振摇约 10min，静置后除去附有血纤维的玻璃珠即可。

A.3.3　完全培养基

成分　基础培养基 1000.0mL，无菌脱纤维绵羊血 50.0mL。

制法　当基础培养基（A.3.1）的温度为 45℃左右时，无菌加入绵羊血（A.3.2），混匀。校正 pH 至 7.2±0.2。倾注 15mL 于无菌平皿中，静置至培养基凝固。使用前需预先干燥平板。预先制备的平板未干燥时在室温放置不得超过 4h，或在 4℃冷藏不得超过 7d。

A.4　革兰氏染色液

同实验十二中附录 A.9（第 81 页）。

A.5　胰蛋白胨大豆肉汤（tryptone soybean broth, TSB）

成分　胰蛋白胨 17.0g，大豆蛋白胨 3.0g，氯化钠 5.0g，磷酸二氢钾（无水）2.5g，葡萄糖 2.5g，蒸馏水 1000.0mL。

制法　将上述各成分溶于蒸馏水中，加热溶解，校正 pH 至 7.3±0.2，121℃灭菌 15min，分装备用。

A.6　草酸钾血浆

成分　草酸钾 0.01g，人血 5.0mL。

制法　草酸钾 0.01g 放入灭菌小试管中，再加入 5.0mL 人血，混匀，经离心沉淀，吸取上清液即为草酸钾血浆。

A.7　0.25%氯化钙（$CaCl_2$）溶液

成分　氯化钙（无水）22.2g，蒸馏水 1000.0mL。

制法　称取 22.2g 氯化钙（无水）溶于蒸馏水中，分装备用。

A.8　3%过氧化氢（H_2O_2）溶液

成分　30%过氧化氢（H_2O_2）溶液 100.0mL，蒸馏水 900.0mL。

制法　吸取 100mL 30%过氧化氢（H_2O_2）溶液，溶于蒸馏水中，混匀，分装备用。

实验十五　食品中蜡样芽孢杆菌检验

一、目的要求

了解蜡样芽孢杆菌检验的原理；
掌握食品中蜡样芽孢杆菌检验的方法。

二、基本原理

蜡样芽孢杆菌为需氧、能产生芽孢的革兰氏阳性杆菌，在自然界分布较广，食品在正常情况下就可能有此菌存在，因而易从各种食品中检出。当人体摄入蜡样芽孢杆菌数目达到一定数量后的食物就会引起中毒。蜡样芽孢杆菌食物中毒涉及的食品种类较多，包括乳类食品、肉类食品、蔬菜、汤汁、豆芽、甜点心和米饭等，引起的食物中毒表现为呕吐型和腹泻型。

本菌分解葡萄糖、麦芽糖、蔗糖、水杨苷和蕈糖，不分解乳糖、甘露醇、鼠李糖、木糖、阿拉伯糖、肌醇和侧金盏花醇；多数菌株对靛基质、V-P、氰化钾、枸橼酸盐及卵磷脂酶实验均为阳性，能液化明胶；MR、H_2S、尿素酶实验均为阴性。

本检验方法采用食品安全国家标准方法（食品微生物学检验—蜡样芽孢杆菌检验 GB 4789.14—2014）。

三、实验材料

1. 设备和材料

除微生物实验室常规灭菌及培养设备外，其他设备和材料如下。

冰箱：2～5℃；恒温培养箱：30℃±1℃、36℃±1℃；均质器；电子天平：感量 0.1g；无菌锥形瓶：100mL、500mL；无菌吸管：1mL（具 0.01mL 刻度）、10mL（具 0.1mL 刻度）或微量移液器及吸头；无菌平皿：直径 90mm；无菌试管：18mm×180mm；显微镜：10×～100×（油镜）；L 涂布棒。

2. 培养基及试剂（见本实验附录 A）

磷酸盐缓冲液（PBS）；甘露醇卵黄多黏菌素（MYP）琼脂；胰酪胨大豆多黏菌素肉汤；营养琼脂；过氧化氢溶液；动力培养基；硝酸盐肉汤；酪蛋白琼脂；硫酸锰营养琼脂培养基；0.5%碱性复红；动力培养基；糖发酵管；V-P 培养基；胰酪胨大豆羊血（TSSB）琼脂；溶菌酶营养肉汤；西蒙氏柠檬酸盐培养基；明胶培养基。

第一法　蜡样芽孢杆菌平板计数法

一、检验程序

蜡样芽孢杆菌平板计数法的检验程序如图 3-8 所示。

二、操作步骤

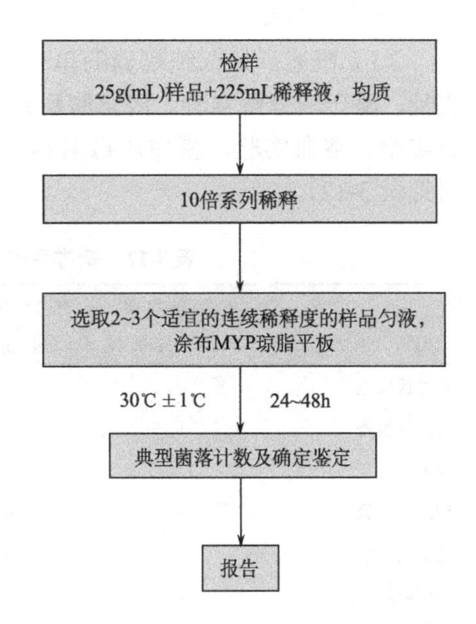

图 3-8　蜡样芽孢杆菌检验程序（第一法）

1. 样品处理

冷冻样品应在45℃以下不超过15min或在2～5℃不超过 18h 解冻，若不能及时检验，应放于−10～−20℃保存；非冷冻而易腐的样品应尽可能及时检验，若不能及时检验，应置于2～5℃冰箱保存，24h内检验。

2. 样品制备

称取样品25g，放入盛有225mL PBS或生理盐水的无菌均质杯内，用旋转刀片式均质器以8000～10 000r/min均质1～2min，或放入盛有225mL PBS或生理盐水的无菌均质袋中，用拍击式均质器拍打1～2min。若样品为液态，吸取25mL样品至盛有225mL PBS或生理盐水的无菌锥形瓶（瓶内可预置适当数量的无菌玻璃珠）中，振荡混匀，作为1∶10的样品匀液。

3. 样品的稀释

吸取上一步中1∶10的样品匀液1mL加入装有9mL PBS或生理盐水的稀释管中，充分混匀制成1∶100的样品匀液。跟据对样品污染状况的估计，按上述操作，依次制成10倍递增系列稀释样品匀液。每递增稀释1次，换用1支1mL无菌吸管或吸头。

4. 样品接种

根据对样品污染状况的估计，选择 2～3 个适宜稀释度的样品匀液（液体样品可包括原液），以0.3mL、0.3mL、0.4mL 接种量分别移入三块MYP琼脂平板，然后用无菌L棒涂布整个平板，注意不要触及平板边缘。使用前，如MYP琼脂平板表面有水珠，可放在25～50℃的培养箱里干燥，直到平板表面的水珠消失。

5. 分离与培养

（1）分离。在通常情况下，涂布后，将平板静置10min。如样液不易吸收，可将平板放在培养箱 30℃±1℃培养 1h，等样品匀液吸收后翻转平皿，倒置于培养箱，30℃±1℃培养24h±2h。如果菌落不典型，可继续培养24h±2h再观察。在MYP琼脂平板上，典型菌落为微粉红色（表示不发酵甘露醇），周围有白色至淡粉红色沉淀环（表示产卵磷脂酶）。

（2）纯培养。从每个平板 [符合“（1）分离”要求的平板] 中挑取至少5个典型菌落（小于5个全选），分别划线接种于营养琼脂平板做纯培养，30℃±1℃培养24h±2h，进行确证实验。在营养琼脂平板上，典型菌落为灰白色，偶有黄绿色，不透明，表面粗糙似毛玻璃状或融蜡状，边缘常呈扩展状，直径为4～10mm。

6. 确定鉴定

1）染色镜检　　挑取纯培养的单个菌落，革兰氏染色镜检。蜡样芽孢杆菌为革兰氏阳性芽孢杆菌，大小为（1～1.3μm）×（3～5μm），芽孢呈椭圆形位于菌体中央或偏端，不膨大于菌体，菌体两端较平整，多呈短链或长链状排列。

2）生化鉴定

（1）概述。挑取纯培养的单个菌落，进行过氧化氢酶实验、动力实验、硝酸盐还原实验、酪蛋白分解实验、溶菌酶耐性实验、V-P 实验、葡萄糖利用（厌氧）实验、根状生长实验、溶血实验、蛋白质毒素结晶实验。蜡样芽孢杆菌生化特征与其他芽孢杆菌的区别见表 3-12。

表 3-12　蜡样芽孢杆菌生化特征与其他芽孢杆菌的区别

项目	蜡样芽孢杆菌 *Bacillus cereus*	苏云金芽孢杆菌 *Bacillus thuringiensis*	蕈状芽孢杆菌 *Bacillus mycoides*	炭疽芽孢杆菌 *Bacillus anthracis*	巨大芽孢杆菌 *Bacillus megaterium*
革兰氏染色	+	+	+	+	+
过氧化氢酶	+	+	+	+	+
动力	+/–	+/–	–	–	+/–
硝酸盐还原	+	+/–	+	+	–/+
酪蛋白分解	+	+	+/–	–/+	+/–
溶菌酶耐性	+	+	+	+	–
卵黄反应	+	+	+	+	–
葡萄糖利用（厌氧）	+	+	+	+	–
V-P 实验	+	+	+	+	–
甘露醇产酸	–	–	–	–	+
溶血（羊红细胞）	+	+	+	–/+	–
根状生长	–	–	+	–	–
蛋白质毒素晶体	–	+	–	–	–

注：+ 表示 90%～100%的菌株阳性；–表示 90%～100%的菌株阴性；+/– 表示大多数的菌株阳性；–/+ 表示大多数的菌株阴性。

（2）动力实验。用接种针挑取培养物穿刺接种于动力培养基中，30℃培养 24h。有动力的蜡样芽孢杆菌应沿穿刺线呈扩散生长，而蕈状芽孢杆菌常呈“绒毛状”生长。也可用悬滴法检查。

（3）溶血实验。挑取纯培养的单个可疑菌落接种于 TSSB 琼脂平板上，30℃±1℃培养 24h±2h。蜡样芽孢杆菌菌落为浅灰色，不透明，似白色毛玻璃状，有草绿色溶血环或完全溶血环。苏云金芽孢杆菌和蕈状芽孢杆菌呈现弱的溶血现象，而多数炭疽芽孢杆菌为不溶血，巨大芽孢杆菌为不溶血。

（4）根状生长实验。挑取单个可疑菌落按间隔 2～3cm 左右距离划平行直线于经室温干燥 1～2d 的营养琼脂平板上，30℃±1℃培养 24～48h，不能超过 72h。用蜡样芽孢杆菌和蕈状芽孢杆菌标准株作为对照进行同步实验。蕈状芽孢杆菌呈根状生长的特征。蜡样芽孢杆菌菌株呈粗糙山谷状生长的特征。

（5）溶菌酶耐性实验。用接种环取纯菌悬液一环，接种于溶菌酶肉汤中，36℃±1℃培养 24h。蜡样芽孢杆菌在本培养基（含 0.001%溶菌酶）中能生长。如出现阴性反应，应继续培养 24h。巨大芽孢杆菌不生长。

（6）蛋白质毒素结晶实验。挑取纯培养的单个可疑菌落接种于硫酸锰营养琼脂平板上，

30℃±1℃培养24h±2h，并于室温放置3～4d，挑取培养物少许于载玻片上，滴加蒸馏水混匀并涂成薄膜。经自然干燥，微火固定后，加甲醇作用30s后倾去，再通过火焰干燥，于载玻片上滴满0.5%碱性复红，放火焰上加热（微见蒸气，勿使染液沸腾）持续1～2min，移去火焰，再更换染色液再次加温染色30s，倾去染液用洁净自来水彻底清洗、晾干后镜检。观察有无游离芽孢（浅红色）和染成深红色的菱形蛋白结晶体。如发现游离芽孢形成的不丰富，应再将培养物置室温2～3d后进行检查。除苏云金芽孢杆菌外，其他芽孢杆菌不产生蛋白结晶体。

3）生化分型（选做项目）　根据对柠檬酸盐利用、硝酸盐还原、淀粉水解、V-P实验反应、明胶液化实验，将蜡样芽孢杆菌分成不同生化型别，见表3-13。

表3-13　蜡样芽孢杆菌生化分型实验

型别	生化实验				
	柠檬酸盐	硝酸盐	淀粉	V-P	明胶
1	+	+	+	+	+
2	−	+	+	+	+
3	+	+	−	+	+
4	−	−	+	+	+
5	−	−	−	+	+
6	+	−	−	+	+
7	+	−	+	+	+
8	−	+	−	+	+
9	−	+	−	−	+
10	−	+	+	−	+
11	+	+	+	−	+
12	+	+	−	−	+
13	−	−	+	−	−
14	+	−	−	−	+
15	+	−	+	−	+

注：＋表示90%～100%的菌株阳性；－表示90%～100%的菌株阴性。

7. 结果计算

1）典型菌落计数和确认

（1）选择有典型蜡样芽孢杆菌菌落的平板，且同一稀释度3个平板所有菌落数合计在20～200CFU之间的平板，计数典型菌落数。如果出现a.～f.现象按以下公式（3-4）计算，如果出现g.现象则按公式（3-5）计算。

a. 只有一个稀释度的平板菌落数在20～200CFU之间且有典型菌落，计数该稀释度平板上的典型菌落；

b. 2个连续稀释度的平板菌落数均在20～200CFU之间，但只有一个稀释度的平板有典型菌落，应计数该稀释度平板上的典型菌落；

c. 所有稀释度的平板菌落数均小于 20CFU 且有典型菌落，应计数最低稀释度平板上的典型菌落；

d. 某一稀释度的平板菌落数大于 200CFU 且有典型菌落，但下一稀释度平板上没有典型菌落，应计数该稀释度平板上的典型菌落；

e. 所有稀释度的平板菌落数均大于 200CFU 且有典型菌落，应计数最高稀释度平板上的典型菌落；

f. 所有稀释度的平板菌落数均不在 20～200CFU 之间且有典型菌落，其中一部分小于 20CFU 或大于 200CFU 时，应计数最接近 20CFU 或 200CFU 的稀释度平板上的典型菌落；

g. 2 个连续稀释度的平板菌落数均在 20～200CFU 之间且均有典型菌落。

（2）从每个平板中至少挑取 5 个典型菌落（小于 5 个全选），划线接种于营养琼脂平板做纯培养，30℃±1℃培养 24h±2h。

2）计算公式

$$T = \frac{AB}{Cd} \tag{3-4}$$

式中：T 表示样品中蜡样芽孢杆菌菌落数；A 表示某一稀释度蜡样芽孢杆菌典型菌落的总数；B 表示鉴定结果为蜡样芽孢杆菌的菌落数；C 表示用于蜡样芽孢杆菌鉴定的菌落数；d 表示稀释因子。

$$T = \frac{A_1B_1 / C_1 + A_2B_2 / C_2}{1.1d} \tag{3-5}$$

式中：T 表示样品中蜡样芽孢杆菌菌落数；A_1 表示第一稀释度（低稀释倍数）蜡样芽孢杆菌典型菌落的总数；A_2 表示第二稀释度（高稀释倍数）蜡样芽孢杆菌典型菌落的总数；B_1 表示第一稀释度（低稀释倍数）鉴定结果为蜡样芽孢杆菌的菌落数；B_2 表示第二稀释度（高稀释倍数）鉴定结果为蜡样芽孢杆菌的菌落数；C_1 表示第一稀释度（低稀释倍数）用于蜡样芽孢杆菌鉴定的菌落数；C_2 表示第二稀释度（高稀释倍数）用于蜡样芽孢杆菌鉴定的菌落数；1.1 表示计算系数（如果第二稀释度蜡样芽孢杆菌鉴定结果为 0，计算系数采用 1）；d 表示稀释因子（第一稀释度）。

三、结果与报告

（1）根据 MYP 平板上蜡样芽孢杆菌的典型菌落数，按公式（3-4）、公式（3-5）计算，报告每 g（mL）样品中蜡样芽孢杆菌菌数，以 CFU/g（mL）表示；如 T 值为 0，则以小于 1 乘以最低稀释倍数报告。

（2）必要时报告蜡样芽孢杆菌生化分型结果。

第二法　蜡样芽孢杆菌 MPN 计数法

一、检验程序

蜡样芽孢杆菌 MPN 计数法检验程序如图 3-9 所示。

二、操作步骤

1. 样品处理

同第一法“操作步骤”中步骤1。

2. 样品制备

同第一法“操作步骤”中步骤2。

3. 样品的稀释

同第一法“操作步骤”中步骤3。

4. 样品接种

取3个适宜连续稀释度的样品匀液（液体样品可包括原液），接种于10mL胰酪胨大豆多黏菌素肉汤中，每一稀释度接种3管，每管接种1mL（如果接种量需要超过1mL，则用双料胰酪胨大豆多黏菌素肉汤），于30℃±1℃培养48h±2h。

5. 培养

用接种环从各管中分别移取1环，划线接种到MYP琼脂平板上，30℃±1℃培养24h±2h。如果菌落不典型，可继续培养24h±2h再观察。

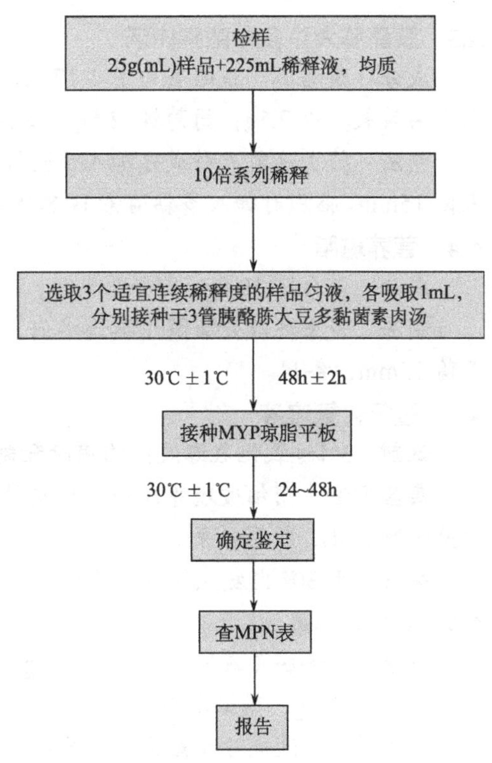

图3-9　蜡样芽孢杆菌检验程序（第二法）

6. 确定鉴定

从每个平板选取5个典型菌落（小于5个全选），划线接种于营养琼脂平板做纯培养，30℃±1℃培养24h±2h，按照第一法中“操作步骤”进行确证实验。

三、结果与报告

根据证实为蜡样芽孢杆菌阳性的试管管数，查MPN检索表（见本实验附录B），报告每g（mL）样品中蜡样芽孢杆菌的最可能数，以MPN/g（mL）表示。

附录A　培养基和试剂

A.1　磷酸盐缓冲液（PBS）

同实验十二附录A中A.7（第80页）。

A.2　甘露醇卵黄多黏菌素（MYP）琼脂

成分　蛋白胨10.0g，牛肉粉1.0g，D-甘露醇10.0g，氯化钠10.0g，琼脂粉12.0～15.0g，0.2%酚红溶液13.0mL，50%卵黄液50.0mL，多黏菌素B 100 000 IU，蒸馏水950.0mL。

制法　将上述前5种成分加入于950mL蒸馏水中，加热溶解，校正pH至7.3±0.1，加入酚红溶液。分装，每瓶95mL，121℃高压灭菌15min。临用时加热溶化琼脂，冷却至50℃，每瓶加入50%卵黄液5mL和浓度为10 000 IU的多黏菌素B溶液1mL，混匀后倾注平板。

（1）50%卵黄液。取鲜鸡蛋，用硬刷将蛋壳彻底洗净，沥干，于70%乙醇溶液中浸泡30min。用无菌操作取出卵黄，加入等量灭菌生理盐水，混匀后备用。

（2）多黏菌素B溶液。在50mL灭菌蒸馏水中溶解500 000IU的无菌硫酸盐多黏菌素B。

A.3　胰酪胨大豆多黏菌素肉汤

成分　胰酪胨（或酪蛋白胨）17.0g，植物蛋白胨（或大豆蛋白胨）3.0g，氯化钠 5.0g，无水磷酸氢二钾 2.5g，葡萄糖 2.5g，多黏菌素 B 100 IU/mL，蒸馏水 1000.0mL。

制法　将上述前五种成分加入于蒸馏水中，加热溶解，校正 pH 至 7.3±0.2，121℃高压灭菌 15min。临用时加入多黏菌素 B 溶液混匀即可。多黏菌素 B 溶液制法同本附录 A.2(2)。

A.4　营养琼脂

成分　蛋白胨 10.0g，牛肉膏 5.0g，氯化钠 5.0g，琼脂粉 12.0～15.0g，蒸馏水 1000.0mL。

制法　将上述成分溶解于蒸馏水内，校正 pH 至 7.2±0.2，加热使琼脂溶化。121℃高压灭菌 15min，备用。

A.5　过氧化氢溶液

试剂　3%过氧化氢溶液：临用时配制，用 H_2O_2 配制。

实验方法　用细玻璃棒或一次性接种针挑取单个菌落，置于洁净试管内，滴加 3%过氧化氢溶液 2mL，观察结果。

结果　于 30s 内发生气泡者为阳性，不发生气泡者为阴性。

A.6　动力培养基

成分　胰酪胨（或酪蛋白胨）10.0g，酵母粉 2.5g，葡萄糖 5.0g，无水磷酸氢二钠 2.5g，琼脂粉 3.0～5.0g，蒸馏水 1000.0mL。

制法　将上述成分于蒸馏水，校正 pH 至 7.2±0.2，加热溶解。分装每管 2～3mL。115℃高压灭菌 20min，备用。

实验方法　用接种针挑取培养物穿刺接种于动力培养基中，30℃±1℃培养 48h±2h。蜡样芽孢杆菌应沿穿刺线呈扩散生长，而蕈状芽孢杆菌常常呈绒毛状生长，形成蜂巢状扩散。动力实验也可用悬滴法检查。蜡样芽孢杆菌和苏云金芽孢杆菌通常运动极为活泼，而炭疽杆菌则不运动。

A.7　硝酸盐肉汤

成分　蛋白胨 5.0g，硝酸钾 0.2g，蒸馏水 1000.0mL。

制法　将上述成分溶解于蒸馏水。校正 pH 至 7.4，分装每管 5mL，121℃高压灭菌 15min。

硝酸盐还原试剂

甲液：将对氨基苯磺酸 0.8g 溶解于 2.5mol/L 乙酸溶液 100mL 中。

乙液：将甲萘胺 0.5g 溶解于 2.5mol/L 乙酸溶液 100mL 中。

实验方法　接种后在 36℃±1℃培养 24～72h。加甲液和乙液各 1 滴，观察结果。阳性反应立即或数分钟内显红色。如为阴性，可再加入锌粉少许，如出现红色，表示硝酸盐未被还原，为阴性。反之，则表示硝酸盐已被还原，为阳性。

A.8　酪蛋白琼脂

成分　酪蛋白 10.0g，牛肉粉 3.0g，无水磷酸氢二钠 2.0g，氯化钠 5.0g，琼脂粉 12.0～15.0g，蒸馏水 1000.0mL，0.4%溴麝香草酚蓝溶液 12.5mL。

制法　除溴麝香草酚蓝溶液外，将上述各成分溶于蒸馏水中加热溶解(酪蛋白不会溶解)。校正 pH 至 7.4±0.2，加入溴麝香草酚蓝溶液，121℃高压灭菌 15min 后倾注平板。

实验方法　用接种环挑取可疑菌落，点种于酪蛋白琼脂培养基上，36℃±1℃培养 48h±2h，阳性反应菌落周围培养基应出现澄清透明区（表示产生酪蛋白酶）。阴性反应时应继续培养 72h 再观察。

A.9　硫酸锰营养琼脂培养基

成分　胰蛋白胨 5.0g，葡萄糖 5.0g，酵母浸膏 5.0g，磷酸氢二钾 4.0g，3.08%硫酸锰（$MnSO_4 \cdot H_2O$）1.0mL，琼脂粉 12.0～15.0g，蒸馏水 1000.0mL。

制法　将上述成分溶解于蒸馏水。校正 pH 至 7.2±0.2。121℃高压灭菌 15min，备用。

A.10　0.5%碱性复红

成分　碱性复红 0.5g，乙醇 20.0mL，蒸馏水 80.0mL。

制法　取碱性复红 0.5g 溶解于 20mL 乙醇中，再用蒸馏水稀释至 100mL，滤纸过滤后储存备用。

A.11　动力培养基

成分　蛋白胨 10.0g，牛肉浸粉 3.0g，琼脂 4.0g，氯化钠 5.0g，蒸馏水 1000.0mL。

制法　将上述成分溶解于蒸馏水。校正 pH 至 7.2±0.2，分装小试管，121℃高压灭菌 15min，备用。

A.12　糖发酵管

同实验十附录 A 中 A.13（第 62 页）。

A.13　V-P 培养基

成分　磷酸氢二钾 5.0g，蛋白胨 7.0g，葡萄糖 5.0g，氯化钠 5.0g，蒸馏水 1000.0mL。

制法　将上述成分溶解于蒸馏水。校正 pH 至 7.0±0.2，分装每管 1mL。115℃高压灭菌 20min，备用。

实验方法　用营养琼脂培养物接种于本培养基中，36℃±1℃培养 48～72h。加入 6% α-萘酚-乙醇溶液 0.5mL 和 40%氢氧化钾溶液 0.2mL，充分振摇试管，观察结果，阳性反应立即或于数分钟内出现红色。如为阴性，应放在 36℃±1℃培养 4h 再观察。

A.14　胰酪胨大豆羊血（TSSB）琼脂

成分　胰酪胨（或酪蛋白胨）15.0g，植物蛋白胨（或大豆蛋白胨）5.0g，氯化钠 5.0g，无水磷酸氢二钾 2.5g，葡萄糖 2.5g，琼脂粉 12.0～15.0g，蒸馏水 1000.0mL。

制法　将上述各成分于蒸馏水中加热溶解。校正 pH 至 7.2±0.2，分装每瓶 100mL。121℃高压灭菌 15min。水浴中冷却至 45～50℃，每 100mL 加入 5～10mL 无菌脱纤维羊血，混匀后倾注平板。

A.15　溶菌酶营养肉汤

成分　牛肉粉 3.0g，蛋白胨 5.0g，蒸馏水 990.0mL，0.1%溶菌酶溶液 10.0mL。

制法　除溶菌酶溶液外，将上述成分溶解于蒸馏水。校正 pH 至 6.8±0.1，分装每瓶 99mL。121℃高压灭菌 15min。每瓶加入 0.1%溶菌酶溶液 1mL，混匀后分装灭菌试管，每管 2.5mL。

0.1%溶菌酶溶液配制：在 65mL 灭菌的 0.1mol/L 盐酸中加入 0.1g 溶菌酶，隔水煮沸 20min 溶解后，再用灭菌的 0.1mol/L 盐酸稀释至 100mL。或者称取 0.1g 溶菌酶溶于 100mL 的无菌蒸馏水后，用孔径为 0.45μm 硝酸纤维膜过滤。使用前测试是否无菌。

实验方法　用接种环取纯菌悬液一环，接种于溶菌酶肉汤中，36℃±1℃培养 24h。蜡样芽孢杆菌在本培养基（含 0.001%溶菌酶）中能生长。如出现阴性反应，应继续培养 24h。

A.16　西蒙氏柠檬酸盐培养基

成分　氯化钠 5.0g，硫酸镁（$MgSO_4 \cdot 7H_2O$）0.2g，磷酸二氢铵 1.0g，磷酸氢二钾 1.0g，柠檬酸钠 1.0g，琼脂粉 12.0～15.0g，蒸馏水 1000.0mL，0.2%溴麝香草酚蓝溶液 40.0mL。

制法　除溴麝香草酚蓝溶液和琼脂外，将上述各成分溶解于 1000.0mL 蒸馏水内，校正 pH 至 6.8，再加琼脂，加热溶化。然后加入溴麝香草酚蓝溶液，混合均匀后分装试管，121℃高压灭菌 15min。制成斜面。

实验方法　挑取少量琼脂培养物接种于西蒙氏柠檬酸培养基，36℃±1℃培养 4d。每天观察结果，阳性者斜面上有菌落生长，培养基从绿色转为蓝色。

A.17　明胶培养基

成分　蛋白胨 5.0g，牛肉粉 3.0g，明胶 120.0g，蒸馏水 1000.0mL。

制法　将上述成分混合，置流动蒸汽灭菌器内，加热溶解，校正 pH 至 7.4～7.6，过滤。分装试管，121℃高压灭菌 10min，备用。

实验方法　挑取可疑菌落接种于明胶培养基，36℃±1℃培养 24h±2h，取出，2～8℃放置 30min，取出，观察明胶液化情况。

附录 B　蜡样芽孢杆菌最可能数（MPN）检索表

每 g（mL）检样中蜡样芽孢杆菌最可能数（MPN）检索表

阳性管数			MPN	95%置信区间		阳性管数			MPN	95%置信区间	
0.10	0.01	0.001		下限	上限	0.10	0.01	0.001		下限	上限
0	0	0	<3.0	—	9.5	2	2	0	21	4.5	42
0	0	1	3.0	0.15	9.6	2	2	1	28	8.7	94
0	1	0	3.0	0.15	11	2	2	2	35	8.7	94
0	1	1	6.1	1.2	18	2	3	0	29	8.7	94
0	2	0	6.2	1.2	18	2	3	1	36	8.7	94
0	3	0	9.4	3.6	38	3	0	0	23	4.6	94
1	0	0	3.6	0.17	18	3	0	1	38	8.7	110
1	0	1	7.2	1.3	18	3	0	2	64	17	180
1	0	2	11	3.6	38	3	1	0	43	9	180
1	1	0	7.4	1.3	20	3	1	1	75	17	200
1	1	1	11	3.6	38	3	1	2	120	37	420
1	2	0	11	3.6	42	3	1	3	160	40	420
1	2	1	15	4.5	42	3	2	0	93	18	420
1	3	0	16	4.5	42	3	2	1	150	37	420
2	0	0	9.2	1.4	38	3	2	2	210	40	430
2	0	1	14	3.6	42	3	2	3	290	90	1000
2	0	2	20	4.5	42	3	3	0	240	42	1000
2	1	0	15	3.7	42	3	3	1	460	90	2000
2	1	1	20	4.5	42	3	3	2	1100	180	4100
2	1	2	27	8.7	94	3	3	3	>1100	420	—

注：本表采用 3 个稀释度[0.1g（mL）、0.01g（mL）和 0.001g（mL）]、每个稀释度接种 3 管；表内所列检样量如改用 1g（mL）、0.1g（mL）和 0.01g（mL）时，表内数字应相应降为原先的 1/10；如改用 0.01g（mL）、0.001g（mL）、0.0001g（mL）时，则表内数字应相应增高 10 倍，其余类推。

实验十六　食品中副溶血性弧菌检验

一、目的要求

了解副溶血性弧菌的检验原理；
掌握食品中副溶血性弧菌的检验方法。

二、基本原理

副溶血性弧菌（*Vibrio parahaemolyticus*）是近海岸、河口处的栖息生物，常存在于海水、海底沉积物、海产品（鱼类、介壳类）及海渍食品中。人们由于食入污染该菌的生海产品或未充分加热的海产品或食物可引起食物中毒或胃肠炎。副溶血性弧菌是一种嗜盐性弧菌，在不含氯化钠的培养基中不生长，在TCBS平板上，菌落大小为0.5～2.0mm，因不发酵蔗糖而呈绿色或蓝绿色。

本实验采用食品安全国家标准方法（食品微生物学检验—副溶血性弧菌检验 GB 4789.7—2013）。

三、实验材料

1. 设备和材料

除微生物实验室常规灭菌及培养设备外，其他设备和材料如下。

恒温培养箱：36℃±1℃；冰箱：2～5℃；均质器或无菌乳钵；天平：感量0.1g；无菌试管：18mm×180mm，15mm×100mm；无菌吸管：1mL（具0.01mL刻度）、10mL（具0.1mL刻度）或微量移液器及吸头；无菌锥形瓶：250mL、500mL；无菌培养皿：直径90mm；全自动微生物鉴定系统（VITEK）；无菌手术剪、镊子。

2. 培养基和试剂（见本实验附录A）

3%氯化钠碱性蛋白胨水（APW）；硫代硫酸盐-柠檬酸盐-胆盐-蔗糖（TCBS）琼脂；3%氯化钠胰蛋白胨大豆（TSA）琼脂；3%氯化钠三糖铁（TSI）琼脂；嗜盐性实验培养基；3%氯化钠甘露醇实验培养基；3%氯化钠赖氨酸脱羧酶实验培养基；3%氯化钠MR-VP培养基；我妻氏血琼脂；氧化酶试剂；革兰氏染色液；ONPG试剂；Voges-Proskauer（V-P）试剂；弧菌显色培养基；3%氯化钠溶液。

四、检验程序

副溶血性弧菌检验程序如图3-10所示。

五、操作步骤

1. 样品制备

（1）非冷冻样品采集后应立即置7～10℃冰箱保存，尽可能及早检验；冷冻样品应在45℃以下不超过15min或在2～5℃不超过18h解冻。

（2）鱼类和头足类动物取表面组织、肠或鳃；贝类取全部内容物，包括贝肉和体液；甲壳类取整个动物，或者动物的中心部分，包括肠和鳃。如为带壳贝类或甲壳类，则应先在

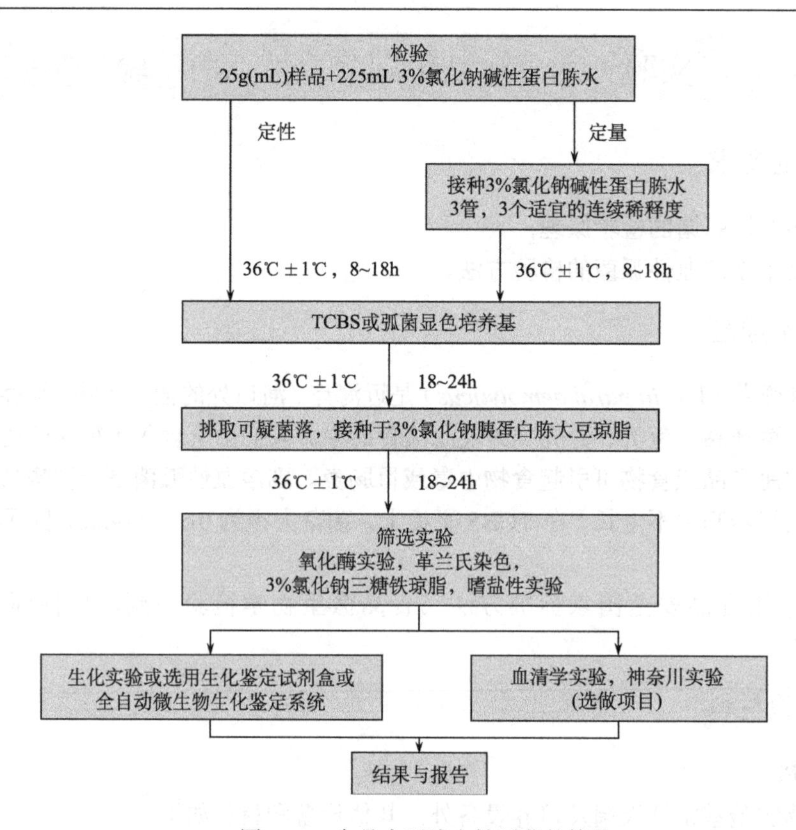

图 3-10　食品中副溶血性弧菌的检验

自来水中洗刷外壳并甩干表面水分，然后以无菌操作打开外壳，按上述要求取相应部分。

（3）以无菌操作取样品 25g（mL），加入 3%氯化钠碱性蛋白胨水 225mL，用旋转刀片式均质器以 8000r/min 均质 1min，或拍击式均质器拍击 2min，制备成 1∶10 的样品匀液。如无均质器，则将样品放入无菌乳钵，自 225mL 3% 氯化钠碱性蛋白胨水中取少量稀释液加入无菌乳钵，样品磨碎后放入 500mL 无菌锥形瓶，再用少量稀释液冲洗乳钵中的残留样品 1～2 次，洗液放入锥形瓶，最后将剩余稀释液全部放入锥形瓶，充分振荡，制备 1∶10 的样品匀液。

2. 增菌

1） 定性检测　　将样品制备的 1∶10 样品匀液于 36℃±1℃培养 8～18h。

2） 定量检测

（1）用无菌吸管吸取 1∶10 样品匀液 1mL，注入含有 9mL 3%氯化钠碱性蛋白胨水的试管内，振摇试管混匀，制备 1∶100 的样品匀液。

（2）另取 1mL 无菌吸管，按上一步操作程序，依次制备 10 倍系列稀释样品匀液，每递增稀释一次，换用一支 1mL 无菌吸管。

（3）根据对检样污染情况的估计，选择 3 个适宜的连续稀释度，每个稀释度接种 3 支含有 9mL 3%氯化钠碱性蛋白胨水的试管，每管接种 1mL。置 36℃±1℃恒温箱内，培养 8～18h。

3. 分离

（1）对所有显示生长的增菌液，用接种环在距离液面以下 1cm 内蘸取一环增菌液，于 TCBS 平板或弧菌显色培养基平板上划线分离。一支试管划线一块平板，于 36℃±1℃培养 18～24h。

（2）典型的副溶血性弧菌在 TCBS 上呈圆形、半透明、表面光滑的绿色菌落，用接种环轻触，有类似口香糖的质感，直径 2～3mm。从培养箱取出 TCBS 平板后，应尽快（不超过 1h）挑取菌落或标记要挑取的菌落。典型的副溶血性弧菌在弧菌显色培养基上的特征按照产品说明进行判定。

4. 纯培养

挑取 3 个或 3 个以上的可疑菌落，划线接种 3%氯化钠胰蛋白胨大豆琼脂平板，36℃±1℃培养 18～24h。

5. 初步鉴定

（1）氧化酶实验：挑选纯培养的单个菌落进行氧化酶实验，副溶血性弧菌为氧化酶阳性。

（2）涂片镜检：将可疑菌落涂片，进行革兰氏染色，镜检观察形态。副溶血性弧菌为革兰氏阴性，呈棒状、弧状、卵圆状等多形态，无芽孢，有鞭毛。

（3）挑取纯培养的单个可疑菌落，转种 3%氯化钠三糖铁琼脂斜面并穿刺底层，36℃±1℃培养 24h 观察结果。副溶血性弧菌在 3%氯化钠三糖铁琼脂中的反应为底层变黄不变黑，无气泡，斜面颜色不变或红色加深，有动力。

（4）嗜盐性实验：挑取纯培养的单个可疑菌落，分别接种 0%、6%、8%和 10%不同氯化钠浓度的胰胨水，36℃±1℃培养 24h，观察液体混浊情况。副溶血性弧菌在无氯化钠和 10%氯化钠的胰胨水中不生长或微弱生长，在 6%氯化钠和 8%氯化钠的胰胨水中生长旺盛。

6. 确定鉴定

取纯培养物分别接种含 3%氯化钠的甘露醇实验培养基、赖氨酸脱羧酶实验培养基、MR-VP 培养基，36℃±1℃培养 24～48h 后观察结果；3%氯化钠三糖铁琼脂隔夜培养物进行 ONPG 实验。可选择生化鉴定试剂盒或全自动微生物生化鉴定系统。

7. 血清学分型（选做项目）

1）制备　接种两管 3%氯化钠胰蛋白胨大豆琼脂试管斜面，36℃±1℃培养 18～24h。用含 3%氯化钠的 5%甘油溶液冲洗 3%氯化钠胰蛋白胨大豆琼脂斜面培养物，获得浓厚的菌悬液。

2）K 抗原的鉴定　取一管上一步制备好的菌悬液，首先用多价 K 抗血清进行检测，出现凝集反应时再用单个的抗血清进行检测。用蜡笔在一张玻片上画出适当数量的间隔和一个对照间隔。在每个间隔内各滴加一滴菌悬液，并对应加入一滴 K 抗血清。在对照间隔内加一滴 3%氯化钠溶液。轻微倾斜玻片，使各成分相混合，再前后倾动玻片 1min。阳性凝集反应可以立即观察到。

3）O 抗原的鉴定　将另外一管的菌悬液转移到离心管内，121℃灭菌 1h。灭菌后 4000r/min 离心 15min，弃去上层液体，沉淀用生理盐水洗三次，每次 4000r/min 离心 15min，最后一次离心后留少许上层液体，混匀制成菌悬液。用蜡笔将玻片划分成相等的间隔。在每个间隔内加入一滴菌悬液，将 O 群血清分别加一滴到间隔内，最后一个间隔加一滴生理盐水作为自凝对照。轻微倾斜玻片，使各成分相混合，再前后倾动玻片 1min。阳性凝集反应可以立即观察到。如果未见到与 O 群血清的凝集反应，将菌悬液 121℃再次高压

1h 后，重新检测。如果仍为阴性，则培养物的 O 抗原属于未知。根据表 3-14 报告血清学分型结果。

表 3-14　副溶血性弧菌的抗原

O 群	K 型
1	1，5，20，25，26，32，38，41，56，58，60，64，69
2	3，28
3	4，5，6，7，25，29，30，31，33，37，43，45，48，54，56，57，58，59，72，75
4	4，8，9，10，11，12，13，34，42，49，53，55，63，67，68，73
5	15，17，30，47，60，61，68
6	18，46
7	19
8	20，21，22，39，41，70，74
9	23，44
10	24，71
11	19，36，40，46，50，51，61
12	19，52，61，66
13	65

表 3-15　副溶血性弧菌的生化性状

实验项目	结果
革兰氏染色镜检	阴性，无芽孢
氧化酶	+
动力	+
蔗糖	–
葡萄糖	+
甘露醇	+
分解葡萄糖产气	–
乳糖	–
硫化氢	–
赖氨酸脱羧酶	+
V-P	–
ONPG	–

注：+表示阳性；–表示阴性。

8. 神奈川实验（选做项目）

神奈川实验是在我妻氏琼脂上测试是否存在特定溶血素。神奈川实验阳性结果与副溶血性弧菌分离株的致病性显著相关。

用接种环将测试菌株的 3%氯化钠胰蛋白胨大豆琼脂 18h 培养物点种于表面干燥的我妻氏血琼脂平板。每个平板上可以环状点种几个菌。36℃±1℃培养不超过 24h，并立即观察。阳性结果为菌落周围呈半透明环的 β 溶血。

六、结果与报告

根据检出的可疑菌落生化性状，报告 25g（mL）样品中检出副溶血性弧菌。如果进行定量检测，根据证实为副溶血性弧菌阳性的试管管数，查最可能数（MPN）检索表（本实验附录 B），报告每 g（mL）副溶血性弧菌的 MPN 值。副溶血性弧菌菌落生化性状和与其他弧菌的鉴别情况分别见表 3-15 和表 3-16。

表 3-16　副溶血性弧菌主要性状与其他弧菌的鉴别

名称	氧化酶	赖氨酸	精氨酸	鸟氨酸	明胶	尿酶	V-P	42℃生长	蔗糖	D-纤维二糖	乳糖	阿拉伯糖	D甘露糖	D甘露醇	ONPG	嗜盐性实验 氯化钠含量/%				
																0	3	6	8	10
副溶血性弧菌（*V.parahaemolyticus*）	+	+	−	+	+	v	−	+	−	v	−	+	+	+	−	−	+	+	+	−
创伤弧菌（*V.vulnificus*）	+	+	−	+	+	−	−	+	−	+	+	−	+	v	+	−	+	+	−	−
溶藻弧菌（*V.alginolyticus*）	+	+	−	+	+	−	+	+	+	−	−	−	+	+	−	−	+	+	+	+
霍乱弧菌（*V.cholerae*）	+	+	−	+	+	−	v	+	+	−	−	−	+	+	+	+	+	−	−	−
拟态弧菌（*V.mimicus*）	+	+	−	+	+	−	−	+	−	−	−	−	+	+	+	+	+	−	−	−
河弧菌（*V.fluvialis*）	+	−	+	−	+	−	−	v	+	+	−	+	+	+	+	−	+	+	v	−
弗氏弧菌（*V.furnissii*）	+	−	+	−	+	−	−	−	+	−	−	+	+	+	+	−	+	+	+	−
梅氏弧菌（*V.metschnikovii*）	−	+	+	−	+	−	+	v	+	−	−	−	+	+	+	−	+	+	v	−
霍利斯弧菌（*V.hollisae*）	+	−	−	−	−	−	−	nd	−	−	−	+	+	−	−	−	+	+	−	−

注：nd 表示未实验；v 表示可变。+表示阳性；–表示阴性。

附录 A　培养基和试剂

A.1　3%氯化钠碱性蛋白胨水（APW）

成分　蛋白胨 10.0g，氯化钠 30.0g，蒸馏水 1000.0mL，pH 8.5±0.2。

制法　将上述成分混合，121℃高压灭菌 10min。

A.2　硫代硫酸盐-柠檬酸盐-胆盐-蔗糖（TCBS）琼脂

成分　多价蛋白胨 10.0g，酵母浸膏 5.0g，柠檬酸钠（$C_6H_5O_7Na_3 \cdot 2H_2O$）10.0g，硫代硫酸钠（$Na_2S_2O_3 \cdot 5H_2O$）10.0g，氯化钠 10.0g，牛胆汁粉 5.0g，柠檬酸铁 1.0g，胆酸钠 3.0g，蔗糖 20.0g，溴麝香草酚蓝 0.04g，麝香草酚蓝 0.04g，琼脂 15.0g，蒸馏水 1000.0g。

制法　加热煮沸至完全溶解，最终的 pH 应为 8.6±0.2。冷至 50℃倾注平板备用。

A.3　3%氯化钠胰蛋白胨大豆（TSA）琼脂

成分　胰蛋白胨 15.0g，大豆蛋白胨 5.0g，氯化钠 30.0g，琼脂 15.0g，蒸馏水 1000mL。

制法　将上述成分混合，加热并轻轻搅拌至溶解，121℃高压灭菌15min，调节pH至7.3±0.2。

A.4　3%氯化钠三糖铁（TSI）琼脂

成分　蛋白胨 15.0g，眎胨 5.0g，牛肉膏 3.0g，酵母浸膏 3.0g，氯化钠 30.0g，乳糖 10.0g，蔗糖 10.0g，葡萄糖 1.0g，硫酸亚铁（$FeSO_4$）0.2g，苯酚红 0.024g，硫代硫酸钠（$Na_2S_2O_3$）0.3g，琼脂 12.0g，蒸馏水 1000.0mL。

制法　调节 pH，使灭菌后为 7.4±0.2，分装到适当容量的试管中。121℃高压灭菌 15min，制成斜面，斜面长 4～5cm，底部深度为 2～3cm。

A.5　嗜盐性实验培养基

成分　胰蛋白胨 10.0g，氯化钠按不同量加入，蒸馏水 1000mL，pH7.2±0.2。

制法　配制胰蛋白胨水，校正 pH，共配制 4 瓶，每瓶 100mL。每瓶分别加入不同量的氯化钠：①不加；②3g；③6g；④10g。121℃高压灭菌 15min，在无菌条件下分装试管。

A.6　3%氯化钠甘露醇实验培养基

成分　牛肉膏 5.0g，蛋白胨 10.0g，氯化钠 3.0g，磷酸氢二钠（$Na_2HPO_4 \cdot 12H_2O$）2.0g，0.2%溴麝香草酚蓝溶液 12.0mL，蒸馏水 1000.0mL，pH7.4。

制法　将上述成分配好后，分装每瓶 100mL，121℃高压灭菌 15min。另配 10%甘露醇溶液，同时高压灭菌。将 5mL 糖溶液加入 100mL 培养基内，以无菌操作分装小试管。

实验方法　从琼脂斜面上挑取培养物接种，于 36℃±1℃培养不少于 24h，观察结果。甘露醇阳性者培养物呈黄色，阴性者为紫色。

A.7　3%氯化钠赖氨酸脱羧酶实验培养基

成分　蛋白胨 5.0g，酵母浸膏 3.0g，葡萄糖 1.0g，蒸馏水 1000.0mL，1.6%溴甲酚紫-乙醇溶液 1.0mL，L-赖氨酸 0.5g/100mL 或 1.0g/100mL，氯化钠 30.0g，蒸馏水 1000.0mL。

制法　除赖氨酸以外的成分加热溶解后，分装每瓶 100mL，校正 pH 至 6.8。再按 0.5%的比例加入赖氨酸，对照培养基不加赖氨酸。分装于灭菌的小试管内，每管 0.5mL，上面滴加一层液体石蜡，115℃高压灭菌 10min。

实验方法　从琼脂斜面上挑取培养物接种，于 36℃±1℃培养不少于 24h，观察结果。赖氨酸脱羧酶阳性者由于产碱中和葡萄糖产酸，故培养基仍应呈紫色。阴性者无碱性产物，但因葡萄糖产酸而使培养基变为黄色。对照管应为黄色。

A.8　3%氯化钠 MR-VP 培养基

成分　多胨 7.0g，葡萄糖 5.0g，磷酸氢二钾（K_2HPO_4）5.0g，氯化钠 30.0g，蒸馏水 1000.0mL，pH6.9±0.2。

制法　将各成分溶于蒸馏水，分装试管，121℃高压灭菌 15min。

A.9　我妻氏血琼脂

成分　酵母浸膏 3.0g，蛋白胨 10.0g，氯化钠 70.0g，磷酸氢二钾（K_2HPO_4）5.0g，甘露醇 10.0g，结晶紫 0.001g，琼脂 15.0g，蒸馏水 1000.0mL，pH8.0±0.2。

制法　将上述成分混合，加热至 100℃，保持 30min，冷至 46～50℃，与 50mL 预先洗涤的新鲜人或兔红细胞（含抗凝血剂）混合，倾注平板。彻底干燥平板，尽快使用。

A.10　氧化酶试剂

同实验十三附录中 A.16（第 90 页）。

A.11　革兰氏染色液

同实验十二附录中 A.9（第 81 页）。

A.12　ONPG 试剂

A.12.1　缓冲液

成分　磷酸二氢钠（$NaH_2PO_4 \cdot H_2O$）6.9g，用蒸馏水加至 50mL。

制法　将磷酸二氢钠溶于蒸馏水中，调节 pH 至 7.0，缓冲液置冰箱保存。

A.12.2 ONPG溶液

成分 邻硝基酚-β-D-半乳糖苷（ONPG）0.08g，蒸馏水15.0mL，缓冲液5.0mL。

制法 将ONPG在37℃的蒸馏水中溶解，加入缓冲液。ONPG溶液置冰箱保存，实验前将所需用量的ONPG溶液加热至37℃。

A.12.3 3%氯化钠溶液

成分 氯化钠30.0g，蒸馏水1000.0mL。

制法 将氯化钠溶于蒸馏水中，121℃高压灭菌20min。

A.12.4 实验方法

将待检培养物接种在3%氯化钠三糖铁琼脂，36℃±1℃培养18h。挑取一满环新鲜培养物接种于0.25mL 3%氯化钠溶液，在通风橱中滴加一滴甲苯，摇匀后置37℃水浴5min。加0.25mL ONPG溶液，36℃±1℃培养观察24h。阳性结果呈黄色，阴性结果则24h不变色。

A.13 Voges-Proskauer（V-P）试剂

成分

甲液：α-萘酚5.0g，无水乙醇100.0mL；

乙液：氢氧化钾40.0g，用蒸馏水加至1000.0mL。

实验方法 将3%氯化钠胰蛋白胨大豆琼脂生长物接种于3%氯化钠MR-VP培养基，36℃±1℃培养48h。取1mL培养物，转放到一个试管内，加0.6mL甲液，摇动；加0.2mL乙液，摇动。随意加一点肌酸结晶，4h后观察结果。阳性结果呈现伊红的粉红色。

附录B 副溶血性弧菌最可能数（MPN）检索表

每g（1mL）检样中副溶血性弧菌最可能数（MPN）检索表

阳性管数			MPN	95%可信限		阳性管数			MPN	95%可信限	
0.10	0.01	0.001		下限	上限	0.10	0.01	0.001		下限	上限
0	0	0	<3.0	—	9.5	1	3	0	16	4.5	42
0	0	1	3.0	0.15	9.6	2	0	0	9.2	1.4	38
0	1	0	3.0	0.15	11	2	0	1	14	3.6	42
0	1	1	6.1	1.2	18	2	0	2	20	4.5	42
0	2	0	6.2	1.2	18	2	1	0	15	3.7	42
0	3	0	9.4	3.6	38	2	1	1	20	4.5	42
1	0	0	3.6	0.17	18	2	1	2	27	8.7	94
1	0	1	7.2	1.3	18	2	2	0	21	4.5	42
1	0	2	11	3.6	38	2	2	1	28	8.7	94
1	1	0	7.4	1.3	20	2	2	2	35	8.7	94
1	1	1	11	3.6	38	2	3	0	29	8.7	94
1	2	0	11	3.6	42	2	3	1	36	8.7	94
1	2	1	15	4.5	42	3	0	0	23	4.6	94

续表

阳性管数			MPN	95%可信限		阳性管数			MPN	95%可信限	
0.10	0.01	0.001		下限	上限	0.10	0.01	0.001		下限	上限
3	0	1	38	8.7	110	3	2	1	150	37	420
3	0	2	64	17	180	3	2	2	210	40	430
3	1	0	43	9	180	3	2	3	290	90	1000
3	1	1	75	17	200	3	3	0	240	42	1000
3	1	2	120	37	420	3	3	1	460	90	2000
3	1	3	160	40	420	3	3	2	1100	180	4100
3	2	0	93	18	420	3	3	3	>1100	420	—

注：本表采用 3 个稀释度 [0.1g（mL）、0.01g（mL）和 0.001g（mL）]，每个稀释度接种 3 管；表内所列检样量如改用 1g（mL）、0.1g（mL）和 0.01g（mL）时，表内数字应相应降低为原先的 1/10；如改用 0.01g（mL）、0.001g（mL）和 0.0001g（mL）时，则表内数字应相应增加 10 倍，其余类推。

实验十七　食品中产气荚膜梭菌检验

一、目的要求

了解食品中产气荚膜梭菌的检验原理；
掌握食品中产气荚膜梭菌的检验方法。

二、基本原理

产气荚膜梭菌（*Clostridium perfringens*）为革兰氏阳性厌氧芽孢杆菌，广泛分布于土壤、河水、饲料、食物、粪便及人畜肠道中。该菌通过皮肤黏膜伤口或其他途径污染食物，人类食用后主要引起食物中毒。该菌能发酵葡萄糖、麦芽糖、蔗糖和乳糖等糖类产酸产气，不发酵甘露糖或水杨苷，能液化明胶、产硫化氢、多数能还原硝酸盐，可使牛乳培养基呈“暴烈发酵”现象，能将亚硫酸盐还原为硫化物，在含亚硫酸盐及铁盐的琼脂中形成黑色菌落。依据这些特征可对其进行初步鉴定，可用血清学分型对其进一步鉴定。

本实验采用食品安全国家标准方法（食品微生物学检验—产气荚膜梭菌检验 GB 4789.13—2012）。

三、实验材料

1. 设备和材料

除微生物实验室常规灭菌及培养设备外，其他设备和材料如下。

恒温培养箱：36℃±1℃；冰箱：2～5℃；恒温水浴箱：50℃±1℃，46℃±0.5℃；天平：感量 0.1g；均质器；显微镜：10×～100×；无菌吸管：1mL（具 0.01mL 刻度）、10mL（具 0.1mL 刻度）或微量移液器及吸头；无菌试管：18mm×180mm；无菌培养皿：直径 90mm；pH 计或 pH 比色管或精密 pH 试纸；厌氧培养装置。

2. 培养基和试剂（见本实验附录A）

胰胨-亚硫酸盐-环丝氨酸（TSC）琼脂；液体硫乙醇酸盐（FTG）培养基；缓冲动力-硝酸盐培养基；乳糖-明胶培养基；含铁牛乳培养基；0.1%蛋白胨水；革兰氏染色液；硝酸盐还原试剂；缓冲甘油-氯化钠溶液。

四、检验程序

产气荚膜梭菌检验程序如图3-11所示。

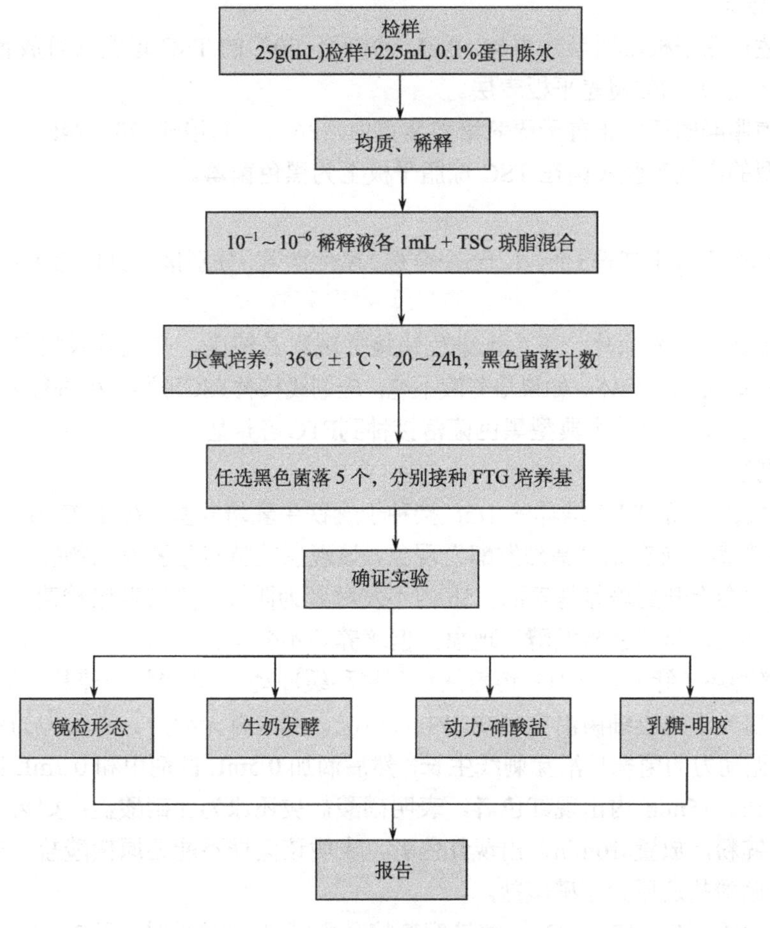

图3-11　产气荚膜梭菌检验程序

五、操作步骤

1. 样品制备

（1）样品采集后应尽快检验，若不能及时检验，可在2～5℃保存；如8h内不能进行检验，应以无菌操作称取25g（mL）样品加入等量缓冲甘油-氯化钠溶液（液体样品应加双料），并尽快置于–60℃低温冰箱中冷冻保存或加干冰保存。

（2）以无菌操作称取25g（mL）样品放入含有225mL 0.1%蛋白胨水（如为上一步骤

中冷冻保存样品，室温解冻后，加入 200mL 0.1%蛋白胨水）的均质袋中，在拍击式均质器上连续均质 1～2min，或置于盛有 225mL 0.1%蛋白胨水的均质杯中，8000～10 000r/min 均质 1～2min，作为 1∶10 稀释液。

（3）以上述 1∶10 稀释液按 1mL 加 0.1%蛋白胨水 9mL 制备 10^{-2}～10^{-6} 的系列稀释液。

2. 培养

（1）吸取各稀释液 1mL 加入无菌平皿内，每个稀释度做两个平行。每个平皿倾注冷却至 50℃的 TSC 琼脂（可放置于 50℃±1℃恒温水浴箱中保温）15mL，缓慢旋转平皿，使稀释液和琼脂充分混匀。

（2）上述琼脂平板凝固后，再加 10mL 冷却至 50℃的 TSC 琼脂（可放置于 50℃±1℃恒温水浴箱中保温）均匀覆盖平板表层。

（3）待琼脂凝固后，正置于厌氧培养装置内，36℃±1℃培养 20～24h。

（4）典型的产气荚膜梭菌在 TSC 琼脂平板上为黑色菌落。

3. 确证实验

（1）从单个平板上任选5个（小于5个全选）黑色菌落，分别接种到FTG培养基，36℃±1℃培养18～24h。

（2）用上述培养液涂片，革兰氏染色镜检并观察其纯度。产气荚膜梭菌为革兰氏阳性粗短的杆菌，有时可见芽孢体。如果培养液不纯，应划线接种TSC琼脂平板进行分纯，36℃±1℃厌氧培养 20～24h，挑取单个典型黑色菌落接种到FTG培养基，36℃±1℃培养18～24h，用于后续的确证实验。

（3）取生长旺盛的 FTG 培养液 1mL 接种于含铁牛乳培养基，在 46℃±0.5℃水浴中培养 2h 后，每小时观察一次有无“暴烈发酵”现象，该现象的特点是乳凝结物破碎后快速形成海绵样物质，通常会上升到培养基表面。5h 内不发酵者为阴性。产气荚膜梭菌发酵乳糖，凝固酪蛋白并大量产气，呈“暴烈发酵”现象，但培养基不变黑。

（4）用接种环（针）取 FTG 培养液穿刺接种缓冲动力-硝酸盐培养基，于 36℃±1℃培养 24h。在透射光下检查细菌沿穿刺线的生长情况，判定有无动力。有动力的菌株沿穿刺线呈扩散生长，无动力的菌株只沿穿刺线生长。然后滴加 0.5mL 试剂甲和 0.2mL 试剂乙以检查亚硝酸盐的存在。15min 内出现红色者，表明硝酸盐被还原为亚硝酸盐；如果不出现颜色变化，则加少许锌粉，放置 10min，出现红色者，表明该菌株不能还原硝酸盐。产气荚膜梭菌无动力，能将硝酸盐还原为亚硝酸盐。

（5）用接种环（针）取 FTG 培养液穿刺接种乳糖-明胶培养基，于 36℃±1℃培养 24h，观察结果。如发现产气和培养基由红变黄，表明乳糖被发酵并产酸。将试管于 5℃左右放置 1h，检查明胶液化情况。如果培养基是固态，于 36℃±1℃再培养 24h，重复检查明胶是否液化。产气荚膜梭菌能发酵乳糖，使明胶液化。

六、结果与报告

1. 典型菌落计数

选取典型菌落数在 20～200CFU 的平板，计数典型菌落数。如果：①只有一个稀释度平板的典型菌落数在 20～200CFU，计数该稀释度平板上的典型菌落；②最低稀释度平板的典型菌落数均小于 20CFU，计数该稀释度平板上的典型菌落；③某一稀释度平板的典型菌落数均大于 200CFU，但下一稀释度平板上没有典型菌落，应计数该稀释度平板上的典型菌落；④某一稀释度平板的典型菌落数均大于 200CFU，且下一稀释度平板上有典型菌落，但其平板上的典型菌落数不在 20～200CFU 之间，应计数该稀释度平板上的典型菌落；⑤2 个连续稀释度平板的典型菌落数均在 20～200CFU 之间，分别计数 2 个稀释度平板上的典型菌落。

2. 结果计算

计数结果按公式（3-6）计算：

$$T=\frac{\sum\left(A\frac{B}{C}\right)}{(n_1+0.1n_2)\ d} \tag{3-6}$$

式中：T 表示样品中产气荚膜梭菌的菌落数；A 表示单个平板上典型菌落数；B 表示单个平板上经确证实验为产气荚膜梭菌的菌落数；C 表示单个平板上用于确证实验的菌落数；n_1 表示第一稀释度（低稀释倍数）经确证实验有产气荚膜梭菌的平板个数；n_2 表示第二稀释度（高稀释倍数）经确证实验有产气荚膜梭菌的平板个数；0.1 表示稀释系数；d 表示稀释因子（第一稀释度）。

3. 报告

根据 TSC 琼脂平板上产气荚膜梭菌的典型菌落数，按照公式(3-5)计算，报告每 g(mL) 样品中产气荚膜梭菌数，报告单位以 CFU/g（mL）表示；如 T 值为 0，则以小于 1 乘以最低稀释倍数报告。

附录 A 培养基和试剂

A.1 胰胨-亚硫酸盐-环丝氨酸（TSC）琼脂

基础成分 胰胨 15.0g，大豆胨 5.0g，酵母粉 5.0g，焦亚硫酸钠 1.0g，柠檬酸铁铵 1.0g，琼脂 15.0g，蒸馏水 900.0mL，pH 7.6±0.2。

D-环丝氨酸溶液 溶解1g D-环丝氨酸于200mL蒸馏水，膜过滤除菌后，于4℃冷藏保存备用。

制法 将基础成分加热煮沸至完全溶解，调节pH，分装到500mL烧瓶中，每瓶250mL，121℃高压灭菌15min，于50℃±1℃保温备用。临用前每250mL基础溶液中加入20mL D-环丝氨酸溶液，混匀，倾注平皿。

A.2 液体硫乙醇酸盐（FTG）培养基

成分 胰蛋白胨 15.0g，L-胱氨酸 0.5g，酵母粉 5.0g，葡萄糖 5.0g，氯化钠 2.5g，硫乙醇酸钠 0.5g，刃天青 0.001g，琼脂 0.75g，蒸馏水 1000.0mL，pH 7.1±0.2。

制法 将以上成分加热煮沸至完全溶解，冷却后调节 pH，分装试管，每管 10mL，121℃高压灭菌 15min。临用前煮沸或流动蒸汽加热 15min，迅速冷却至接种温度。

A.3 缓冲动力-硝酸盐培养基

成分 蛋白胨 5.0g，牛肉粉 3.0g，硝酸钾 5.0g，磷酸氢二钠 2.5g，半乳糖 5.0g，甘油 5.0mL，琼脂 3.0g，蒸馏水 1000.0mL，pH 7.3±0.2。

制法 将以上成分加热煮沸至完全溶解，调节pH，分装试管，每管10mL，121℃高压灭菌15min。如果当天不用，置4℃左右冷藏保存。临用前煮沸或流动蒸汽加热15min，迅速冷却至接种温度。

A.4　乳糖-明胶培养基

成分　蛋白胨 15.0g，酵母粉 10.0g，乳糖 10.0g，酚红 0.05g，明胶 120.0g，蒸馏水 1000.0mL，pH 7.5±0.2。

制法　加热溶解蛋白胨、酵母粉和明胶于 1000mL 蒸馏水中，调节 pH，加入乳糖和酚红。分装试管，每管 10mL，121℃高压灭菌 10min。如果当天不用，置 4℃左右冷藏保存。临用前煮沸或流动蒸汽加热 15min，迅速冷却至接种温度。

A.5　含铁牛乳培养基

成分　新鲜全脂牛奶 1000.0mL，硫酸亚铁（$FeSO_4 \cdot 7H_2O$）1.0g，蒸馏水 50.0mL。

制法　将硫酸亚铁溶于蒸馏水中，不断搅拌，缓慢加入 1000mL 牛奶中，混匀。分装大试管，每管 10mL，118℃高压灭菌 12min。本培养基必须新鲜配制。

A.6　0.1%蛋白胨水

成分　蛋白胨 1.0g，蒸馏水 1000.0mL，pH 7.0±0.2。

制法　加热溶解，调节 pH，121℃高压灭菌 15min。

A.7　革兰氏染色液

同实验十二附录 A 中 A.9（第 81 页）。

A.8　硝酸盐还原试剂

甲液（对氨基苯磺酸溶液）　在 1000mL 5mol/L 乙酸中溶解 8g 对氨基苯磺酸。

乙液（α-萘酚乙酸溶液）　在 1000mL 5mol/L 乙酸中溶解 5g α-萘酚。

A.9　缓冲甘油-氯化钠溶液

成分　甘油 100.0mL，氯化钠 4.2g，磷酸氢二钾（无水）12.4g，磷酸二氢钾（无水）4.0g，蒸馏水 900.0mL，pH7.2±0.1。

制法　将以上成分加热至完全溶解，调节 pH，121℃高压灭菌 15min。配制双料缓冲甘油溶液时，用甘油 200mL 和蒸馏水 800mL。

实验十八　食品中小肠结肠炎耶尔森氏菌检验

一、目的要求

了解小肠结肠炎耶尔森氏菌的检验原理；

掌握食品中小肠结肠炎耶尔森氏菌的检验方法。

二、基本原理

小肠结肠炎耶尔森氏菌（*Yersinia enterocolitica*）是国际上引起重视的人畜共患病原菌之一，也是一种非常重要的新的食源性病原菌。该菌分布广泛，食品污染率高，对人体健康造成严重威胁，除引起皮肤结节红斑、丹毒样皮疹、关节炎和假阑尾综合征等感染性疾病外，还常引起暴发性食物中毒。

该菌为短小、卵圆形或杆状的革兰氏阴性杆菌，在 0～4℃仍能继续繁殖，并产生毒素，冰箱内存放的污染食品对人仍具有感染性。该菌的生化特性不稳定，依次可进一步分为不同的生物型。

本实验采用国家标准推荐方法（食品卫生微生物学检验—小肠结肠炎耶尔森氏菌检验 GB/T 4789.8—2008）。

三、实验材料

1. 设备和材料

除微生物实验室常规无菌及培养设备外，其他设备和材料如下。

冰箱：2～5℃；恒温培养箱：26℃±1℃、36℃±1℃；显微镜：10×～100×；均质器或灭菌乳钵；天平：感量 0.1g；灭菌试管：16mm×160mm、15mm×100mm；灭菌吸管：1mL（具 0.01mL 刻度）、10mL（具 0.1mL 刻度）；灭菌锥形瓶：200mL、500mL；灭菌培养皿：直径 90mm；全自动细菌生化鉴定仪，如 VITEK。

2. 培养基和试剂（见附录 A）

改良磷酸盐缓冲液；CIN-1 培养基；改良 Y 培养基；改良克氏双糖培养基；糖发酵管；鸟氨酸脱羧酶实验培养基；半固体琼脂；缓冲葡萄糖蛋白胨水［甲基红（MR）和 V-P 实验用］；碱处理液；尿素培养基；API 20E 生化鉴定试剂盒或 VITEK GNI$^+$生化鉴定卡。

四、检验程序

小肠结肠炎耶尔森氏菌检验程序如图 3-12 所示。

五、操作步骤

1. 增菌

以无菌操作称取 25g（或 25mL）样品放入含有 225mL 改良磷酸盐缓冲液的无菌均质杯或均质袋中，以 8000r/min 均质 1min 或拍击式均质器均质 1min。液体样品或粉末状样品，应振荡混匀。于 26℃±1℃增菌 48～72h。

2. 碱处理

除乳及其制品外，其他食品的增菌液 0.5mL 与碱处理液 4.5mL 充分混合 15s。

3. 分离

将乳及其制品增菌液或经过碱处理的其他食品增菌液分别接种 CIN-1 琼脂平板和改良 Y 琼脂平板，于 26℃±1℃培养 48h±2h，典型菌落在 CIN-1 琼脂平板上为红色牛眼状菌落，在改良 Y 琼脂平板上为无色透明、不黏稠的菌落。

4. 改良克氏双糖实验

分别挑取上述可疑菌落 3～5 个，接种改良克氏双糖斜面，于 26℃±1℃培养 24h，将斜面和底部皆变黄不产气者做进一步的生化鉴定。

5. 尿素酶实验和动力观察

将从改良克氏双糖实验上得到的可疑培养物接种到尿素培养基上，注意接种量要大，挑取一接种环，振摇几秒钟，于 26℃±1℃培养 2～4h，然后将阳性者接种两管半固体，分别于

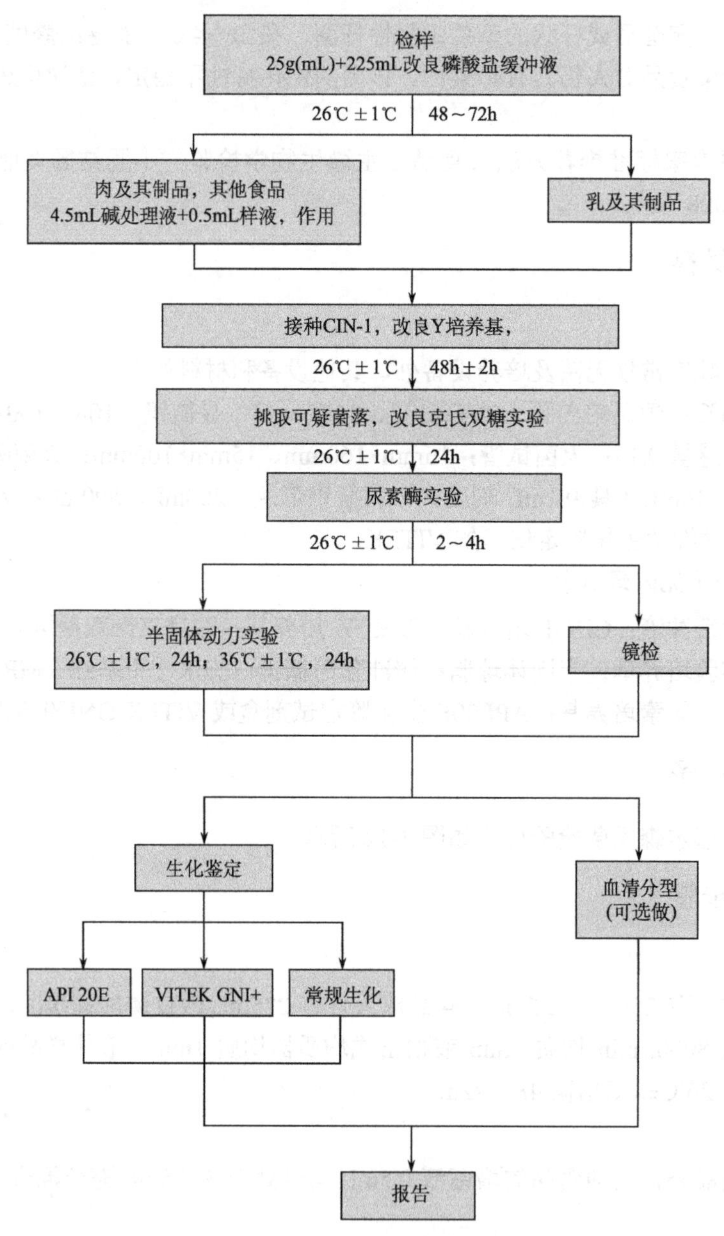

图 3-12　小肠结肠炎耶尔森氏菌检验程序

26℃±1℃和 36℃±1℃恒温培养箱中培养 24h。将 26℃有动力的可疑菌落接种营养琼脂平板，进行革兰氏染色和生化实验。

6. 革兰氏染色镜检

小肠结肠炎耶尔森氏菌呈革兰氏阴性球杆菌，有时呈椭圆形或杆状，大小为（0.8～3.0μm）×0.8μm。

7. 生化鉴定

1）常规生化鉴定　　从营养琼脂平板上挑取单个菌落做生化实验，所有的生化反应皆在 26℃±1℃培养。小肠结肠炎耶尔森氏菌的主要生化特性及与其他菌的区别见表 3-17。

表 3-17　小肠结肠炎耶尔森氏菌与其他相似菌的生化性状鉴别表

项目	小肠结肠炎耶尔森氏菌 *Yersinia enterocolitica*	中间型耶尔森氏菌 *Yersinia intermedia*	费氏耶尔森氏菌 *Yersinia frederickseniі*	克氏耶尔森氏菌 *Yersinia krislensenii*	假结核耶尔森氏菌 *Yersinia pseudotuberculosis*	鼠疫耶尔森氏菌 *Yersinia pestis*
动力（26℃）	+	+	+	+	+	−
尿素酶	+	+	+	+	+	−
V-P 实验（26℃）	+	+	+	−	−	−
鸟氨酸脱羧酶	+	+	+	+	−	−
蔗糖	d	+	+	−	−	−
棉子糖	−	+	−	−	−	d
山梨醇	+	+	+	+	−	−
甘露醇	+	+	+	+	+	+
鼠李糖	−	+	+	−	−	+

注：+表示阳性；一表示阴性；d 表示有不同生化型。

2）生化鉴定系统　可选择使用两种生化鉴定系统（API 20E 或 VITEK GNI$^+$）中任一种，代替常规的生化鉴定。

（1）API 20E：从营养琼脂平板上挑取单个菌落，按照 API 20E 操作手册进行并判读结果。

（2）VITEK 全自动细菌生化分析仪：从营养琼脂平板上挑取单个菌落，按照 VITEK GNI$^+$操作手册进行并判定结果。

8. 血清型鉴定

除进行生化鉴定外，可选择做血清型鉴定。具体操作方法按 GB/T 4789.4 中沙门氏菌 O 因子血清分型。

六、结果与报告

综合以上生化特性报告结果，报告 25g（或 25mL）样品中检出或未检出小肠结肠炎耶尔森氏菌。

附录 A　培养基和试剂

A.1　改良磷酸盐缓冲液

成分　磷酸氢二钠（Na_2HPO_4）8.23g，磷酸二氢钠（$NaH_2PO_4 \cdot H_2O$）1.2g，氯化钠（NaCl）5.0g，三号胆盐 1.5g，山梨醇 20g。

制法　将磷酸盐及氯化钠溶于蒸馏水中，再加入三号胆盐及山梨醇，溶解后校正 pH 为 7.6，分装试管，121℃高压灭菌 15min，备用。

A.2　CIN-1 培养基

（1）基础培养基。胰胨 20.0g，酵母浸膏 2.0g，甘露醇 20.0g，氯化钠 1.0g，去氧胆酸钠 2.0g，硫酸镁（$MgSO_4 \cdot 7H_2O$）0.01g，琼脂 12.0g，蒸馏水 950mL，pH7.5±0.1。

将基础培养基于 121℃高压灭菌 15min，备用。

（2）Irgasan：以 95%的乙醇作溶剂，溶解二苯醚，配成 0.4%的溶液，待基础培养基冷至 80℃时，加入 1mL 混匀。

（3）冷至 50℃时，加入中性红（3mg/mL）10.0mL，结晶紫（0.1mg/mL）10.0mL，头孢菌素（1.5mg/mL）10.0mL，新生霉素（0.25mg/mL）10.0mL。

最后不断搅拌加入 10.0mL 的 10% 氯化锶，倾注平皿。

A.3　改良 Y 培养基

成分　蛋白胨 15.0g，氯化钠 5.0g，乳糖 10.0g，草酸钠 2.0g，去氧胆酸钠 6.0g，三号胆盐 5.0g，丙酮酸钠 2.0g，孟加拉红 40mg，水解酪蛋白 5.0g，琼脂 17g，蒸馏水 1000mL。

制法　将上述成分混合，校正 pH7.4±0.1。于 121℃高压灭菌 15min，待冷至 45℃左右时，倾注平皿。

A.4　改良克氏双糖培养基

成分　蛋白胨 20g，牛肉膏 3g，酵母膏 3g，山梨醇 20g，葡萄糖 1g，氯化钠 5g，柠檬酸铁铵 0.5g，硫代硫酸钠 0.5g，琼脂 12g，酚红 0.025g，蒸馏水 1000mL，pH7.4。

制法　将除琼脂和酚红以外的各成分溶解于蒸馏水中，校正 pH。加入 0.02%的酚红水溶液 12.5mL，摇匀，分装试管，装量宜多些，以便得到比较高的底层。121℃高压灭菌 15min，放置高层斜面备用。

A.5　糖发酵管

同实验十附录 A 中 A.13（第 62 页）。

A.6　鸟氨酸脱羧酶实验培养基

成分　蛋白胨 5g，酵母浸膏 3g，葡萄糖 1g，蒸馏水 1000mL，1.6%溴甲酚紫-乙醇溶液 1mL，L-鸟氨酸或 DL-鸟氨酸 0.5g/100mL 或 1g/100mL，pH6.8。

制法　除鸟氨酸以外的成分加热溶解后，分装，每瓶 100mL，分别加入鸟氨酸。L-鸟氨酸按 0.5%加入，DL-鸟氨酸按 1%加入。再校正 pH 至 6.8。对照培养基不加鸟氨酸。分装于无菌的小试管内，每管 0.5mL，上面滴加一层液体石蜡，115℃高压灭菌 10min。

实验方法　从琼脂斜面上挑取培养物接种，于 26℃±1℃培养 18～24h，观察结果。鸟氨酸脱羧酶阳性者由于产碱，培养基呈紫色。阴性者无碱性产物，但因葡萄糖产酸而使培养基变为黄色。对照管为黄色。

A.7　半固体琼脂

同实验十附录 A 中 A.15（第 63 页）。

A.8　缓冲葡萄糖蛋白胨水（MR 和 V-P 实验用）

成分　磷酸氢二钾 5g，多胨 7g，葡萄糖 5g，蒸馏水 1000mL，pH7.0。

制法　溶化后校正 pH，分装试管，每管 1mL，121℃高压灭菌 15min。

甲基红（MR）实验　自琼脂斜面挑取少量培养物接种本培养基中，于 26℃±1℃培养 2～5d。哈夫尼亚菌则应在 22～25℃培养。滴加甲基红试剂一滴，立即观察结果。鲜红色为阳性，黄色为阴性。甲基红试剂配法：10mg 甲基红溶于 30ml 95%乙醇中，然后加入 20mL 蒸馏水。

V-P 实验　用琼脂培养物接种本培养基中，于 26℃±1℃培养 2～4d。哈夫尼亚菌则应在 22～25℃培养。加入 6% α-萘酚-乙醇溶液 0.5mL 和 40%氢氧化钾溶液 0.2mL，充分振摇试管，观察结果。阳性反应立刻或于数分钟内出现红色，如为阴性，应放在 36℃±1℃培养 4h 再进行观察。

A.9　碱处理液

0.5%氯化钠溶液：氯化钠 0.5g，蒸馏水 100mL。

0.5%氢氧化钾溶液：氢氧化钾 0.5g，蒸馏水 100mL。

制法 将 0.5%氯化钠及 0.5%氢氧化钾等量混合。

A.10 尿素培养基

成分 尿素 20.0g，酵母浸膏 0.1g，磷酸二氢钾（KH_2PO_4）0.091g，磷酸氢二钠（Na_2HPO_4）0.095g，酚红 0.01g，蒸馏水 1000mL。

制法 将上述成分于蒸馏水中溶解，校正 pH 为 6.8±0.2。不要加热，过滤除菌，无菌分装于小试管中，每管约为 3mL。

实验方法 挑取琼脂培养物接种在尿素培养基，26℃±1℃培养 24h。尿素酶阳性者由于产碱而使培养基变为红色。

实验十九 食品中肉毒梭菌及肉毒毒素检验

一、目的要求

了解肉毒梭菌的生长条件和产毒条件；

熟悉肉毒梭菌及其毒素检验的原理和方法。

二、基本原理

肉毒梭菌（*Clostridium botulinum*），又称肉毒梭状芽孢杆菌，广泛存在于自然界，引起中毒的食品有腊肠、火腿、鱼及鱼制品和罐头食品等。在美国以罐头发生中毒较多，日本以鱼制品较多，在我国主要与发酵食品有关，如臭豆腐、豆瓣酱、面酱、豆豉等。其他引起中毒的食品还有熏制未去内脏的鱼、填陷茄子、油浸大蒜、烤土豆、炒洋葱、蜂蜜制品等。

肉毒梭菌属于专性厌氧的革兰氏阳性粗大杆菌，形成近端位的卵圆形芽孢，芽孢比繁殖体宽，使细菌呈汤匙状或网球拍状，在厌氧条件下产生剧烈的外毒素——肉毒毒素。

肉毒梭菌具有 4～8 根周毛性鞭毛，运动迟缓，没有荚膜。在固体培养基表面上形成不正圆形，大约 3mm 的菌落。菌落半透明，表面呈颗粒状，边缘不整齐，界限不明显，向外扩散，呈绒毛网状，常常扩散成菌苔。在血平板上，出现与菌落几乎等大或者较大的溶血环。在乳糖卵黄牛奶平板上，菌落下培养基为乳浊，菌落表面及周围形成彩虹薄膜，不分解乳糖；分解蛋白的菌株，常常在菌落周围出现透明环。在庖肉培养基中生长时，混浊、产气、发散奇臭，有的能消化肉渣。

肉毒梭菌的致病性在于所产生的神经毒素即肉毒毒素，而细菌本身则是一种腐生菌。这些毒素能引起人和动物的肉毒中毒，根据肉毒毒素的抗原性，肉毒梭菌至今已有 A、B、C（1、2）、D、E、F、G 七个型。引起人群中毒的主要有 A、B、E 三型，C、D 二型毒素主要是畜、禽肉毒中毒的病原，F、G 型肉毒梭菌极少分离，未见 G 型菌引起人群的中毒报道。各个型的肉毒梭菌分别产生相应的毒素，所以，肉毒毒素也分为 A、B、C、D、E、F、G 七个型。C 型包括 C1、C2 两个亚型。

A 型毒素经 60℃，2min 加热，差不多能被完全破坏，而 B、E 二型毒素要经 70℃，2min 才能被破坏；C、D 二型毒素对热的抵抗更大些；C 型毒素要经过 90℃，2min 加热才能完全破坏，不论如何，只要煮沸 1min 或 75℃加热 5～10min，毒素都能被完全破坏。肉毒中毒是由于误食含有肉毒毒素的食品而引起的纯粹的细菌毒素食物中毒。肉毒梭菌生长和产毒的最适温度是 25～30℃，而在人的体温条件下细菌表现为丝状，几乎不能产毒，芽孢也不会发芽。

本实验采用国家标准推荐方法（食品卫生微生物学检验—肉毒梭菌及肉毒毒素检验 GB/T 4789.12—2003）。

三、实验材料

1. 设备和材料

冰箱：0～4℃；恒温培养箱：30℃±1℃、35℃±1℃、36℃±1℃；离心机：3000r/min；显微镜：10×～100×；相差显微镜；均质器或灭菌乳钵；架盘药物天平：0～500g，精确至 0.5g；厌氧培养装置：常温催化除氧式或碱性焦性没石子酸除氧式；灭菌吸管：1mL（具 0.01mL 刻度）、10mL（具 0.1mL 刻度）；灭菌平皿：直径 90mm；灭菌锥形瓶：500mL；灭菌注射器：1mL；小白鼠：12～15g。

2. 培养基和试剂（见本实验附录 A）

庖肉培养基；卵黄琼脂培养基；明胶磷酸盐缓冲液；肉毒分型抗毒诊断血清；胰酶：活力 1∶250；革兰氏染色液。

四、检验程序

肉毒梭菌及肉毒毒素检验程序如图 3-13 所示。

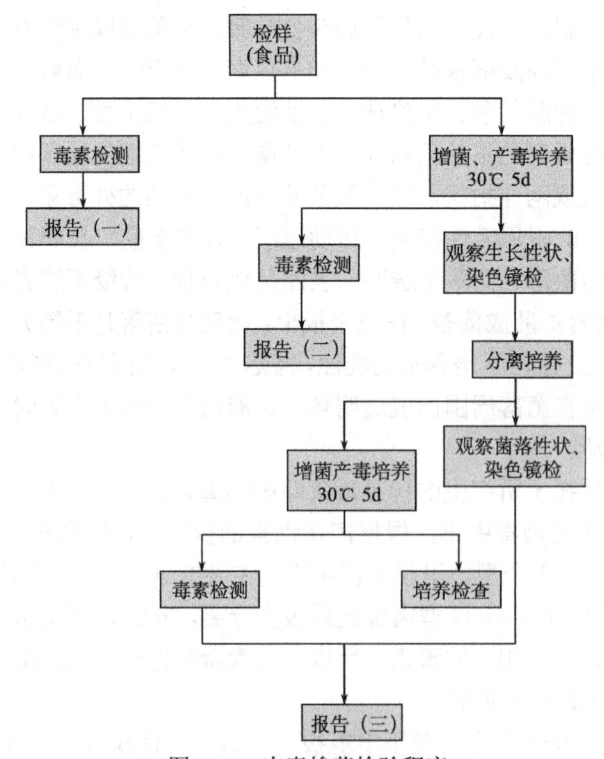

图 3-13　肉毒梭菌检验程序

报告（一）：检样含有某型肉毒毒素；报告（二）：检样含有某型肉毒梭菌；报告（三）：由样品分离的菌株为某型肉毒梭菌

如上所示，检样经均质处理后及时接种培养，进行增菌、产毒，同时进行毒素检测实验。毒素检测实验结果可证明检样中有无肉毒毒素及有何型肉毒毒素存在。

对增菌产毒培养物，一方面做一般的生长特性观察；另一方面检测肉毒毒素的产生情况。所得结果可证明检样中有无肉毒梭菌及有何型肉毒梭菌存在。

为其他特殊目的而欲获纯菌株，可用增菌产毒培养物进行分离培养，对所得纯菌株进行形态、培养特性等观察及毒素检测，其结果可证明所得纯菌为何型肉毒梭菌。

五、操作步骤

1. 肉毒毒素检测

液状检样可直接离心，固体或半流动检样须加适量（如等量、1 倍量或 5 倍量、10 倍量）明胶磷酸盐缓冲液，浸泡、研碎，然后离心，取上清液进行检测。

另取一部分上清液，调 pH6.2，每 9 份加 10%胰酶（活力 1∶250）水溶液 1 份，混匀，不断轻轻搅动，37℃作用 60min，进行检测。

肉毒毒素检测以小白鼠腹腔注射法为标准方法。

1）检出实验　取上述离心上清液及其胰酶激活处理液分别注射3只小白鼠，每只0.5mL，观察4d。注射液中若有肉毒毒素存在，小白鼠一般多在注射后24h内发病、死亡。主要症状为竖毛、四肢瘫软，呼吸困难，呼吸呈风箱式，腰部凹陷，宛若蜂腰，最终死于呼吸麻痹。

如遇小鼠猝死以至症状不明显时，则可将注射液做适当稀释，重做实验。

2）确证实验　不论上清液或其胰酶激活处理液，凡能致小鼠发病、死亡者，取样分成三份进行实验，一份加等量多型混合肉毒抗毒诊断血清，混匀，37℃作用 30min，另一份加等量明胶磷酸盐缓冲液，混匀，煮沸 10min；最后一份加等量明胶磷酸盐缓冲液，混匀即可，不做其他处理，三份混合液分别注射小白鼠各两只，每只 0.5mL，观察 4d，若注射加诊断血清与煮沸加热的两份混合液的小白鼠均获保护存活，而唯有注射未经其他处理的混合液的小白鼠以特有的症状死亡，则可判定检样中的肉毒毒素存在，必要时要进行毒力测定及定型实验。

3）毒力测定　取已判定含有肉毒毒素的检样离心上清液，用明胶磷酸盐缓冲液做成50倍、500倍及5000倍稀释液的动物全部存活，则可大体判定检样上清液所含毒素的毒力为1000～10 000MLD/mL。

4）定型实验　按毒力测定结果，用明胶磷酸盐缓冲液将检样上清液稀释至所含毒素的毒力大体在 10～1000MLD/mL 的范围，分别与各单型肉毒抗诊断血清等量混匀，37℃作用30min，各注射小鼠两只，每只 0.5mL，观察 4d，同时以明胶磷酸盐缓冲液代替诊断血清，与稀释毒素液等量混合作为对照。能保护动物免于发病、死亡的诊断血清型即为检样所含肉毒毒素的型别。

注1：未经胰酶活性处理的检样的毒素检出实验或确证实验若为阳性结果，则胰酶活性处理液可省略毒力测定及定型实验。

注2：为争取时间尽快得出结果，毒素检测的各项实验也可同时进行。

注3：根据具体条件和可能性，定型实验可酌情先省略C、D、F及G型。

注4：进行确证及定型等中和实验时，检样的稀释应参照所用肉毒诊断血清的效价。

注5：实验动物的观察可按阳性结果的出现随时结束，以缩短观察时间；唯有出现阴性结果时，应保留充分的观察时间。

2. 肉毒梭菌检出（增菌产毒培养实验）

取庖肉培养基 3 支，煮沸 10～15min，做如下处理。

第一支：急速冷却，接种检样均质液 1～2mL；

第二支：冷却至 60℃，接种检样，继续于 60℃保湿 10min，急速冷却；

第三支：接种检样，继续煮沸加热 10min，急速冷却。

以上接种物于 30℃培养 5d，若无生长，可再培养 10d。培养到期，若有生长，取培养液离心，以其上清液进行毒素检测实验，方法同“1.肉毒毒素检测”，阳性结果证明检样中有肉毒梭菌存在。

3. 分离培养

选取经毒素检测实验证实含有肉毒梭菌的前述增菌产毒培养物（必要时刻重复一次适宜的加热处理）接种卵黄琼脂平板，35℃厌氧培养 48h。肉毒梭菌在卵黄琼脂平板上生长时，菌落及周围培养基表面覆盖着特有的虹彩样（或珍珠层样）薄层，但 G 型菌无此现象。

根据菌落形态及菌体形态挑取可疑菌落，接种庖肉培养基，于 30℃培养 5d，进行毒素检测及培养特性检查确证实验。

1）毒素的检测　　实验方法同“1.肉毒毒素检测”。

2）培养特性检查　　接种卵黄琼脂平板，分成两份，分别在 35℃的需氧和厌氧条件下培养 48h，观察生长情况及菌落形态。肉毒梭菌只有在厌氧条件下才能在卵黄琼脂平板上生长并形成具有上述特征的菌落，而在需氧条件下则不生长。

注：为检出蜂蜜中存在的肉毒梭菌，蜂蜜检样需预温 37℃（流质蜂蜜），或 52～53℃（品质蜂蜜），充分搅拌后立即称取 20g，溶于 100mL 灭菌蒸馏水（37℃或 52～53℃），搅拌稀释，以 8000～10 000r/min 离心 30min（20℃），沉淀，加霉菌蒸馏水 1mL，充分摇匀，等分各半，接种庖肉培养基（8～10mL）各一支，分别在 30℃及 37℃下厌氧培养 7d，按“2.肉毒梭菌检出”进行肉毒毒素检测。

六、结果与报告

根据上述实验结果进行报告。

附录 A　培养基和试剂

A.1　庖肉培养基

成分　牛肉浸液 1000mL，蛋白胨 30.0g，酵母膏 5.0g，磷酸二氢钠 5.0g，葡萄糖 3.0g，可溶性淀粉 2.0g，碎肉渣适量，pH7.8。

制法　称取新鲜除脂肪和筋膜以外的碎牛肉 500g，加蒸馏水 1000mL 和 1mol/L 氢氧化钠溶液 25mL，搅拌煮沸 15min，充分冷却，除去表层脂肪，澄清过滤，加水补足至 1000mL 加入除碎肉渣外的各种成分，校正 pH。碎肉渣经水洗后晾至半干，分装 15mm×150mm 试管 2～3cm 高，每管加入还原铁粉 0.1～0.2g 或铁屑少许。将上述液体培养基分装至每管内超过肉渣表面约 1cm。上面覆盖溶化的凡士林或液体石蜡 0.3～0.4cm，121℃高压灭菌 15min。

A.2　卵黄琼脂培养基

成分

基础培养基：肉浸液1000mL，蛋白胨15.0g，氯化钠5.0g，琼脂25～30.0g，pH7.5，50%葡萄糖水溶液，50%卵黄盐水悬液。

制法　制备基础培养基，分装每瓶100mL，121℃高压灭菌15min，临用时加热溶化琼脂，冷至50℃。每瓶内加入50%葡萄糖水溶液2mL和50%卵黄盐水悬液10～15mL，摇匀，倾注平板。

A.3　明胶磷酸盐缓冲液

成分　明胶2.0g，磷酸氧二钠4.0g，蒸馏水1000mL，pH6.2。

制法　加热溶解，校正pH。121℃高压灭菌15min。

A.4　革兰氏染色液

同实验十二附录A中A.9（第81页）。

实验二十　食品中空肠弯曲菌检验

一、目的要求

了解食品中常规培养法检测空肠弯曲菌的原理；

掌握利用常规培养法对空肠弯曲菌进行检验。

二、基本原理

空肠弯曲菌广泛存在于家禽、家畜、鸟等动物体内，从鸡肉、牛奶、蟹肉、河水和畜禽粪便、无症状人群粪便中均可分离到此菌。健康的鸡和奶牛携带该菌。空肠弯曲杆菌在生的和未煮熟的鸡肉、生的和巴氏杀菌不彻底的牛奶、蛋制品、生火腿、未经氯处理的水中被频频检出。

空肠弯曲菌为革兰氏染色阴性菌，螺旋形，弯曲杆状，大小为（0.2～0.8）μm×（0.5～5.0）μm，有一个以上螺旋并可长达8μm，也可出现S形或似飞翔的海鸥形，菌体一端或两端有单根鞭毛，长度为菌体的2～3倍，有活泼的动力或不产生动力，超过48h的培养物以衰老的球菌状居多。

空肠弯曲菌是一类微需氧菌，初次分离时需在5%O_2、85%N_2、10%CO_2的环境中。该菌相对脆弱，对周围环境（如干燥、加热、消毒、酸性和21%氧气）敏感。培养适宜温度为25～43℃，最适宜温度为42℃，最适pH7.2。对糖类既不发酵也不氧化，呼吸代谢无酸性或中性产物。在布氏肉汤中生长呈均匀混浊。在血琼脂上，初分离出现两种菌落特征：第一型菌落不溶血，灰色，扁平，润湿，有光泽，看上去像水滴，边缘不规则，常沿划线生长；第二型菌落也不溶血，常呈分散凸起的单个菌落（直径1～2mm），边缘整齐，半透明，有光泽，中心稍浑，呈单个菌落生长。

本实验采用食品安全国家标准方法（食品微生物学检验—空肠弯曲菌检验 GB 4789.9—2014）。

三、实验材料

1. 设备和材料

除微生物实验室常规灭菌与培养设备外，其他设备与材料如下。

恒温培养箱：25℃±1℃、36℃±1℃、42℃±1℃；冰箱：2～5℃；恒温振荡培养箱：36℃±1℃、42℃±1℃；天平：感量 0.1g；均质器与配套均质袋；振荡器；无菌吸管：1mL（具 0.01mL 刻度）、10mL（具 0.1mL 刻度）或微量移液器及吸头；无菌锥形瓶：容量 100mL、200mL、2000mL；无菌培养皿：直径 90mm；pH 计或 pH 比色管或精密 pH 试纸；水浴装置：36℃±1℃、100℃；微需氧培养装置：提供微需氧条件（5% 氧气、10% 二氧化碳和 85% 氮气）；过滤装置及滤膜（0.22μm、0.45μm）；显微镜：10×～100×，有相差功能；离心机：离心速度≥20 000g；比浊仪；微生物生化鉴定系统。

2. 培养基和试剂（见本实验附录 A）

Bolton 肉汤；改良 CCD 琼脂；哥伦比亚血琼脂；布氏肉汤；氧化酶试剂；马尿酸钠水解试剂；Skirrow 血琼脂；吲哚乙酸酯纸片；0.1%蛋白胨水；1mol /L 硫代硫酸钠（$Na_2S_2O_3$）溶液；3%过氧化氢（H_2O_2）溶液；空肠弯曲菌显色培养基；生化鉴定试剂盒或生化鉴定卡。

四、检验程序

空肠弯曲菌检验程序如图 3-14 所示。

五、操作步骤

1. 样品处理

1）*一般样品*　取 25g（mL）样品（水果、蔬菜、水产品为 50g）加入盛有 225mL Bolton 肉汤的有滤网的均质袋中（若为无滤网均质袋可使用无菌纱布过滤），用拍击式均质器均质 1～2min，经滤网或无菌纱布过滤，将滤过液进行培养。

2）*整禽等样品*　用 200mL 0.1%的蛋白胨水充分冲洗样品的内外部，并振荡 2～3min，经无菌纱布过滤至 250mL 离心管中，16 000*g* 离心 15min 后弃去上清，用 10mL 0.1%蛋白胨水悬浮沉淀，吸取 3mL 于 100mL Bolton 肉汤中进行培养。

3）*贝类*　取至少 12 个带壳样品，除去外壳后将所有内容物放到均质袋中，用拍击式均质器均质 1～2min，取 25g 样品至 225mL Bolton 肉汤中（1∶10 稀释），充分振荡后再转移 25mL 于 225mL Bolton 肉汤中（1∶100 稀释），将 1∶10 和 1∶100 稀释的 Bolton 肉汤同时进行培养。

4）*蛋黄液或蛋浆*　取 25g（mL）样品于 125mL Bolton 肉汤中并混匀（1∶6 稀释），再转移 25mL 于 100mL Bolton 肉汤中并混匀（1∶30 稀释），同时将 1∶6 和 1∶30 稀释的 Bolton 肉汤进行培养。

5）*鲜乳、冰淇淋、奶酪等*　若为液体乳制品取 50g，若为固体乳制品取 50g 加入盛有 50mL 0.1%蛋白胨水的有滤网均质袋中，用拍击式均质器均质 15～30s，保留过滤液。必要时调整 pH 至 7.5±0.2，将液体乳制品或滤过液以 20 000*g* 离心 30min 后弃去上清，用 10mL Bolton 肉汤悬浮沉淀（尽量避免带入油层），再转移至 90mL Bolton 肉汤进行培养。

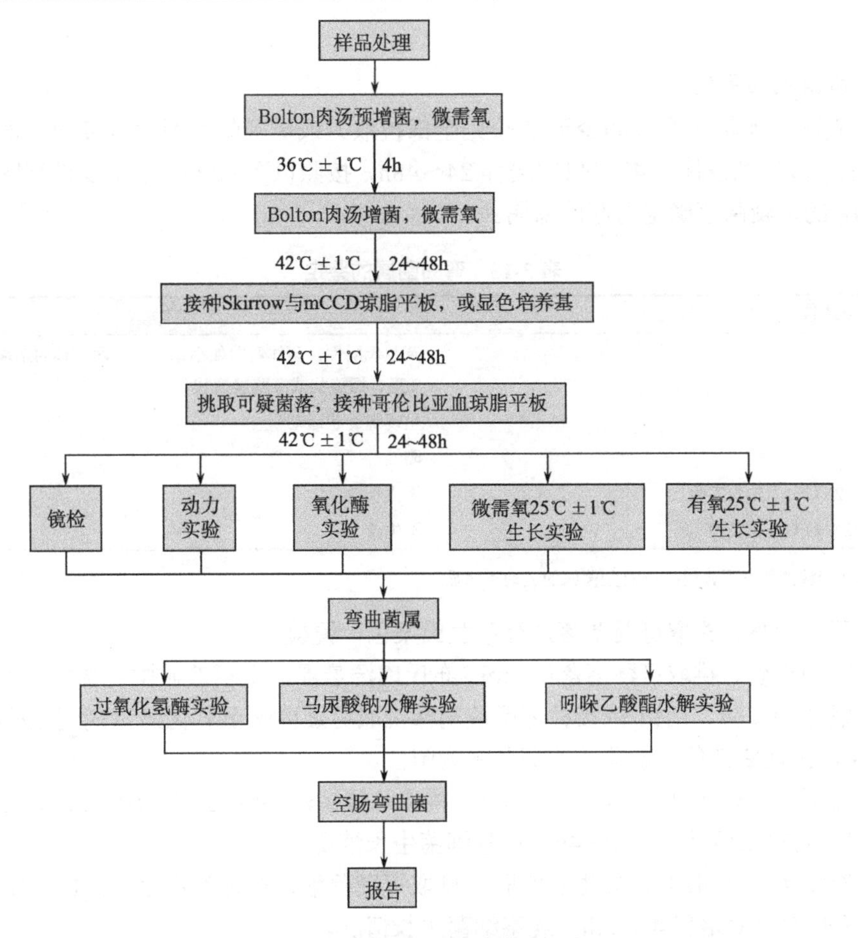

图 3-14　空肠弯曲菌检验程序

6）需表面涂拭检测的样品　　用无菌棉签擦拭检测样品的表面（面积至少100cm^{2}以上），将棉签头剪落到100mL Bolton肉汤中进行培养。

7）水样　　将 4L 的水（对于氯处理的水，在过滤前每升水中加入 5mL 1mol/L 硫代硫酸钠溶液）经 0.45μm 滤膜过滤，把滤膜浸没在 100mL Bolton 肉汤中进行培养。

2. 预增菌与增菌

在微需氧条件下，36℃±1℃培养 4h，如条件允许配以 100r/min 的速度进行振荡。必要时测定增菌液的 pH 并调整至 7.4±0.2，42℃±1℃继续培养 24～48h。

3. 分离

将24h增菌液、48h增菌液及对应的1∶50稀释液分别划线接种于Skirrow血琼脂与mCCDA琼脂平板上，微需氧条件下42℃±1℃培养24～48h。另外可选择使用空肠弯曲菌显色平板作为补充。

观察 24h 培养与 48h 培养的琼脂平板上的菌落形态，mCCDA 琼脂平板上的可疑菌落通常为淡灰色，有金属光泽、潮湿、扁平，呈扩散生长的倾向。Skirrow 血琼脂平板上的第一型可疑菌落为灰色、扁平、湿润有光泽，呈沿接种线向外扩散的倾向；第二型可疑菌落常呈分散凸起的单个菌落，边缘整齐、发亮。空肠弯曲菌显色培养基上的可疑菌落按照说明进行判定。

4. 鉴定

1）弯曲菌属的鉴定

（1）概述。挑取 5 个（如少于 5 个则全部挑取）或更多的可疑菌落接种到哥伦比亚血琼脂平板上，微需氧条件下 42℃±1℃培养 24～48h，按照以下（2）～（5）步进行鉴定，结果符合表 3-18 的可疑菌落确定为弯曲菌属。

表 3-18 弯曲菌属的鉴定

项目	弯曲菌属特性
形态观察	革兰氏阴性，菌体弯曲如小逗点状，两菌体的末端相接时呈 S 形、螺旋状或海鸥展翅状[a]
动力观察	呈现螺旋状运动[b]
氧化酶实验	阳性
微需氧条件下 25℃±1℃生长实验	不生长
有氧条件下 42℃±1℃生长实验	不生长

注：a. 有些菌株的形态不典型；b. 有些菌株的运动不明显。

（2）形态观察。挑取可疑菌落进行革兰氏染色，镜检。

（3）动力观察。挑取可疑菌落用 1mL 布氏肉汤悬浮，用相差显微镜观察运动状态。

（4）氧化酶实验。用铂/铱接种环或玻璃棒挑取可疑菌落至氧化酶试剂润湿的滤纸上，如果在 10s 内出现紫红色、紫罗兰或深蓝色为阳性。

（5）微需氧条件下 25℃±1℃生长实验。挑取可疑菌落，接种到哥伦比亚血琼脂平板上，微需氧条件下 25℃±1℃培养 44h±4h，观察细菌生长情况。

（6）有氧条件下 42℃±1℃生长实验。挑取可疑菌落，接种到哥伦比亚血琼脂平板上，有氧条件下 42℃±1℃培养 44h±4h，观察细菌生长情况。

2）空肠弯曲菌的鉴定

（1）过氧化氢酶实验。挑取菌落，加到干净玻片上的 3%过氧化氢溶液中，如果在 30s 内出现气泡则判定结果为阳性。

（2）马尿酸钠水解实验。挑取菌落，加到盛有 0.4mL 1%马尿酸钠的试管中制成菌悬液。混合均匀后在 36℃±1℃水浴中温育 2h 或 36℃±1℃培养箱中温育 4h。沿着试管壁缓缓加入 0.2mL 茚三酮溶液，不要振荡，在 36℃±1℃的水浴或培养箱中再温育 10min 后判读结果。若出现深紫色则为阳性；若出现淡紫色或没有颜色变化则为阴性。

（3）吲哚乙酸酯水解实验。挑取菌落至吲哚乙酸酯纸片上，再滴加一滴灭菌水。如果吲哚乙酸酯水解，则在 5～10min 内出现深蓝色；若无颜色变化则表示没有发生水解。

空肠弯曲菌的鉴定结果见表 3-19。

表 3-19 空肠弯曲菌的鉴定

实验项目	空肠弯曲菌（*C. jejuni*）	结肠弯曲菌（*C. coli*）	海鸥弯曲菌（*C. lari*）	乌普萨拉弯曲菌（*C. upsaliensis*）
过氧化氢酶实验	+	+	+	–或微弱
马尿酸钠水解实验	+	–	–	–
吲哚乙酸酯水解实验	+	+	–	+

注：+表示阳性；–表示阴性。

（4）替代实验。对于确定为弯曲菌属的菌落，可使用生化鉴定试剂盒或生化鉴定卡代替以上“2）空肠弯曲菌的鉴定”中（1）～（3）步骤进行鉴定。

六、结果与报告

综合以上实验结果，报告检样单位中检出或未检出空肠弯曲菌。

附录A　培养基和试剂

A.1　Bolton 肉汤（Bolton broth）

A.1.1　基础培养基

成分　动物组织酶解物（enzymatic digest of animal tissues）10.0g，乳白蛋白水解物（lactalbumin hydrolysate）5.0g，酵母浸膏 5.0g，氯化钠 5.0g，丙酮酸钠 0.5g，偏亚硫酸氢钠 0.5g，碳酸钠 0.6g，α-酮戊二酸 1.0g，水 1000mL。

制法　用水溶解基础培养基成分，如需要可使用加热促其溶解。将基础培养基分装至合适的锥形瓶内，121℃灭菌 15min。

A.1.2　无菌裂解脱纤维绵羊或马血

对无菌脱纤维绵羊或马血通过反复冻融进行裂解或使用皂角苷进行裂解。

A.1.3　抗生素溶液

成分　头孢哌酮（cefoperazone）0.02g，万古霉素（vancomycin）0.02g，三甲氧苄氨嘧啶乳酸盐（trimethoprim lactate）0.02g，两性霉素 B（amphotercin B）0.01g，多黏菌素 B（polymyxin B）0.01g，乙醇/灭菌水（50/50，*V/V*）5mL。

制法　将上述成分溶解于乙醇/灭菌水混合溶液中。

A.1.4　完全培养基

成分　基础培养基（A.1.1）1000mL，无菌裂解脱纤维绵羊或马血（A.1.2）50mL，抗生素溶液（A.1.3）5mL。

制法　当基础培养基的温度约为 45℃时，无菌加入绵羊或马血和抗生素溶液，混匀，将完全培养基的 pH 调至 7.2±0.2（25℃），将培养基无菌分装至合适的试管或锥形瓶中备用。配制的增菌液在常温下放置不得超过 4h，或在 4℃左右避光保存不得超过 7d。

A.2　改良 CCD 琼脂（modified charcoal cefoperazone deoxycholate agar，mCCDA）

A.2.1　基础培养基

成分　肉浸液 10.0g，动物组织酶解物 10.0g，氯化钠 5.0g，木炭 4.0g，酪蛋白酶解物 3.0g，去氧胆酸钠 1.0g，硫酸亚铁 0.25g，丙酮酸钠 0.25g，琼脂 8.0～18.0g，水 1000mL。

制法　用水溶解基础培养基成分，煮沸。分装至合适的三角瓶内，121℃高压灭菌 15min。

A.2.2　抗生素溶液

成分　头孢哌酮（cefoperazone）0.032g，两性霉素 B（amphotericin B）0.01g，利福平（rifampicin）0.01g，乙醇/灭菌水（50/50，*V/V*）5mL。

制法　将上述成分溶解于乙醇/灭菌水混合溶液中。

A.2.3　完全培养基

成分　基础培养基（A.2.1）1000mL，抗生素溶液（A.2.2）5mL。

制法　当基础培养基的温度约为 45℃时，加入抗生素溶液，混匀。将完全培养基的 pH

调至 7.2±0.2（25℃）。倾注约 15mL 于无菌平皿中，静置至培养基凝固。使用前需预先干燥平板。可将平皿盖打开，使培养基面朝下，置于干燥箱中约 30min，直到琼脂表面干燥。预先制备的平板未干燥时在室温放置不得超过 4h，或在 4℃左右冷藏不得超过 7d。

A.3　哥伦比亚血琼脂（Columbia blood agar）

同实验十四附录 A 中 A.3（第 93 页）。

A.4　布氏肉汤（Brucella broth）

成分　酪蛋白酶解物 10.0g，动物组织酶解物 10.0g，葡萄糖 1.0g，酵母浸膏 2.0g，氯化钠 5.0g，亚硫酸氢钠 0.1g，水 1000mL。

制法　将基础培养基成分溶解于水中，如需要可加热促其溶解。将高压灭菌后培养基的 pH 调至 7.0±0.2（25℃）。将培养基分装至合适的试管中，每隔 10mL，121℃高压灭菌 15min。

A.5　氧化酶试剂（reagent for the detection of oxidase）

成分　四甲基对苯二胺盐酸盐（*N*,*N*,*N′*,*N′*-tetramethyl-1,4-phenylenediamine dihydrochloride）1.0g，蒸馏水 100mL。

制法　使用前迅速将上述成分溶于水中。

A.6　马尿酸钠水解试剂（reagents for the detection of hydrolysis of hippurate）

A.6.1　马尿酸钠溶液

成分　马尿酸钠 10.0g，磷酸盐缓冲液（PBS）组分：[氯化钠（NaCl）8.5g，磷酸氢二钠（$Na_2HPO_4 \cdot 2H_2O$）8.98g，磷酸二氢钠（$NaH_2PO_4 \cdot H_2O$）2.71g，蒸馏水 1000mL]。

制法　将马尿酸钠溶于磷酸盐缓冲溶液中，过滤除菌。用合适的试管进行无菌分装，每管 0.4mL，储存于−20℃。

A.6.2　3.5%（水合）茚三酮溶液（*m/V*）

成分　（水合）茚三酮（nin hydrin）1.75g，丙酮 25mL，丁醇 25mL。

制备　将（水合）茚三酮溶解于丙酮/丁醇混合液中。该溶液在避光冷藏时最多不超过 7d。

A.7　Skirrow 血琼脂（Skirrow blood agar）

A.7.1　基础培养基

成分　蛋白胨 15.0g，胰蛋白胨 2.5g，酵母浸膏 5.0g，氯化钠 5.0g，琼脂 15.0g，蒸馏水 1000.0mL。

制法　将上述各成分溶于蒸馏水中，121℃灭菌 15min，备用。

A.7.2　FBP 溶液

成分　丙酮酸钠 0.25g，焦亚硫酸钠 0.25g，硫酸亚铁 0.25g，蒸馏水 100.0mL。

制法　将上述各成分溶于蒸馏水中，经 0.22μm 滤膜过滤除菌。FBP 根据需要量现用现配，在−70℃储存不超过 3 个月或−20℃储存不超过 1 个月。

A.7.3　抗生素溶液

成分　头孢哌酮（cefoperazone）0.032g，两性霉素 B（amphotericin B）0.01g，利福平（rifampicin）0.01g，乙醇/灭菌水（50 /50，*V/V*）5.0mL。

制法　将上述各成分溶解于乙醇/灭菌水混合溶液中。

A.7.4　无菌脱纤维绵羊血

无菌操作条件下，将绵羊血倒入盛有灭菌玻璃珠的容器中，振摇约 10min，静置后除去附有血纤维的玻璃珠即可。

A.7.5　完全培养基

成分　基础培养基1000.0mL，FBP溶液5.0mL，抗生素溶液5.0mL，无菌脱纤维绵羊血50.0mL。

制法　当基础培养基的温度约为45℃时，加入FBP溶液、抗生素溶液与冻融的无菌脱纤维绵羊血，混匀。校正pH至7.4±0.2（25℃）。倾注15mL于无菌平皿中，静置至培养基凝固。预先制备的平板未干燥时在室温放置不得超过4h，或在4℃左右冷藏不得超过7d。

A.8　吲哚乙酸酯纸片

成分　吲哚乙酸酯0.1g，丙酮1.0mL。

制法　将吲哚乙酸酯溶于丙酮中，吸取25～50μL溶液于空白纸片上（直径为0.6～1.2cm）。室温干燥，用带有硅胶塞的棕色试管/瓶于4℃保存。

A.9　0.1%蛋白胨水

成分　蛋白胨1.0g，蒸馏水1000.0mL。

制法　将蛋白胨溶解于蒸馏水中，校正pH至7.0±0.2（25℃），121℃高压灭菌15min。

A.10　1mol/L 硫代硫酸钠（$Na_2S_2O_3$）溶液

成分　硫代硫酸钠（无水）160.0g，碳酸钠（无水）2.0g，蒸馏水1000.0mL。

制法　称取160g无水硫代硫酸钠，加入2g无水碳酸钠，溶于1000mL水中，缓缓煮沸10min，冷却。

A.11　3%过氧化氢（H_2O_2）溶液

成分　30%过氧化氢（H_2O_2）溶液100.0mL，蒸馏水900.0mL。

制法　吸取100mL 30%过氧化氢（H_2O_2）溶液，溶于900mL蒸馏水中，混匀，分装备用。

实验二十一　食品中肠球菌检验

一、目的要求

了解食品中肠球菌检验的原理，掌握其检验方法。

二、基本原理

肠球菌属于肠球菌属，其中粪肠球菌为该属的代表。该属菌为革兰氏阳性球菌，多数菌种成双或短链状排列。肠球菌通常寄生于各种温血和冷血动物的腔肠，甚至昆虫体内，也是健康人上呼吸道、口腔或肠道的常居菌，是粪便中的常见细菌，可作为较好的食品安全指示菌。该菌可以引起心内膜炎、胆囊炎、脑膜炎、尿路感染及伤口感染等多种疾病。

本实验采用出入境检验检疫行业标准方法［食品和水中肠球菌检验方法 第1部分：平板计数法和最近似值测定法（SN/T 1933.1—2007）］。

三、实验材料

1. 设备和材料

电子天平：感量为0.001g；恒温水浴箱：46℃±1℃；恒温培养箱：35℃±0.5℃，36℃±1℃，45℃±0.5℃，35℃±2℃；均质器；振荡器；移液管：容量1mL，10mL；培养皿。

2. 培养基和试剂（见本实验附录 A）

实验用水符合 GB/T 6682 分析实验室用水规格和实验方法的要求。除另有规定外，试剂为分析纯。

叠氮化钠葡萄糖肉汤；肠球菌肉汤；KF 链球菌琼脂；肠球菌琼脂（胆汁七叶苷叠氮钠琼脂）；胆汁七叶苷琼脂（BEA 琼脂）；脑心浸液肉汤（BHIB）；含 6.5%氯化钠（NaCl）脑心浸液肉汤；脑心浸液琼脂（BHIA）；缓冲蛋白胨水。

四、样品制备

1. 抽样数量及抽样方法

抽样数量及抽样方法按 SN/T 0330 进行。

2. 样品的贮存与运送

采样后应尽快进行检验，冷冻样品如不能立即进行检验，应置于–18℃保存。应冷藏保存的待检样品，在运送实验室过程中应于 1～4℃保存。样品采集后 8h 之内要完成检验。

3. 制样

（1）水及液体饮料：污染程度低的水及液体饮料可以直接进行检验；污染程度严重的水及液体饮料吸取 25mL 样品，加入 225mL 缓冲蛋白胨水中，充分混匀，制成 1∶10 样品匀液。

（2）固体或半固体食品：无菌操作取 25g 样品放入装有 225mL 缓冲蛋白胨水的均质杯内，以 8000r/min 均质 1～2min，制成 1∶10 样品匀液。

（3）以上样品制备可根据样品污染程度及检验需要，进一步制成 10 倍递增的样品稀释液。

五、检验程序

食品和水中肠球菌平板计数法检验程序如图 3-15 所示。

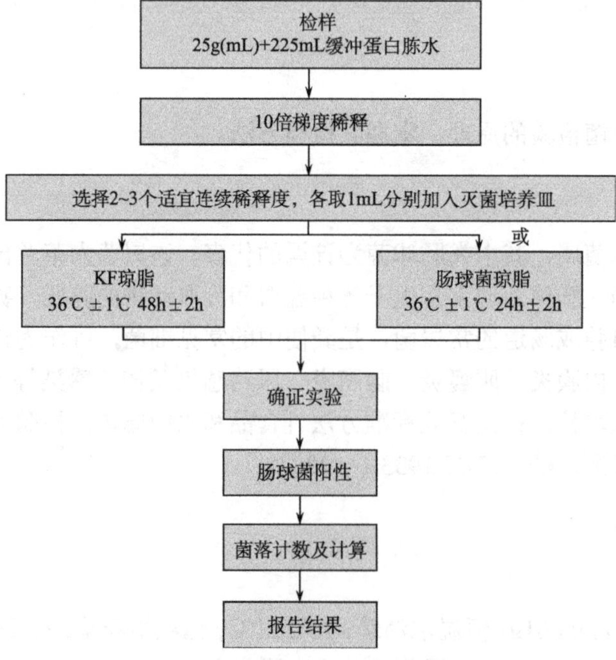

图 3-15　肠球菌平板计数法的检验程序

食品和水中肠球菌最近似值（MPN）测定法检验程序见图 3-16。

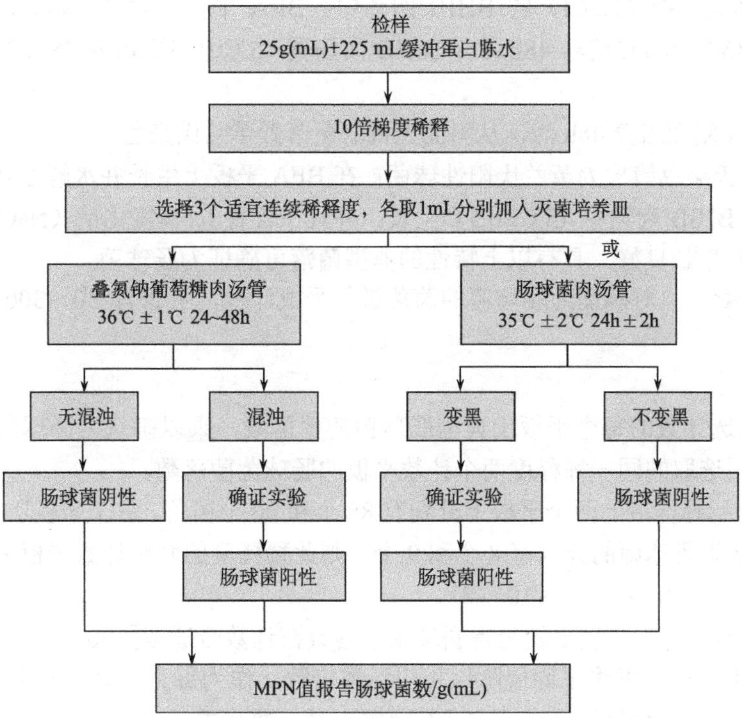

检样
25g(mL)+225 mL缓冲蛋白胨水
↓
10倍梯度稀释
↓
选择3个适宜连续稀释度，各取1mL分别加入灭菌培养皿
↓ 或 ↓
叠氮钠葡萄糖肉汤管 36℃±1℃ 24~48h | 肠球菌肉汤管 35℃±2℃ 24h±2h

叠氮钠葡萄糖肉汤管：无混浊 → 肠球菌阴性；混浊 → 确证实验 → 肠球菌阳性

肠球菌肉汤管：变黑 → 确证实验 → 肠球菌阳性；不变黑 → 肠球菌阴性

↓
MPN值报告肠球菌数/g(mL)

图 3-16　肠球菌最近似值（MPN）测定法的检验程序

六、操作步骤

1. 平板计数法

1）适用范围　　此方法适用于检验未经加工处理的生鲜食品及肠球菌菌数大于10CFU/g（mL）的水和食品。

2）培养基制备　　制备 KF 链球菌琼脂培养基或肠球菌琼脂（胆汁七叶苷叠氮钠琼脂）（本实验附录 A），倾注平板前将溶化的培养基于 46℃±1℃水浴保温。

3）接种与培养

（1）根据样品污染情况，选择 2～3 个适宜连续稀释液的样液，分别吸取 1mL 稀释液，加入培养皿中，每个稀释度做两个平板。

（2）稀释液加入培养皿后，把保持 46℃±1℃的 KF 琼脂或肠球菌琼脂 15mL 倾入培养皿内，使样液与培养基充分混合。水平放置，使琼脂凝固。从制备最初稀释液结束到倾注培养基于最后一个培养皿所用时间不应超过 20min。倒置平板进行培养，KF 平板置 36℃±1℃培养 48h±2h；肠球菌琼脂平板置 35℃±2℃培养 24h±2h。

4）菌落形态观察　　肠球菌属细菌在 KF 平板上形成暗红至粉红色菌落，边缘整齐；在肠球菌琼脂平板上形成带棕色环的棕黑色菌落。用灭菌接种针从每个 KF 平板或肠球菌琼脂平板挑取 10 个典型菌落，进一步做确证实验。

5）确证实验　　典型菌落分别接种到 BHIB 肉汤和 BHIA 斜面，BHIB 肉汤置 35℃±0.5℃培养 24h±2h，BHIA 斜面置 35℃±0.5℃培养 48h±2h。

（1）BHIB 肉汤培养 24h 后，每管肉汤培养物分别接种到相应的 BEA 平板、BHIB 肉汤及含 6.5%氯化钠（NaCl）的 BHIB 肉汤中。BEA 平板及含 6.5%氯化钠（NaCl）的 BHIB 肉汤置 35℃±0.5℃培养 48h±2h；BHIB 肉汤置 45℃±0.5℃培养 48h±2h，观察细菌生长情况。

（2）BHIA 斜面培养 48h 后，从斜面上挑取菌落做革兰氏染色。

（3）革兰氏染色镜检为革兰氏阳性球菌；在 BEA 平板上生长并水解七叶苷（形成黑色或棕色沉淀）；BHIB 肉汤中 45℃±0.5℃生长；并且在含有 6.5%氯化钠（NaCl）的 BHIB 肉汤中 35℃±0.5℃生长良好。具有以上特性的典型菌落可确证为肠球菌。

6）菌落计数　对确证为肠球菌的菌落进行平板计数，生长有 30～300 个肠球菌为计数合适范围。

7）结果计算

（1）用所选计数的每个平板上典型肠球菌的菌落数，乘以确认为肠球菌的菌落所占比例，以此求出所选取的同一稀释度两个计数平板的肠球菌菌落数。

示例：10^{-1} 稀释样液的两个平板上分别有 85 个和 90 个菌落，每个平板所挑取的 10 个典型菌落中，确认为肠球菌的分别有 8 个和 9 个，则此稀释度的两个计数平板上肠球菌菌落数分别是 85×（8/10）=68 及 90×（9/10）=81。

（2）若只有一个稀释度平板上得肠球菌菌落数在计数合适范围30～300个，则计算两个平板菌落数的平均值，再将平均值除以相应稀释倍数，作为每克（毫升）中菌落总数结果。

（3）若有两个连续稀释度在适宜计数范围内时，按公式（3-7）计算：

$$N=\frac{\sum C}{(n_1+0.1n_2)d} \tag{3-7}$$

式中：N 表示样品中肠球菌菌落数；$\sum C$ 表示两个连续稀释度平板（含适宜范围菌落数的平板）肠球菌菌落数之和；n_1 表示适宜范围菌落数的第一稀释度（低）平板个数；n_2 表示适宜范围菌落数的第二稀释度（高）平板个数；d 表示第一稀释度的稀释倍数。

示例：

稀释度	1∶10（第一稀释度）	1∶100（第二稀释度）
菌落数	245, 247	31,30

$$N=\frac{\sum C}{(n_1+0.1n_2)d}=\frac{(245+247+31+30)}{(2+0.1\times 2)\times 10^{-1}}=2514$$

上述数据经修约后，结果表述为 2.5×10^3 CFU/g（mL）。

（4）若所有稀释度（包括液体样品原液）平板均无特征性菌落生长，则以小于 $1/d$（d 表示最低稀释倍数）计算。

（5）低数值的估算：如果实验样品原液（水及液体饮料）或初始稀释悬液（其他食品）的两个琼脂平板上的菌落数均小于 30 个，计算两个琼脂平板上菌落数的算术平均数。计算方法见公式（3-8）

$$\mathrm{NE}=\frac{\sum C}{nd} \tag{3-8}$$

式中：NE 表示每毫升或每克样品中肠球菌数的估算值；$\sum C$ 表示两个琼脂平板上肠球菌菌落数的和；n 表示琼脂平板的数量；d 表示样品初始悬液或实际接种悬液的稀释倍数。

（6）大数值的估算：若所有稀释度的平板上菌落数均大于 300，计数最接近 300 个菌落数的琼脂平板上的菌落并计算出算术平均数。其他平板可记录为多不可计。

结果计算见公式（3-9）：

$$\mathrm{NF}=\frac{\sum C}{nd} \tag{3-9}$$

式中：NF 表示每毫升或每克样品中肠球菌数的估算值；$\sum C$ 表示两个琼脂平板上肠球菌菌落数的和；n 表示琼脂平板的数量；d 表示与样品悬液相一致的稀释倍数。

8）结果表述方式

（1）菌落数在 100 以内时，按有效数字修约规则修约，采用两位有效数字报告。

（2）菌落数大于或等于 100 时，前第 3 位数字采用有效数字修约规则修约，采用两位有效数字。

9）结果报告　固体样品以 CFU/g 为单位报告，液体样品以 CFU/mL 为单位报告。

2. 最近似值（MPN）测定法

1）适用范围　此方法适用于污染程度低的样品，检验含有受损伤的肠球菌的加工食品及肠球菌菌数小于等于 10CFU/g（mL）的水和食品。

2）接种　根据样品污染情况，选择 3 个适宜连续稀释度的样液，分别吸取 1mL 稀释液，接种于叠氮化钠葡萄糖肉汤或肠球菌肉汤，每个稀释度加 3 管。接种量为 1mL 时，使用 10mL 单料管；对于低污染样品，将 10mL 最低稀释度的样品液加到等体积的双料培养基中。

3）培养　接种后的肠球菌肉汤置 35℃±2℃培养 24h±2h，肉汤颜色变为黑色的试管，表明有肠球菌生长。一般有肠球菌生长时肉汤颜色在 2h 内即可变为黑色。

接种后的叠氮化钠葡萄糖肉汤置 36℃±1℃培养 24h±2h，检查各试管混浊情况。若无混浊，继续培养至 48h±2h 后记录结果。

4）确证实验

（1）对所有呈现混浊的叠氮化钠葡萄糖肉汤管或颜色变为黑色的肠球菌肉汤管进行确证实验。

用接种环将各管的培养物划线接种于 KF 平板或肠球菌琼脂平板。KF 平板置 36℃±1℃培养 48h±2h；肠球菌琼脂平板置 35℃±2℃培养 24h±2h。

（2）肠球菌属细菌在 KF 平板上形成暗红色至粉红色菌落，边缘整齐；在肠球菌琼脂平板上形成带棕色环的棕黑色菌落。用灭菌接种针从 KF 平板或肠球菌琼脂平板挑取 10 个可疑菌落，按上述进行确证实验。

5）最近似值 MPN

（1）如一管培养物中所挑取的典型菌落中，有一个菌落确认为肠球菌，则该管应视为阳性。

（2）根据接种的样品量和确证为肠球菌的阳性反应管数，查 MPN 值表（见本实验附录 B），得出样品中肠球菌最近似值。

6）结果报告　肠球菌 MPN/g（mL）。

附录A　培养基

A.1　叠氮化钠葡萄糖肉汤

成分　牛肉浸膏4.5g，胰蛋白胨15.0g，葡萄糖7.5g，氯化钠7.5g，叠氮化钠0.2g，蒸馏水1000.0mL。

制法　将上述各成分混匀，不断搅拌加热溶解。每管分装10mL，121℃高压灭菌15min，调节pH至7.2。若制备双料浓度的叠氮化钠葡萄糖肉汤，可将上述配方蒸馏水改为500mL。

A.2　肠球菌肉汤

成分　胰蛋白胨17.0g，牛肉浸膏3.0g，酵母浸膏5.0g，牛胆粉10.0g，氯化钠5.0g，柠檬酸钠1.0g，七叶苷1.0g，柠檬酸铁铵0.5g，叠氮化钠0.25g，蒸馏水1000.0mL。

制法　将上述各成分加热煮沸溶解冷却后，调pH至7.1±0.2，分装，121℃高压灭菌15min，备用。

A.3　KF链球菌琼脂

成分　蛋白胨10.0g，酵母浸膏10.0g，氯化钠5.0g，甘油磷酸钠10.0g，麦芽糖20.0g，乳糖1.0g，叠氮化钠0.4g，琼脂20.0g，蒸馏水1000.0mL。

制法　将各成分加热溶解，用10%的碳酸钠调整pH至7.2，121℃高压灭菌15min，冷却至50～60℃时加入无菌1%氯化三苯四氮唑水溶液10mL。

A.4　肠球菌琼脂（胆汁七叶苷叠氮钠琼脂）

成分　胰蛋白胨17.0g，牛肉浸膏3.0g，酵母浸膏5.0g，牛胆粉10.0g，氯化钠5.0g，柠檬酸钠1.0g，七叶苷1.0g，柠檬酸铁铵0.5g，叠氮化钠0.25g，琼脂13.5g，蒸馏水1000.0mL。

制法　121℃高压灭菌15min，灭菌后调节pH至7.1，于45～50℃保温培养基，从保温开始至倾注平板的时间不要超过4h。

A.5　胆汁七叶苷琼脂

成分　蛋白胨8.0g，胆盐20.0g，柠檬酸铁0.5g，七叶苷1.0g，琼脂15.0g，蒸馏水1000.0mL。

制法　将各成分加热溶解，121℃高压灭菌15min，调节pH至7.1±0.2，冷至45～50℃倾注平板。

A.6　脑心浸液肉汤（BHIB）

成分　牛脑浸出粉10.0g，牛心浸出粉9.0g，胰蛋白胨10.0g，葡萄糖2.0g，氯化钠5.0g，磷酸氢二钠2.5g，蒸馏水1000.0mL。

制法　将各成分加入蒸馏水中，加热溶解，调节pH至7.4±0.2，分装，121℃高压灭菌15min。

A.7　含6.5%氯化钠（NaCl）脑心浸液肉汤

成分　除加入氯化钠（NaCl），其余成分与BHIB相同。

制法　每升BHIB中加60.0g氯化钠（NaCl），其余制法与BHIB相同。

A.8　脑心浸液琼脂

成分　除每升BHIB加15.0g琼脂，其余成分与BHIB相同。

制法　称取52g无水BHIA溶于1000mL蒸馏水中，加热溶解，每管分装10mL，121℃高压灭菌15min，制备成斜面，调节pH至7.4±0.2。

A.9　缓冲蛋白胨水

成分　蛋白胨 10.0g，氯化钠 5.0g，磷酸氢二钠 9.0g，磷酸二氢钾 1.5g，蒸馏水 1000.0mL。

制法　按上述成分配好后，调节 pH 至 7.2，每瓶分装 225mL，121℃高压灭菌 15min。

附录 B　肠球菌最近似值（MPN）检索表

每 g 样品中肠球菌最近似值（MPN）检索表

阳性管数/g（mL）			MPN	阳性管数/g（mL）			MPN
0.1	0.01	0.001		0.1	0.01	0.001	
0	0	0	<3	2	0	0	9.1
0	0	1	3	2	0	1	14
0	0	2	6	2	0	2	20
0	0	3	9	2	0	3	26
0	1	0	3	2	1	0	15
0	1	1	6.1	2	1	1	20
0	1	2	9.2	2	1	2	27
0	1	3	12	2	1	3	34
0	2	0	6.2	2	2	0	21
0	2	1	9.3	2	2	1	28
0	2	2	12	2	2	2	35
0	2	3	16	2	2	3	42
0	3	0	9.4	2	3	0	29
0	3	1	13	2	3	1	36
0	3	2	16	2	3	2	44
0	3	3	19	2	3	3	53
1	0	0	3.6	3	0	0	23
1	0	1	7.2	3	0	1	39
1	0	2	11	3	0	2	64
1	0	3	15	3	0	3	95
1	1	0	7.3	3	1	0	43
1	1	1	11	3	1	1	75
1	1	2	15	3	1	2	120
1	1	3	19	3	1	3	160
1	2	0	11	3	2	0	93
1	2	1	15	3	2	1	150
1	2	2	20	3	2	2	210
1	2	3	24	3	2	3	290
1	3	0	16	3	3	0	240
1	3	1	20	3	3	1	460
1	3	2	24	3	3	2	1100
1	3	3	29	3	3	3	>1100

注：表内所有样品量如改为 1g（mL）、0.1g（mL）、0.01g（mL）时，表内数字应相应为原先的 1/10；如改为 0.01g（mL）、0.001g（mL）、0.0001g（mL）时，则表内数字相应增加 10 倍，其余类推。

实验二十二　食品中单核细胞增生李斯特菌检验

一、目的要求

了解单核细胞增生李斯特菌的生物学特性；

掌握单核细胞增生李斯特菌的检验方法。

二、基本原理

单核细胞增生李斯特菌（*Listeria monocytogenes*）是一种人畜共患病的病原菌。它能引起人畜的李斯特菌病，感染后主要表现为败血症、脑膜炎和单核细胞增多。该菌广泛存在于自然界中，在土壤、地表水、污水、废水、植物、青贮饲料、烂菜中均有该菌存在，所以动物很容易食入该菌，并通过口腔-粪便的途径进行传播。据报道，健康人粪便中单核细胞增生李斯特菌的携带率为0.6%～16%，有70%的人短期带菌，4%～8%的水产品、5%～10%的奶及其产品、30%以上的肉制品及15%以上的家禽均被该菌污染。人主要通过食入软奶酪、未充分加热的鸡肉、未再次加热的热狗、鲜牛奶、巴氏消毒奶、冰激凌、生牛排、羊排、卷心菜色拉、芹菜、番茄、法式馅饼、冻猪舌等而感染。食品中存在的单核细胞增生李斯特氏菌对人类的安全具有危险，该菌在4℃的环境中仍可生长繁殖，是冷藏食品威胁人类健康的主要病原菌之一，因此在食品微生物检验中必须加以重视。

该菌为革兰氏阳性短杆菌，大小为（0.4～0.5）μm×（0.5～2.0）μm，直或稍弯，两端钝圆，常呈V字形排列，偶有球状、双球状，兼性厌氧、无芽孢，一般不形成荚膜，但在营养丰富的环境中可形成荚膜，在陈旧培养中的菌体可呈丝状及革兰氏阴性，该菌有4根周毛和1根端毛，但周毛易脱落。

该菌营养要求不高，在20～25℃培养有动力，穿刺培养2～5d可见倒立伞状生长，肉汤培养物在显微镜下可见翻跟斗运动。该菌的生长范围为2～42℃（也有报道在0℃能缓慢生长），最适培养温度为35～37℃，在pH中性至弱碱性（pH9.6）、氧分压略低、二氧化碳张力略高的条件下该菌生长良好，在pH3.8～4.4能缓慢生长，在6.5% NaCl肉汤中生长良好。在固体培养基上，菌落初始很小，透明，边缘整齐，呈露滴状，但随着菌落的增大，变得不透明。在5%～7%的血平板上，菌落通常也不大，灰白色，刺种血平板培养后可产生窄小的β-溶血环。在0.6%酵母浸膏胰酪胨大豆琼脂（TSA-YE）和改良Mc Bride（MMA）琼脂上，用45°入射光照射菌落，通过解剖镜垂直观察，菌落呈蓝色、灰色或蓝灰色。在科玛嘉李斯特菌培养基上培养1d就可见蓝色菌落。

本实验采用食品安全国家标准方法（食品微生物学检验—单核细胞增生李斯特氏菌检验GB 4789.30—2010）。

三、实验材料

1. 设备和材料

除微生物实验室常规无菌及培养设备外，其他设备和材料如下。

冰箱：2～5℃；恒温培养箱：30℃±1℃、36℃±1℃；均质器；显微镜：10×～100×；电子天平：感量0.1g；锥形瓶：100mL、500mL；无菌吸管：1mL（具0.01mL刻度）、10mL

（具 0.1mL 刻度）；无菌平皿：直径 90mm；无菌试管：16mm×160mm；离心管：30mm×100mm；无菌注射器：1mL；金黄色葡萄球菌（ATCC25923）；马红球菌（*Rhodococcus equi*）；小白鼠：16～18g；全自动微生物生化鉴定系统。

2. 培养基和试剂（见本实验附录 A）

含 0.6 %酵母浸膏的胰酪胨大豆肉汤（TSB-YE）；含 0.6 %酵母浸膏的胰酪胨大豆琼脂（TSA-YE）；李氏增菌肉汤 LB（LB_1，LB_2）；1%盐酸吖啶黄（acriflavine HCl）溶液；1%萘啶酮酸（nalidixic acid）钠盐溶液；PALCAM 琼脂；革兰氏染色液；SIM 动力培养基；缓冲葡萄糖蛋白胨水[甲基红（MR）和 V-P 实验用]；5%～8%羊血琼脂；糖发酵管；过氧化氢酶试剂；李斯特菌显色培养基；生化鉴定试剂盒。

四、检验程序

单核细胞增生李斯特菌的检验程序如图 3-17 所示。

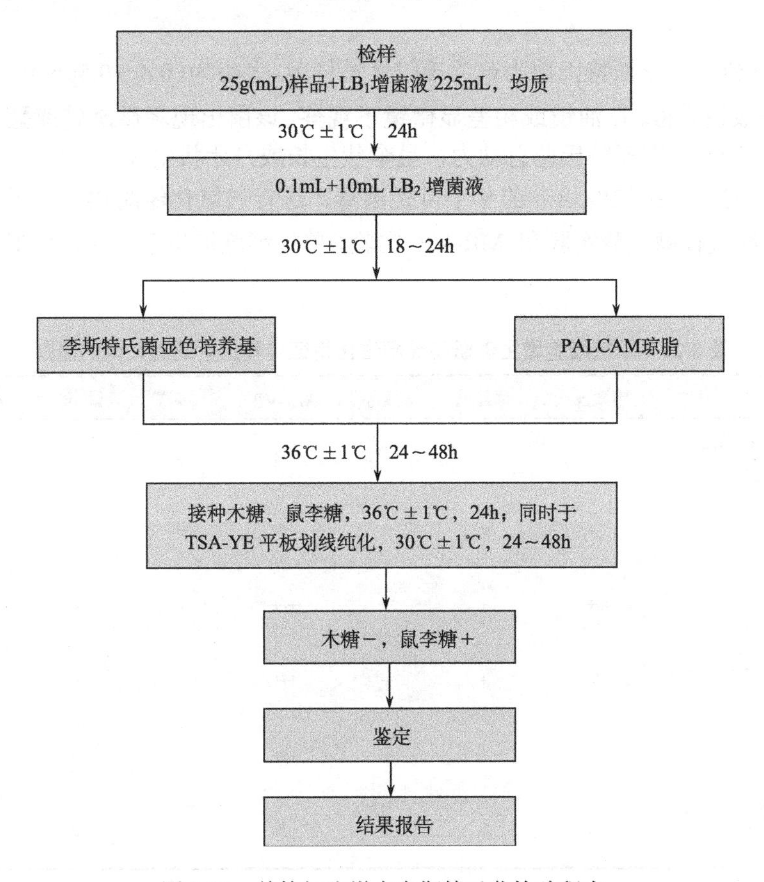

图 3-17　单核细胞增生李斯特氏菌检验程序

五、操作步骤

1. 增菌

以无菌操作取样品 25g（mL）加入到含有 225mL LB_1 增菌液的均质袋中，在拍击式均质器上连续均质 1～2min；或放入盛有 225mL LB_1 增菌液的均质杯中，8000～10 000r/min 均质 1～2min。于 30℃±1℃培养 24h，移取 0.1mL，转种于 10mL LB_2 增菌液内，于 30℃±1℃培养 18～24h。

2. 分离

LB_2 二次增菌液划线接种于 PALCAM 琼脂平板和李斯特氏菌显色培养基上，于 36℃±1℃培养 24～48h，观察各个平板上生长的菌落。典型菌落在 PALCAM 琼脂平板上为小的圆形灰绿色菌落，周围有棕黑色水解圈，有些菌落有黑色凹陷；典型菌落在李斯特氏菌显色培养基上的特征按照产品说明进行判定。

3. 初筛

自选择性琼脂平板上分别挑取 5 个以上典型或可疑菌落，分别接种在木糖、鼠李糖发酵管，于 36℃±1℃培养 24h；同时在 TSA-YE 平板上划线纯化，于 30℃±1℃培养 24～48h。选择木糖阴性、鼠李糖阳性的纯培养物继续进行鉴定。

4. 鉴定

1）染色镜检　李斯特氏菌为革兰氏阳性短杆菌，大小为(0.4～0.5μm)×(0.5～2.0μm)；用生理盐水制成菌悬液，在油镜或相差显微镜下观察，该菌出现轻微旋转或翻滚样的运动。

2）动力实验　李斯特氏菌有动力，呈伞状生长或月牙状生长。

3）生化鉴定　挑取纯培养的单个可疑菌落，进行过氧化氢酶实验，过氧化氢酶阳性反应的菌落继续进行糖发酵实验和 MR-VP 实验。单核细胞增生李斯特氏菌的主要生化特征见表 3-20。

表 3-20　单核细胞增生李斯特氏菌生化特征与其他李斯特氏菌的区别

菌种	溶血反应	葡萄糖	麦芽糖	MR-VP	甘露醇	鼠李糖	木糖	七叶苷
单核细胞增生李斯特氏菌（*L. monocytogenes*）	+	+	+	+/+	–	+	–	+
格氏李斯特氏菌（*L. grayi*）	–	+	+	+/+	+	–	–	+
斯氏李斯特氏菌（*L. seeligeri*）	+	+	+	+/+	–	–	+	+
威氏李斯特氏菌（*L. welshimeri*）	–	+	+	+/+	–	V	+	+
伊氏李斯特氏菌（*L. ivanovii*）	+	+	+	+/+	–	–	+	+
英诺克李斯特氏菌（*L. innocua*）	–	+	+	+/+	–	V	–	+

注：＋表示阳性；－表示阴性；V 表示反应不定。

4）溶血实验　将羊血琼脂平板底面划分为 20～25 个小格，挑取纯培养的单个可疑菌落刺种到血平板上，每格刺种一个菌落，并刺种阳性对照菌（单增李斯特氏菌和伊氏李斯特氏菌）和阴性对照菌（英诺克李斯特氏菌），穿刺时尽量接近底部，但不要触到底面，同时避免琼脂破裂，36℃±1℃培养 24～48h，于明亮处观察，单增李斯特氏菌和斯氏李斯特氏菌在刺种点周围产生狭小的透明溶血环，英诺克李斯特氏菌无溶血环，伊氏李斯特氏菌产生大的透明溶血环。

5）协同溶血实验（cAMP）　在羊血琼脂平板上平行划线接种金黄色葡萄球菌和马红球菌，挑取纯培养的单个可疑菌落垂直划线接种于平行线之间，垂直线两端不要触及平行线，于30℃±1℃培养24～48h。单核细胞增生李斯特氏菌在靠近金黄色葡萄球菌的接种端溶血增强，斯氏李斯特氏菌的溶血也增强，而伊氏李斯特氏菌在靠近马红球菌的接种端溶血增强。

可选择生化鉴定试剂盒或全自动微生物生化鉴定系统等对“3.初筛”中 3～5 个纯培养的可疑菌落进行鉴定。

5. 小鼠毒力实验（可选择）

将符合上述特性的纯培养物接种于 TSB-YE 中，于 30℃±1℃培养 24h，4000r/min 离心 5min，弃上清液，用无菌生理盐水制备成浓度为 10^{10} CFU/mL 的菌悬液，取此菌悬液进行小鼠腹腔注射 3～5 只，每只 0.5mL，观察小鼠死亡情况。致病株于 2～5d 内致小鼠死亡。实验时可用已知菌作对照。单核细胞增生李斯特氏菌、伊氏李斯特氏菌对小鼠有致病性。

六、结果与报告

综合以上生化实验和溶血实验结果，报告 25g（mL）样品中检出或未检出单核细胞增生李斯特氏菌。

附录 A　培养基和试剂

A.1　含 0.6%酵母浸膏的胰酪胨大豆肉汤（TSB-YE）

成分　胰胨 17.0g，多价胨 3.0g，酵母膏 6.0g，氯化钠 5.0g，磷酸氢二钾 2.5g，葡萄糖 2.5g，蒸馏水 1000mL，pH 7.2～7.4。

制法　将上述各成分加热搅拌溶解，调节 pH，分装，121℃高压灭菌 15 min，备用。

A.2　含 0.6%酵母膏的胰酪胨大豆琼脂（TSA-YE）

成分　胰胨 17.0g，多价胨 3.0g，酵母膏 6.0g，氯化钠 5.0g，磷酸氢二钾 2.5g，葡萄糖 2.5g，琼脂 15.0g，蒸馏水 1000mL，pH 7.2～7.4。

制法　将上述各成分加热搅拌溶解，调节 pH，分装，121℃高压灭菌 15min，备用。

A.3　李氏增菌肉汤（LB_1，LB_2）

成分　胰胨 5.0g，多价胨 5.0g，酵母膏 5.0g，氯化钠 20.0g，磷酸二氢钾 1.4g，磷酸氢二钠 12.0g，七叶苷 1.0g，蒸馏水 1000mL，pH 7.2～7.4。

制法　将上述成分加热溶解，调节 pH，分装，121℃高压灭菌 15min，备用。

（1）李氏Ⅰ液（LB_1）225mL 中加入：1%萘啶酮酸（用 0.05mol/L 氢氧化钠溶液配制）0.5mL，1%吖啶黄（用无菌蒸馏水配制）0.3mL。

（2）李氏Ⅱ液（LB_2）200mL 中加入：1%萘啶酮酸 0.4mL，1%吖啶黄 0.5mL。

A.4　PALCAM

成分　酵母膏 8.0g，葡萄糖 0.5g，七叶甙 0.8g，柠檬酸铁铵 0.5g，甘露醇 10.0g，酚红

0.1g，氯化锂 15.0g，酪蛋白胰酶消化物 10.0g，心胰酶消化物 3.0g，玉米淀粉 1.0g，肉胃酶消化物 5.0g，氯化钠 5.0g，琼脂 15.0g，蒸馏水 1000mL，pH 7.2～7.4。

制法 将上述各成分加热溶解，调节 pH，分装，121℃高压灭菌 15min，备用。

（1）PALCAM 选择性添加剂：多黏菌素 B 5.0mg，盐酸吖啶黄 2.5mg，头孢他啶 10.0mg，无菌蒸馏水 500mL。

（2）制法：将 PALCAM 基础培养基溶化后冷却至 50℃，加入 2mL PALCAM 选择性添加剂，混匀后倾倒在无菌的平皿中，备用。

A.5 革兰氏染色液

同实验十二附录 A 中 A.9（第 81 页）。

A.6 SIM 动力培养基

成分 胰胨 20.0g，多价胨 6.0g，硫酸铁铵 0.2g，硫代硫酸钠 0.2g，琼脂 3.5g，蒸馏水 1000mL，pH 7.2。

制法 将上述各成分加热混匀，调节 pH，分装小试管，121℃高压灭菌 15min，备用。

实验方法 挑取纯培养的单个可疑菌落穿刺接种到 SIM 培养基中，于 30℃培养 24～48h，观察结果。

A.7 缓冲葡萄糖蛋白胨水（MR 和 V-P 实验用）

成分 多胨 7.0g，葡萄糖 5.0g，磷酸氢二钾 5.0g，蒸馏水 1000mL，pH 7.0。

制法 溶化后调节 pH，分装试管，每管 1mL，121℃高压灭菌 15min，备用。

A.7.1 甲基红（MR）实验

A.7.1.1 甲基红试剂

成分 甲基红 10mg，95％乙醇 30mL，蒸馏水 20mL。

制法 10mg 甲基红溶于 30mL 95%乙醇中，然后加入 20mL 蒸馏水。

实验方法 取适量琼脂培养物接种于本培养基，36℃±1℃培养 2～5d。滴加甲基红试剂一滴，立即观察结果。鲜红色为阳性，黄色为阴性。

A.7.2 V-P 实验

A.7.2.1 6% α-萘酚-乙醇溶液

成分及制法 取 α-萘酚 6.0g，加无水乙醇溶解，定容至 100mL。

A.7.2.2 40%氢氧化钾溶液

成分及制法 取氢氧化钾 40g，加蒸馏水溶解，定容至 100mL。

A.7.2.3 实验方法

取适量琼脂培养物接种于本培养基，36℃±1℃培养 2～4d。加入 6% α-萘酚-乙醇溶液 0.5mL 和 40%氢氧化钾溶液 0.2mL，充分振摇试管，观察结果。阳性反应立刻或于数分钟内出现红色，如为阴性，应放在 36℃±1℃继续培养 4h 再进行观察。

A.8 血琼脂

成分 蛋白胨 1.0g，牛肉膏 0.3g，氯化钠 0.5g，琼脂 1.5g，蒸馏水 100mL，脱纤维羊血 5～10mL。

制法 除新鲜脱纤维羊血外，加热溶化上述各组分，121℃高压灭菌 15min，冷到 50℃，以无菌操作加入新鲜脱纤维羊血，摇匀，倾注平板。

A.9　糖发酵管

同实验十附录 A 中 A.13（第 62 页）。

A.10　过氧化氢酶实验

试剂　3%过氧化氢溶液：临用时配制。

实验方法　用细玻璃棒或一次性接种针挑取单个菌落，置于洁净试管内，滴加 3%过氧化氢溶液 2mL，观察结果。

结果　于半分钟内发生气泡者为阳性，不发生气泡者为阴性。

实验二十三　食品中阪崎肠杆菌检验

一、目的要求

了解阪崎肠杆菌检验的原理；
掌握食品中阪崎肠杆菌检验的方法。

二、基本原理

阪崎肠杆菌为食源性致病菌，革兰氏染色阴性，属于肠杆菌科，肠杆菌属的一个种或生物型。1980 年以前曾命名为产黄色色素阴沟杆菌。该菌主要在新生儿，尤其是早产儿和免疫力弱的婴儿中引起脓毒症、脑膜炎、小肠坏死症和败血症，在某些情况下，死亡率达 80%。目前，阪崎肠杆菌的传播途径还不十分清楚，但婴幼儿配方食品、乳和乳制品及其原料在传播过程中的危害被日益关注。

本实验采用食品安全国家标准方法（食品微生物学检验—阪崎肠杆菌检验 GB 4789.40—2010）。

三、实验材料

1. 设备和材料

除微生物实验室常规灭菌及培养设备外，其他设备和材料如下。

恒温培养箱：25℃±1℃，36℃±1℃，44℃±0.5℃；冰箱：2～5℃；恒温水浴箱：44℃±0.5℃；天平：感量 0.1g；均质器；振荡器；无菌吸管：1mL（具 0.01mL 刻度）、10mL（具 0.1mL 刻度）或微量移液器及吸头；无菌锥形瓶：容量 100mL、200mL、2000mL；无菌培养皿：直径 90mm；pH 计或 pH 比色管或精密 pH 试纸；全自动微生物生化鉴定系统。

2. 培养基和试剂（见本实验附录 A）

缓冲蛋白胨水；改良月桂基硫酸盐胰蛋白胨肉汤-万古霉素；阪崎肠杆菌显色培养基；胰蛋白胨大豆琼脂；生化鉴定试剂盒；氧化酶试剂；L-赖氨酸脱羧酶培养基；L-鸟氨酸脱羧酶培养基；L-精氨酸双水解酶培养基；糖类发酵培养基；西蒙氏柠檬酸盐培养基。

第一法　阪崎肠杆菌的检验

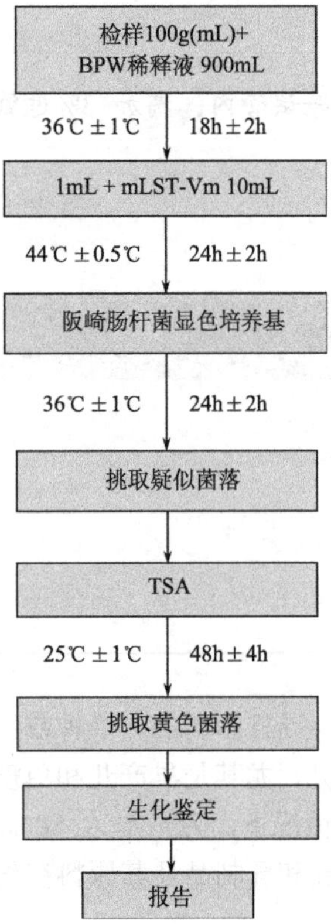

一、检验程序

阪崎肠杆菌检验程序如图 3-18 所示。

检样100g(mL)+ BPW稀释液 900mL
↓ 36℃ ± 1℃　18h ± 2h
1mL + mLST-Vm 10mL
↓ 44℃ ± 0.5℃　24h ± 2h
阪崎肠杆菌显色培养基
↓ 36℃ ± 1℃　24h ± 2h
挑取疑似菌落
↓
TSA
↓ 25℃ ± 1℃　48h ± 4h
挑取黄色菌落
↓
生化鉴定
↓
报告

图 3-18　阪崎肠杆菌检验程序

二、操作步骤

1. 前增菌和增菌

取检样100g（mL）加入已预热至44℃装有900mL 缓冲蛋白胨水的锥形瓶中，用手缓缓地摇动至充分溶解，36℃±1℃培养18h±2h。移取1mL 转种于10mL mLST-Vm 肉汤，44℃±0.5℃培养24h±2h。

2. 分离

轻轻混匀 mLST-Vm 肉汤培养物，各取增菌培养物1环，分别划线接种于两个阪崎肠杆菌显色培养基平板，36℃±1℃培养24h±2h。

挑取 1～5 个可疑菌落，划线接种于 TSA 平板。25℃±1℃培养 48h±4h。

3. 鉴定

TSA 平板上直接挑取黄色可疑菌落，进行生化鉴定。阪崎肠杆菌的主要生化特征见表 3-21。可选择生化鉴定试剂盒或全自动微生物生化鉴定系统。

表 3-21　阪崎肠杆菌的主要生化特征

生化实验	特征
黄色素产生	+
氧化酶	−
L-赖氨酸脱羧酶	−
L-鸟氨酸脱羧酶	(+)
L-精氨酸双水解酶	+
柠檬酸水解	(+)
发酵 D-山梨醇	(−)
L-鼠李糖	+
D-蔗糖	+
D-蜜二糖	+
苦杏仁甙	+

注：＋表示＞99%阳性；－表示＞99%阴性；(+) 表示 90%～99%阳性；(−) 表示 90%～99%阴性。

三、结果与报告

综合菌落形态和生化特征，报告每 100g（mL）样品中检出或未检出阪崎肠杆菌。

第二法　阪崎肠杆菌的计数

一、操作步骤

1. 样品的稀释

固体和半固体样品：无菌称取样品100g、10g、1g各三份，加入已预热至44℃分别盛有900mL、90mL、9mL BPW中，轻轻振摇使充分溶解，制成1∶10样品匀液，置36℃±1℃培养18h±2h。分别移取1mL转种于10mL mLST-Vm 肉汤，44℃±0.5℃培养 24h±2h。

液体样品：以无菌吸管分别取样品100mL、10mL、1mL各三份，加入已预热至44℃分别盛有900mL、90mL、9mL BPW中，轻轻振摇使充分混匀，制成1∶10样品匀液，置 36℃±1℃培养18h±2h。分别移取1mL转种于10mL mLST-Vm 肉汤，44℃±0.5℃培养 24h±2h。

2. 分离、鉴定

同“第一法　阪崎肠杆菌的检验”。

二、结果与报告

综合菌落形态、生化特征，根据证实为阪崎肠杆菌的阳性管数，查 MPN 检索表，报告每 100g（mL）样品中阪崎肠杆菌的 MPN 值（见本实验附录 B）。

附录 A　培养基和试剂

A.1　缓冲蛋白胨水（BPW）

成分　蛋白胨 10.0g，氯化钠 5.0g，磷酸氢二钠（$Na_2HPO_4 \cdot 12H_2O$）9.0g，磷酸二氢钾 1.5g，蒸馏水 1000mL，pH 7.2。

制法　加热搅拌至溶解，调节 pH，121℃高压灭菌 15min。

A.2　改良月桂基硫酸盐胰蛋白胨肉汤-万古霉素（modified lauryl sulfate tryptose broth-vancomycin medium，mLST-Vm）

A.2.1　改良月桂基硫酸盐胰蛋白胨（mLST）肉汤

成分　氯化钠 34.0g，胰蛋白胨 20.0g，乳糖 5.0g，磷酸二氢钾 2.75g，磷酸氢二钾 2.75g，十二烷基硫酸钠 0.1g，蒸馏水 1000mL，pH 6.8±0.2。

制法　加热搅拌至溶解，调节 pH。分装每管 10mL，121℃高压灭菌 15min。

A.2.2　万古霉素溶液

成分　万古霉素 10.0mg，蒸馏水 10.0mL。

制法　10.0mg 万古霉素溶解于 10.0mL 蒸馏水，过滤除菌。万古霉素溶液可以在 0～5℃保存 15d。

A.2.3　改良月桂基硫酸盐胰蛋白胨肉汤-万古霉素制法

每 10mL mLST 加入万古霉素溶液 0.1mL，混合液中万古霉素的终浓度为 10μg/mL。

注：mLST-Vm 必须在 24h 之内使用。

A.3　胰蛋白胨大豆琼脂（TSA）

成分　胰蛋白胨 15.0g，植物蛋白胨 5.0g，氯化钠 5.0g，琼脂 15.0g，蒸馏水 1000mL，pH7.3±0.2。

制法　加热搅拌至溶解，煮沸 1min，调节 pH，121℃高压灭菌 15min。

A.4　氧化酶试剂

成分　*N,N,N',N'*-四甲基对苯二胺盐酸盐 1.0g，蒸馏水 100mL。

制法　少量新鲜配制，于冰箱内避光保存，在 7d 之内使用。

实验方法　用玻璃棒或一次性接种针挑取单个特征性菌落，涂布在氧化酶试剂湿润的滤纸平板上。如果滤纸在 10s 之内未变为紫红色、紫色或深蓝色，则为氧化酶实验阴性，否则即为氧化酶实验阳性。

注：实验中切勿使用镍/铬材料。

A.5　L-赖氨酸脱羧酶培养基

成分　L-赖氨酸盐酸盐（L-lysine monohydrochloride）5.0g，酵母浸膏 3.0g，葡萄糖 1.0g，溴甲酚紫 0.015g，蒸馏水 1000mL，pH 6.8±0.2。

制法　将各成分加热溶解，必要时调节 pH。每管分装 5mL，121℃高压灭菌 15min。

实验方法　挑取培养物接种于 L-赖氨酸脱羧酶培养基，刚好在液体培养基的液面下。30℃±1℃培养 24h±2h，观察结果。L-赖氨酸脱羧酶实验阳性者，培养基呈紫色，阴性者为黄色。

A.6　L -鸟氨酸脱羧酶培养基

成分　L-鸟氨酸盐酸盐（L-ornithine monohydrochloride）5.0g，酵母浸膏 3.0g，葡萄糖 1.0g，溴甲酚紫 0.015g，蒸馏水 1000，pH 6.8±0.2。

制法　将各成分加热溶解，必要时调节 pH。每管分装 5mL。121℃高压灭菌 15min。

实验方法　挑取培养物接种于 L-鸟氨酸脱羧酶培养基，刚好在液体培养基的液面下。30℃±1℃培养 24h±2h，观察结果。L-鸟氨酸脱羧酶实验阳性者，培养基呈紫色，阴性者为黄色。

A.7　L-精氨酸双水解酶培养基

成分　L-精氨酸盐酸盐（L-arginine monohydrochloride）5.0g，酵母浸膏 3.0g，葡萄糖 1.0g，溴甲酚紫 0.015g，蒸馏水 1000mL，pH 6.8±0.2。

制法　将各成分加热溶解，必要时调节 pH。每管分装 5mL。121℃高压灭菌 15min。

实验方法　挑取培养物接种于 L-精氨酸脱羧酶培养基，刚好在液体培养基的液面下。30℃±1℃培养 24h±2h，观察结果。L-精氨酸脱羧酶实验阳性者，培养基呈紫色，阴性者为黄色。

A.8　糖类发酵培养基

A.8.1　基础培养基

成分　酪蛋白（酶消化）10.0g，氯化钠 5.0g，酚红 0.02g，蒸馏水 1000mL，pH 6.8±0.2。

制法　将各成分加热溶解，必要时调节 pH。每管分装 5mL。121℃高压灭菌 15min。

A.8.2　糖类溶液（D-山梨醇、L-鼠李糖、D-蔗糖、D-蜜二糖、苦杏仁甙）

成分　糖 8.0g，蒸馏水 100mL。

制法　分别称取D-山梨醇、L-鼠李糖、D-蔗糖、D-蜜二糖、苦杏仁甙等糖类成分各8g，溶于100mL蒸馏水中，过滤除菌，制成80mg/mL的糖类溶液。

A.8.3　完全培养基

成分　基础培养基875mL，糖类溶液125mL。

制法　无菌操作，将每种糖类溶液加入基础培养基，混匀；分装到无菌试管中，每管10mL。

A.8.4　实验方法

挑取培养物接种于各种糖类发酵培养基，刚好在液体培养基的液面下。30℃±1℃培养24h±2h，观察结果。糖类发酵实验阳性者，培养基呈黄色，阴性者为红色。

A.9　西蒙氏柠檬酸盐培养基

成分　柠檬酸钠2.0g，氯化钠5.0g，磷酸氢二钾1.0g，磷酸二氢铵1.0g，硫酸镁0.2g，溴百里香酚蓝0.08g，琼脂8.0～18.0g，蒸馏水1000mL，pH 6.8±0.2。

制法　将各成分加热溶解，必要时调节pH。每管分装10mL，121℃高压灭菌15min，制成斜面。

实验方法　挑取培养物接种于整个培养基斜面，36℃±1℃培养24h±2h，观察结果。阳性者培养基变为蓝色。

附录B　阪崎肠杆菌最可能数（MPN）检索表

100g（mL）检样中阪崎肠杆菌最可能数（MPN）检索表

阳性管数			MPN	95%可信限		阳性管数			MPN	95%可信限	
100	10	1		下限	上限	100	10	1		下限	上限
0	0	0	<0.3	—	0.95	2	0	2	2	0.45	4.2
0	0	1	0.3	0.015	0.96	2	1	0	1.5	0.37	4.2
0	1	0	0.3	0.015	1.1	2	1	1	2	0.45	4.2
0	1	1	0.61	0.12	1.8	2	1	2	2.7	0.87	9.4
0	2	0	0.62	0.12	1.8	2	2	0	2.1	0.45	4.2
0	3	0	0.94	0.36	3.8	2	2	1	2.8	0.87	9.4
1	0	0	0.36	0.017	1.8	2	2	2	3.5	0.87	9.4
1	0	1	0.72	0.13	1.8	2	3	0	2.9	0.87	9.4
1	0	2	1.1	0.36	3.8	2	3	1	3.6	0.87	9.4
1	1	0	0.74	0.13	2	3	0	0	2.3	0.46	9.4
1	1	1	1.1	0.36	3.8	3	0	1	3.8	0.87	11
1	2	0	1.1	0.36	4.2	3	0	2	6.4	1.7	18
1	2	1	1.5	0.45	4.2	3	1	0	4.3	0.9	18
1	3	0	1.6	0.45	4.2	3	1	1	7.5	1.7	20
2	0	0	0.92	0.14	3.8	3	1	2	12	3.7	42
2	0	1	1.4	0.36	4.2	3	1	3	16	4	42

续表

阳性管数			MPN	95%可信限		阳性管数			MPN	95%可信限	
100	10	1		下限	上限	100	10	1		下限	上限
3	2	0	9.3	1.8	42	3	3	0	24	4.2	100
3	2	1	15	3.7	42	3	3	1	46	9	200
3	2	2	21	4	43	3	3	2	110	18	410
3	2	3	29	9	100	3	3	3	>110	42	—

注：本表采用 3 个检样量[100g(mL)、10g(mL)和 1g(mL)]，每个检样量接种 3 管；表内所列检样量如改用 1000g(mL)、10g（mL）和 1g（mL）时，表内数字应相应降低为原先的 1/10；如改用 10g（mL）、1g（mL）和 0.1g（mL）时，则表内数字应相应增高 10 倍，其余类推。

实验二十四　食品中大肠埃希氏菌 O157: H7/NM 检验

一、目的要求

了解出血性大肠埃希氏菌对人类的危害；

掌握食品中大肠埃希氏菌 O157：H7 常规培养方法的检验原理及方法。

二、基本原理

E.coli O157：H7 是肠出血性大肠埃希氏菌中最常见的血清型。1982 年美国首次报道了由 *E.coli* O157：H7 引起的出血性肠炎暴发。此后，世界各地陆续报道了该菌引起的感染，且有上升趋势。许多国家已把它列为法定的检测菌。

一般认为 *E.coli* O157：H7 的最初来源主要是出血性结肠炎患者及感染此菌人的排泄物和动物（尤其是牛和羊）的粪便。这些带菌的排泄物在进入生态环境之前处理不当，便通过一定的途径进入饮食链中，而当人们在摄取这些食物或水时，其加工手段又不足以杀灭其中所有的 *E.coli* O157：H7，从而引起感染。牛肉、牛奶及其制品、蔬菜、水果、饮料等都能成为该菌的载体，特别是牛肉是该菌的主要载体。

E.coli O157：H7 属于肠杆菌科埃希氏菌属。革兰氏染色阴性，有周生鞭毛，并有菌毛，无芽孢。除不发酵或迟缓发酵山梨酸醇外，其他常见的生化特征与普通大肠埃希氏菌基本相似。但也有某些生化反应不完全一致，如 *E.coli* O157：H7 不能分解 4-甲基伞形酮-β-D-葡萄糖醛酸苷（MUG）产生荧光，即 MUG 阴性，具有鉴别意义。

本实验采用国家标准推荐方法（食品卫生微生物学检验—大肠埃希氏菌 O157：H7/NM 检验 GB/T 4789.36—2008）。

三、实验材料

1. 设备和材料

除微生物实验室常规灭菌及培养设备外，其他设备和材料如下。

天平：感量 0.1g、0.01g；均质器；冰箱：2～5℃；恒温培养箱：36℃±1℃；恒温水浴箱：

46℃±0.5℃，100℃；生物显微镜：10×～100×；细菌浓度比浊管：Mac Farland 0.5 号或浊度计；无菌锥形瓶：500mL、250mL；无菌平皿：直径 90mm；无菌试管：10mm×75mm；无菌吸管：1mL（具 0.01mL 刻度）、10.0mL（具 0.1mL 刻度）或微量移液器及吸头；pH 计或 pH 比色管或精密 pH 试纸；长波紫外光灯：366nm，功率≤6W；磁板、磁板架、Dynal MX1 样品混合器；全自动微生物鉴定系统（VITEK）；全自动酶联荧光免疫分析仪（mini VIDAS 或 VIDAS）；全自动病原菌检测系统（BAX 系统）。BAX 系统主机及工作站；仪器校正版；带帽裂解八联管及管架；盖帽、去帽器；加热槽两个；温度计；单道加样器：20～200μL、5～50μL、8 道加样器，范围为 5～50μL 及配套带滤芯的吸头；冷却槽；PCR 管。

2. 培养基和试剂（见本实验附录 A）

改良 EC 肉汤（mEC+n）；改良山梨酸麦康凯（CT-SMAC）琼脂；亚碲酸钾（AR 级）；头孢克肟（Cefixime）；三糖铁（TSI）琼脂；4-甲基伞形酮-β-D-葡萄糖醛酸苷（MUG）；月桂基磺酸盐胰蛋白胨肉汤-MUG（MUG-LST）；氧化酶试剂；革兰氏染色液；大肠埃希氏菌 O157 和 H7 诊断血清或 O157 乳胶凝集试剂；API 20E 生化鉴定试剂盒或 VITEK-GNI$^+$鉴定卡；半固体琼脂；改良科玛嘉（CHROMagar）O157 弧菌显色琼脂或其他同等质量的 O157 显色琼脂；改良麦康凯（CT-MAC）肉汤；抗-*E.coli* O157 免疫磁珠（Dynal ASA，Oslo，Norway）或其他同等质量的抗-*E.coli* O157 免疫磁珠；PBS-Tween 20 洗液。*E.coli* O157 试剂条（VIDAS ECO）；校正液：纯化灭活的 *E.coli* O157 抗原标准溶液；阳性对照；阴性对照；MLE 卡。裂解缓冲液；蛋白酶；溶菌试剂。

第一法　常规培养法

一、检验程序

大肠埃希氏菌 O157：H7 和 O157：NM 常规法检验程序如图 3-19 所示。

二、操作步骤

1. 增菌

样品采集后应尽快检验。若不能及时检验，可在 2～4℃保存 18h。以无菌操作取样 25g（mL）加入到含有 225mL mEC+n 肉汤的均质袋中，在拍击式均质器上连续均质 1～2min；或放入盛有 225mL Mec+n 肉汤的均质杯中，8000～10 000r/min 均质 1～2min，于 36℃±1℃培养 18～24h。同时做阳性及阴性对照。

2. 分离

取增菌后的 mEC+n 肉汤，划线或取 0.1mL 涂布接种于 CT-SMAC 平板和改良 CHROMagar O157 弧菌显色琼脂平板上，于 36℃±1℃培养 18～24h，观察菌落形态。必要时将混合菌落分纯。在 CT-SMAC 平板上，典型菌落为不发酵山梨醇的圆形、光滑。较小的无色菌落，中心呈现较暗的灰褐色；发酵山梨醇的菌落为红色；在改良 CHROMagar O157 弧菌显色琼脂平板上为圆形、较小的菌落，中心呈淡紫色-紫红色，边缘无色或浅灰色。

3. 初步生化实验

在 CT-SMAC 和改良 CHROMagar O157 弧菌显色琼脂平板上挑取 5～10 个典型或可疑菌

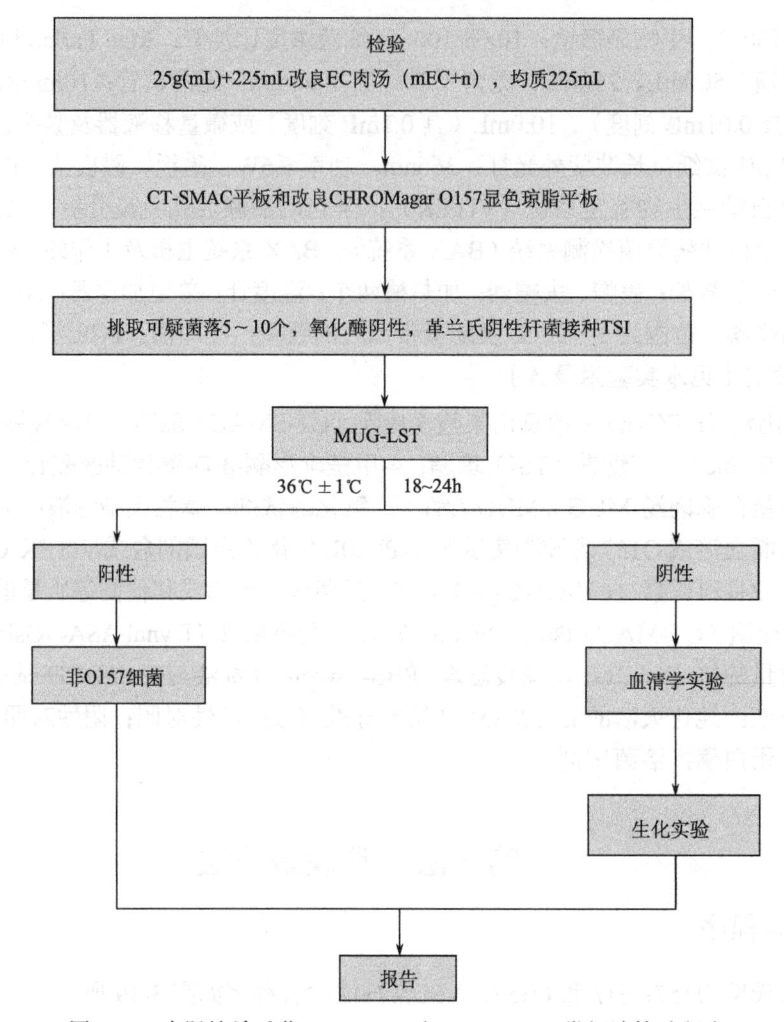

图 3-19　大肠埃希氏菌 O157：H7 和 O157：NM 常规法检验程序

落，分别接种 TSI 琼脂，同时接种 MUG-LST 肉汤，于 36℃±1℃培养 18～24h。必要时进行氧化酶实验和革兰氏染色。在 TSI 琼脂中，典型菌株为斜面与底层均呈阳性反应呈黄色，产气或不产气，不产生硫化氢（H_2S）。置 MUG-LST 肉汤管于长波紫外灯下观察，无荧光产生者为阳性结果，有荧光产生者为阴性结果；对分解乳糖且无荧光的菌株，在营养琼脂平板上分纯，于 36℃±1℃培养 18～24h，并进行下列鉴定。

4. 鉴定

1）血清学实验　　在营养琼脂平板上挑取分纯的菌落，用 O157：H7 标准血清或 O157 乳胶凝集试剂做玻片凝集实验。对于 H7 因子血清不凝集者，应穿刺接种半固体琼脂，检查动力，经连续传代 3 次，动力实验阴性，H7 因子血清凝集阴性者，确定为无动力株。

2）生化实验　　用 API20E 生化鉴定试剂盒或 VITEK-GNI^{+}鉴定卡，按照生产商提供的使用说明进行。大肠埃希氏菌 O157：H7/NM 生化反应特征见表 3-22。

表 3-22　大肠埃希氏菌 O157：H7/NM 生化反应特征

生化实验	特征反应
三糖铁琼脂	底层及斜面呈黄色，硫化氢（H_2S）阴性
山梨醇	阴性或迟缓发酵
靛基质	阳性
MR-VP	MR 阳性，VP 阴性
氧化酶	阴性
西蒙氏柠檬酸盐	阴性
赖氨酸脱羧酶	阳性（紫色）
鸟氨酸脱羧酶	阳性（紫色）
纤维二糖发酵	阴性
棉子糖发酵	阳性
MUG 实验	阴性
动力实验	有动力或无动力

5. 结果报告

综合生化和血清学的实验结果，报告 25g（mL）样品中检出或未检出大肠埃希氏菌 O157：H7/NM。在样品中检出 O157：H7 或 O157：NM 时，如需进一步检测 Vero 细胞毒素基因的存在，可通过接种 Vero 细胞或 HeLa 细胞，观察细胞病变进行判定，也可以使用基因探针检测和聚合酶链反应（PCR）方法或送参考实验室进行志贺氏毒素基因（*stx1*、*stx2*）、*eae*、*hly* 等的检测。

第二法　免疫磁珠捕获法

一、基本原理

免疫磁珠捕获技术是通过对目的细菌进行选择性增菌，然后利用免疫磁珠进行选择性捕获的方法。捕获的目的细菌被结合到由抗体包被的磁性颗粒上，收集后再将磁性颗粒涂布到选择性琼脂平板上进行分离。在 CT-SMAC 平板上生长的可疑的大肠埃希氏菌 O157，因为不分解山梨醇，或在 *E.coli* O157 显色琼脂平板上产生特定的酶促反应呈现颜色变化，而与其他细菌相区别。

免疫磁珠的应用，特别是在样品含有大量杂菌时，对检样中含有少量的 *E.coli* O157：H7/NM 的检出提供了更大的可能性。

二、检验程序

大肠埃希氏菌 O157 免疫磁珠捕获法检验程序如图 3-20 所示。

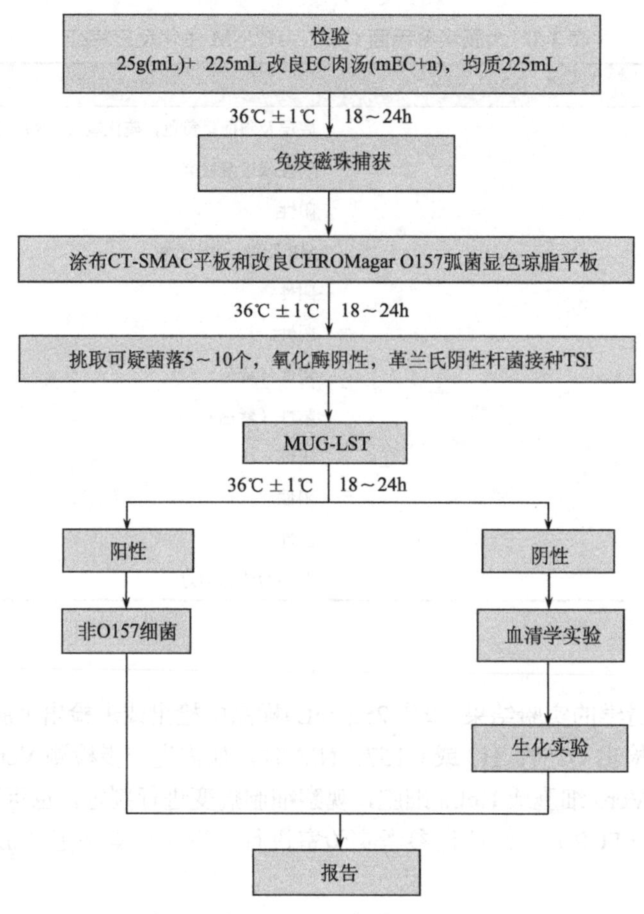

图 3-20　大肠埃希氏菌 O157 免疫磁珠捕获法检验程序

三、操作步骤

1. 增菌

同“第一法　常规培养法”。

2. 免疫磁珠捕获与分离

应按照生产商提供的使用说明进行免疫磁珠捕获与分离。当生产商的使用说明与下面的描述可能有偏差时，按生产商提供的使用说明进行。

（1）将 Eppendorff 管按样品和质控菌株进行编号，每个样品使用 1 支 Eppendorff 管，然后插入到磁板架上。在旋涡混合器上轻轻振荡 *E.coli* O157 免疫磁珠溶液后，用开盖器打开每支 Eppendorff 管的盖子，每管加入 20μL *E.coli* O157 免疫磁珠悬液。

（2）取 mEC+n 肉汤增菌培养物 1mL，加入到 Eppendorff 管中，盖上盖子，然后轻微振荡 10s。每个样品更换 1 支加样吸头，质控菌株必须与样品分开进行，避免交叉污染。

（3）结合：在 18～30℃环境中，将上述 Eppendorff 管连同磁板架放在 Dynal MX1 样品混合器上转动或用手轻微转 10min，使 *E.coli* O157 与免疫磁珠充分混合。

（4）捕获：将磁板插入到磁板架中浓缩磁珠。在 3min 内不断地倾斜磁板架，确保悬液中与盖子上的免疫磁珠全部被收集起来，此时，在 Eppendorff 管壁中间明显可见圆形或椭圆形棕色聚集物。

（5） 吸取上清液：取 1 支无菌加长吸管，从免疫磁珠聚集物对侧深入液面，轻轻吸走上清液。当吸到液面通过免疫磁珠聚集物时，应放慢速度，以确保免疫磁珠不被吸走。如吸取的上清液内含有磁珠，则应将其放回到 Eppendorff 管中，并重复步骤（4）。每个样品换用 1 支无菌加长吸管。

免疫磁珠的滑落：某些样品，特别是那些富含脂肪的样品，其磁珠聚集物易于滑落到管底。在吸取上清液时，很难做到不丢失磁珠，在这种情况下，可保留50～100μL上清液于Eppendorff管中。如果在后续的洗涤过程中也这样做的话，脂肪的影响将减小，也可达到充分捕获的目的。

（6）洗涤：从磁板架上移走磁板，在每支Eppendorff管中加入1mL PBS-Tween 20洗液，转动磁板架三次以上，洗涤免疫磁珠混合物。重复上述步骤（4）～（6）。

（7）重复上述步骤（4）、（5）。

（8）免疫磁珠悬浮：移走磁板，将免疫磁珠重新悬浮在 100μL PBS-Tween 20 洗液中。

（9）涂布平板：用漩涡混合器将免疫磁珠混匀，用加样器各取 50μL 免疫磁珠悬液分别转移至 CT-SMAC 平板和改良 CHROMagar O157 弧菌显色琼脂平板一侧，然后用无菌涂布棒将免疫磁珠涂布平板的一半，再用接种环划线接种平板的另一半。待琼脂表面水分完全吸收后，翻转平板，于 36℃±1℃培养 18～24h。

注：若 CT-SMAC 平板和改良 CHROMagar O157 弧菌显色琼脂平板表面水分过多时，应在 37℃下干燥 10～20min，涂布时避免将免疫磁珠涂布到平板的边缘。

3. 菌落识别

E.coli O157: H7/NM 在 CT-SMAC 平板和改良 CHROMagar O157 弧菌显色琼脂平板上的菌落特征见“第一法　常规培养法”操作步骤中步骤 2。

初步生化实验：同“第一法　常规培养法”操作步骤中步骤 3。

4. 鉴定

同“第一法　常规培养法”操作步骤中步骤 4。

5. 结果与报告

同“第一法　常规培养法”操作步骤中步骤 5 的结果报告。

第三法　全自动酶联荧光免疫分析仪筛选法

一、基本原理

mini VIDAS 或 VIDAS 大肠埃希氏菌 O157（ECO）分析，是在自动 VIDAS 仪器室上进行的双抗体夹心酶联荧光免疫分析（ELFA）方法。固相容器（SPR）用抗大肠埃希氏菌 O157 抗体包被，各种试剂均封闭在试剂条内。煮沸过的增菌肉汤加入试条孔后，在特定时间内样本中的 O157 抗原与包被在 SPR 内部的 O157 抗体结合，未结合的其他成分通过洗涤步骤清除。标记有碱性磷酸酶的抗体与固定在 SPR 壁上的 O157 抗原结合，最后洗去未结合的抗体标记物。SPR 中所用荧光底物为磷酸 4-甲基伞型物。结合在 SPR 壁上的酶将催化底物转变成具有荧光的产物——4-甲基伞形酮。VIDAS 光扫描器在波长 450nm 处检测该荧光强度。实验完成后由 VIDAS 自动分析结果，得出检测值，并打印出每份样本的检测结果。

二、操作步骤

1. 前增菌

以无菌操作取检样 25g（mL）加入到含有 225mL mEC+n 肉汤的均质袋中，在拍击式均质器上连续均质 1～2min；或放入盛有 225mL mEC+n 肉汤的均质杯中，8000～10 000r/min 均质 1～2min。于 36℃±1℃培养 6～7h。同时做阳性及阴性对照。

2. 增菌与处理

取 1mL 前增菌肉汤接种于 9mL 改良麦康凯肉汤（CT-MAC），于 36℃±1℃培养 17～19h。然后取 1mL 增菌的 CT-MAC 肉汤加入试管中，在 100℃水浴中加热 15min。剩余增菌肉汤存于 2～8℃，以备对阳性检测结果确认。

3. 上机操作

（1）输入 MLE 卡信息。每个试剂盒在使用之前，首先要用试剂盒中的 MLE 卡向仪器输入试剂规格（或曲线数据）。每盒试剂只需输入一次。

（2）校正。在输入 MLE 卡信息后，使用试剂盒内的校正液进行校正，校正应做双份测试。以后每 14 天进行一次校正。

（3）检测。取出试剂条，待恢复至室温后进行样本编号。

建立工作列表（work list），输入样本编号。

分别吸取 500μL 对照和样本（冷却至室温）加入到试剂条样本孔中央。依屏幕提示，将试剂条放入仪器相应的位置。

所有分析过程均由仪器自动完成，检测约需 45min。

4. 结果与报告

检测值是由每份样本的相对荧光值（RVF）与标准溶液 RVF 相比得出，见公式（3-10）。

$$\text{检测值}=\frac{\text{样品RFV}}{\text{标准RFV}} \tag{3-10}$$

若检测值＜0.10，则报告为阴性；若检测值≥0.10，则报告为阳性。

5. 阳性结果的确认

阴性结果可直接报告 25g（mL）样品中未检出大肠埃希氏菌 O157：H7。

第四法　全自动病原菌检测系统筛选法

一、基本原理

BAX 系统利用聚合酶链反应（PCR）来扩增并检测细菌 DNA 中特异片段来判断目标菌是否存在。反应所需的引物、DNA 聚合酶和核苷酸等被合并成为一个稳定、干燥的片剂，并装入 PCR 管中，检测系统运用荧光检测来分析 PVR 产物。每个 PCR 试剂片都包含有荧光染料，该染料能结合双链 DNA，并且受光激发后发出荧光信号。在检测过程中，BAX 系统通过测量荧光信号的变化，分析测量数据，从而判定阳性或阴性结果。

二、操作步骤

1. 增菌

同“第一法　常规培养法”的操作步骤。

2. 上机操作

（1）打开加热槽分别至37℃和95℃。检查冷藏过夜的冷却槽（4℃）。开机并启动BAX系统软件。如果仪器自检后建议校正，按屏幕提示进行校正操作。

（2）创建“rack”文件：根据提示在完整的“rack”文件和“个样”资料中输入识别数据。

（3）溶菌操作：在管架上放上标记好的溶菌管。在每支溶菌管加入200μL配制好的溶菌试剂。将每个增菌后的5μL样品加入相应的溶菌管中，盖上盖子。把管架放在37℃加热槽中20min。再将管架放在95℃的第二块加热槽中10min。最后将管架放在冷却槽上（冷却槽从冰箱取出后30min内使用完毕），样品冷却5min。

（4）加热循环仪/检测仪：从菜单中选择“RUN FULL PROCESS”，加热到设定温度（加热槽90℃，盖子100℃）。

（5）溶菌产物转移：将PCR管支架放到专用冷却槽上，然后将PCR管放入支架内。将所有的管盖放松并除去一排管盖。用多道加样器将50μL溶菌产物加入此排管中，并用替代的透明盖密封PCR管。换用新吸头，重复上述操作，直至将所有样品转入PCR管中。

（6）扩增和检测：按“PCR Wizard”的屏幕提示，将转移后的PCR管放入PCR仪/检测仪中开始扩增。全过程（扩增和检测）需要大约3.5h。当检测完成后，“PCR Wizard”提示取出样品，并自动显示结果。

3. 结果报告

绿色“-”表示阴性结果，红色“＋”表示阳性结果，黄色“？”表示不确定结果，黄色“？”带斜线表示错误结果。

4. 不确定和错误结果的处理

取保存于2～8℃的增菌肉汤重新上机检测。

5. 阳性结果的确认

用第一法或第二法对保存于2～8℃的增菌肉汤分离鉴定确认。

6. 阴性结果的报告

阴性结果可直接报告25g（mL）样品中未检出大肠埃希氏菌O157：H7。

附录A　培养基和试剂

A.1　改良EC肉汤（mEC+n）

成分　蛋白胨20.0g，3号胆盐1.12g，乳糖5.0g，磷酸氢二钾（$K_2HPO\cdot 7H_2O$）4.0g，磷酸二氢钾（KH_2PO_4）1.5g，氯化钠（NaCl）5.0g，新生霉素钠盐溶液（20mg/mL）1.0mL，蒸馏水1000.0mL，pH6.9±0.1。

制法　除新生霉素外，所有成分溶解在水中，加热煮沸，在20～25℃下校正pH至6.9±0.1，分装，121℃高压灭菌15min，备用。制备浓度为20mg/mL的新生霉素储备溶液，过滤去除菌。待培养基温度冷至 50℃以下时，按 1000mL 培养基内加 1mL 新生霉素储备液，使最终浓度为 20mg/L。

A.2　改良山梨醇麦康凯（CT-SMAC）琼脂

A.2.1　山梨醇麦康凯（SMAC）琼脂

成分　蛋白胨 20.0g，山梨醇 10.0g，3 号胆盐 1.5g，氯化钠 5.0g，中性红 0.03g，结晶紫 0.001g，琼脂 15.0g，蒸馏水 1000.0mL，pH7.2±0.2。

制法　所有成分溶解在蒸馏水中，加热煮沸，在 20～25℃下校正 pH 至 7.2±0.2，分装，121℃高压灭菌 15min。

A.2.2　亚碲酸钾溶液

成分　亚碲酸钾 0.5g，蒸馏水 200.0mL。

制法　将亚碲酸钾溶于水，过滤去除菌。

A.2.3　头孢克肟（Cefixime）溶液

成分　头孢克肟 1.0mg，96%乙醇 200.0mL。

制法　将头孢克肟溶解于乙醇中，静置 1h 待其充分溶解后过滤除菌。分装试管，储存于−20℃，有效期一年。解冻后的头孢克肟溶液不应再冻存，且在 2～8℃下有效期 14d。

A.2.4　CT-SMAC 制法

取 1000mL 灭菌融化并冷却至 45℃±1℃的山梨醇麦康凯（SMAC）琼脂，加入 1mL 亚碲酸钾溶液和 10mL 头孢克肟溶液，使亚碲酸钾浓度达到 2.5mg/L，头孢克肟浓度达到 0.05mg/L，混匀后倾注平板。

A.3　三糖铁（TSI）琼脂

成分　蛋白胨 20.0g，牛肉膏 5.0g，乳糖 10.0g，蔗糖 10.0g，葡萄糖 1.0g，氯化钠 5.0g，硫酸亚铁铵［$Fe(NH_4)_2 \cdot 6H_2O$］0.2g，硫代硫酸钠 0.2g，酚红 0.025g，琼脂 12.0g，蒸馏水 1000.0mL，pH7.4±0.2。

制法　将除琼脂和酚红以外的各种成分溶解于蒸馏水中，在 20～25℃下校正 pH 至 7.4±0.2。加入琼脂，加热煮沸以溶化琼脂；加入 0.2%酚红水溶液 12.5mL，摇匀。分装试管，装量宜多些，以便得到较高的底层。121℃高压灭菌 15min，放置高层斜面备用。

A.4　月桂基磺酸盐蛋白胨肉汤-MUG（LST-MUG）

成分　胰蛋白胨 20.0g，氯化钠 5.0g，乳糖 5.0g，磷酸氢二钾（K_2HPO_4）2.75g，磷酸二氢钾（KH_2PO_4）2.75g，月桂基硫酸钠 0.1g，4-甲基伞形酮-β-D-葡萄糖醛酸苷（MUG）0.1g，蒸馏水 1000.0mL，pH6.8±0.2。

制法　将各成分溶解于蒸馏水中，加热煮沸至完全溶解，于 20～25℃下校正 pH 至 6.8±0.2，分装有倒立发酵管的试管中，每管 10mL，于 121℃高压灭菌 15min。

A.5　氧化酶试剂

成分　*N*, *N*′-二甲基对苯二胺盐酸或 *N*, *N*, *N*′, *N*′-四甲基对苯二胺盐酸盐 1.0g，蒸馏水 100.0mL。

制法　少量新鲜配制，于冰箱内避光保存，在 7d 内使用。

实验方法　用细玻璃棒或一次性接种针挑取单个菌落，涂布在的滤纸上，在添加氧化酶试剂 10s 内呈现粉红或紫红色，即为氧化酶实验阳性。不变色者为氧化酶实验阴性。

A.6　革兰氏染色液

同实验十二附录A中A.9（第81页）。

A.7　半固体琼脂

成分　蛋白胨1.0g，牛肉膏0.3g，氯化钠0.5g，琼脂0.3～0.4g，蒸馏水100.0mL，pH7.4±0.2。

制法　将各成分溶解于蒸馏水中，加热煮沸至完全溶解，于20～25℃下校正pH至7.4±0.2，分装小试管，于121℃高压灭菌15min。直立凝固备用。

A.8　改良CHROMagar O157弧菌显色琼脂

成分　蛋白胨、酵母提取物和盐分13.0g，色素混合物1.2g，选择性添加剂0.0005g，琼脂15.0g，蒸馏水1000.0mL，pH7.0±0.2。

制法　除选择性添加剂外，将各成分溶解于蒸馏水中，加热煮沸100℃至完全溶解。冷却至47～50℃时，加入选择性添加剂，混匀后倾注平板。

A.9　改良麦康凯肉汤（CT-MAC肉汤）

A.9.1　麦康凯（MAC）肉汤

成分　蛋白胨20.0g，乳糖10.0g，3号胆盐1.5g，氯化钠5.0g，中性红0.03g，结晶紫0.001g，蒸馏水1000.0mL，pH7.2±0.2。

制法　所有成分溶解在蒸馏水中，加热煮沸，在20～25℃下校正pH至7.2±0.2，分装锥形瓶，121℃高压灭菌15min。

A.9.2　亚碲酸钾溶液

同A.2.2。

A.9.3　头孢克肟溶液

同A.2.3。

A.9.4　CT-MAC肉汤制法

取1000mL灭菌并冷却至45℃±1℃的麦康凯（MAC）肉汤，加入1mL亚碲酸钾溶液和10mL头孢克肟溶液，使亚碲酸钾浓度达到2.5mg/L，混匀后分装试管。

A.10　PBS-Tween 20洗液

按照商品用*E.coli* O157免疫磁珠的洗液配方进行制备，或按照下列配方制备。

成分　氯化钠8.0g，氯化钾0.2g，磷酸氢二钠1.15g，磷酸二氢钾0.2g，Tween 20 0.5g，蒸馏水1000.0mL，pH7.3±0.2。

制法　将上述成分溶解于水中，于20～25℃下校正pH至7.3±0.2，分装锥形瓶。121℃高压灭菌15min，备用。

A.11　溶菌试剂

成分　蛋白酶150.0μL，裂解缓冲液12.0mL。

制法　将150.0μL蛋白酶加入一瓶12.0mL的裂解缓冲液中。将准备日期标记在瓶上，储存于2～8℃，在两周内使用。

思考题

1. 如何提高食品中沙门氏菌的检出率？
2. 沙门氏菌在三糖铁培养基上的反应结果如何？
3. 食品中沙门氏菌检验主要包括哪几个主要步骤？

4. 志贺氏菌属有哪些重要的生化特性？
5. 你认为在食品中志贺氏菌的检验过程中，哪些实验是不可缺少的？
6. 描述金黄色葡萄球菌在Baird-Parker平板上的菌落特征，解释其原因。
7. 鉴定致病性金黄色葡萄球菌的重要指标是什么？
8. 如何区分致泻大肠埃希氏菌的种类？
9. 溶血性链球菌在血平板上生长时的菌落特征是什么？
10. 溶血性链球菌的致病力强弱与哪些生物学特性有关？
11. 如何区分蜡样芽孢杆菌和其他芽孢杆菌？
12. 副溶血性弧菌在TCBS平板上的菌落特征如何？为什么？
13. 鉴定致病性副溶血性弧菌的重要指标是什么？
14. 产气荚膜梭菌在TSC平板上的菌落特征如何？为什么？
15. 在食品中检出肉毒梭菌，能否说明该食品可引起食物中毒？
16. 在食品中检测肉毒梭菌及其毒素的过程中，应注意哪些事项？
17. 鉴定小肠结肠炎耶尔森氏菌的重要指标是什么？
18. 肠球菌计数的检验方法有哪些？
19. 说说空肠弯曲菌的生长条件，如何鉴定一种细菌是空肠弯曲菌？
20. 如何分离鉴定食品中存在的单核细胞增生李斯特菌？
21. 在日常生活中如何预防单核增生李斯特菌引起的食物中毒？
22. 常规培养法检测大肠埃希氏菌O157：H7的鉴定要点是什么？
23. 食品中大肠埃希氏菌O157：H7/NM的检测方法有哪些？
24. 阪崎肠杆菌的检测包括哪几个主要环节？
25. 阪崎肠杆菌对婴儿的危害有哪些？目前还有哪些检测方法？

第四章 食品企业的卫生微生物检验

【内容提要】

本章主要介绍了食品企业的卫生微生物检验的方法，包括食品用水的微生物检验、空气中的细菌的检验，以及食品企业加工设备、用具的细菌检验和包装材料的微生物检验。

【实验教学目标】

1. 通过实验加深对食品企业的卫生微生物检验的原理和意义的理解；

2. 掌握食品企业卫生微生物检验的方法。

【重要概念及名词】

细菌总数　大肠菌群　耐热大肠菌群　大肠埃希氏菌　自然沉降法　气流撞击法

实验二十五　食品用水卫生微生物检验

一、目的要求

了解耐热大肠菌群、大肠埃希氏菌的检验方法；

掌握食品用水的细菌总数、总大肠菌群的测定方法。

二、基本原理

细菌总数测定采用平板菌落计数法；总大肠菌群和耐热大肠菌群的测定采用乳糖多管发酵法等；大肠埃希氏菌的检验是在总大肠菌群测定阳性结果的基础上，在含有荧光底物的培养基上 44.5℃培养 24h 产生 β-葡萄糖醛酸酶(β-glucuronidase)，能分解荧光底物释放出荧光产物，在紫外光下产生特征性荧光，以此来检测大肠埃希氏菌。

水中微生物种类很多，大部分为非致病性的微生物，部分为致病性的微生物，因此，水在传播传染病上有重要的作用，为了保证食品加工用水的卫生安全，必须对食品加工用水和饮用水进行定期的微生物学检验。

GB5749—2006《中华人民共和国国家标准 生活饮用水卫生标准》中规定生活饮用水菌落总数每毫升不得超过 100CFU，总大肠菌群、耐热大肠菌群、大肠埃希氏菌不得检出。

三、实验材料

1. 设备

无菌采样瓶，滤器，滤膜（孔径 0.45μm），抽滤设备，无齿镊子。

其余设备、器材见菌落总数和大肠菌群的测定。

2. 培养基（见本实验附录A）

营养琼脂培养基；月桂基硫酸盐胰蛋白胨（LST）肉汤；煌绿乳糖胆盐（BGLB）肉汤；品红亚硫酸钠培养基；乳糖蛋白胨培养液；MMO-MUG培养基；EC培养基；MFC培养基；伊红美蓝琼脂；EC-MUG 培养基；MUG 营养琼脂培养基(NA-MUG)。

四、操作步骤

1. 样品采取和送检

自来水采取：采样瓶必须预先灭菌，在采自来水时，先用酒精灯灼烧水笼头嘴后将水龙头完全打开1～3min，再以无菌操作采取水样。

取其他水源的水样时，应选择有代表性的地点及水质可疑的地方，一般应距水面10～15cm深处取样。

采取有余氯的水样时，应按每500mL的水样加入1.5%硫代硫酸钠溶液2mL于水样瓶的空瓶中，然后121℃高压灭菌20min，以中和水样中的余氯，终止氯的杀菌作用。

采样时所采的水量为瓶容量的80%左右，以便在检验时可充分摇匀水样。

采得水样后应立即记录水样名称，地点、时间等项目，并从速检验，一般从采样到检验不应超过2h，如放在冰箱中保存也不超过4h。

2. 细菌总数的测定

细菌总数是指水样在营养琼脂上有氧条件下37℃培养48h后，所得lmL水样所含的菌落总数。

1）*生活饮用水的检验*　将水样用力振摇20～25次，使可能存在的细菌凝团得以分散。以无菌操作法吸取1mL充分摇匀的水样，注入灭菌平皿中，共做2个平皿，然后倾注约15mL已融化并冷至45℃左右的营养琼脂培养基与水样混匀，待冷却凝固后，翻转平皿置37℃培养24～48h，计数。同时另用一个平皿只倾注营养琼脂培养基作为空白对照。

2）*其他水源水的检验*　其他水源的水被微生物污染的程度较高，应视被检水的污染程度，依次做10倍递增稀释液，吸取不同浓度的稀释液时，应更换吸管，用1mL灭菌吸管吸取未稀释的水样和2～3个适当浓度的稀释液1mL，分别注入无菌平皿中，以下步骤与“1）生活饮用水的检验”方法相同。

3）*菌落计数及报告方式*　见菌落总数的测定的相关内容。

3. 总大肠菌群的测定

1）*多管发酵法*　总大肠菌群是指一群在37℃培养24h能发酵乳糖、产酸产气、需氧和兼性厌氧的革兰氏阴性无芽孢杆菌。该菌群主要来源于人畜粪便，具有指示菌的一般特征，故以此作为粪便污染指标评价饮水的卫生质量。

（1）初发酵实验。取10mL水样接种到10mL双料月桂基硫酸盐胰蛋白胨（LST）肉汤培养液中，取1mL水样接种到10mL LST肉汤培养液中，另取1mL水样注入9mL灭菌生理盐水中，混匀后吸取1mL（即0.1mL水样）注入10mL LST肉汤培养液中，每一稀释度接种5管。

对已处理过的出厂自来水，需经常检验或每天检验一次的，可直接接种5份双料LST肉汤培养基，每份接种10mL水样。

检验水源时，如污染较严重，应加大稀释度，可接种 1mL、0.1mL、0.01mL，甚至 0.1mL、0.01mL、0.001mL，每个稀释度接种 5 管，每个水样接种 15 管，接种 1mL 以下水样时，必须做 10 倍递增稀释后，取 1mL 接种，每递增稀释一次，换用 1 支 1mL 灭菌刻度吸管。

各接种管于 36℃±1℃培养 24h±2h，观察倒管内是否有气泡产生，如未产气则继续培养至 48h±2h。记录在 24h 和 48h 内产气的 LST 肉汤管数。未产气者为大肠菌群阴性，产气者则进行复发酵实验。

（2）复发酵实验。用接种环从所有 48h±2h 内发酵产气的 LST 肉汤管中分别取培养物 1 环，移种于 BGLB 肉汤管中。培养 48h±2h，记录肉汤管的产气情况。产气管为大肠菌群阳性，不产气为大肠菌群阴性。

（3）报告。根据证实为总大肠杆菌的阳性管数，查 MPN 检索表，报告每 100mL 水样中的总大肠菌群最可能数（MPN）值。5 管法见表 4-1，15 管法结果见表 4-2，稀释样品查表后所得结果应乘以稀释倍数，如所有乳糖发酵管均阴性时，可报告总大肠菌群未检出。

表 4-1　用 5 份 10mL 水样时各种阳性和阴性结果组合时的最可能数（MPN）

5 个 10mL 管中阳性管数	最可能数（MPN）
0	＜2.2
1	2.2
2	5.1
3	9.2
4	16.0
5	＞16

2）*滤膜法*　用孔径为 0.45μm 的微孔滤膜过滤水样，将滤膜贴在添加乳糖的选择性培养基上 37℃ 培养 24h ，能形成特征性菌落的需氧和兼性厌氧的革兰氏阴性无芽孢杆菌，以此检测水中的总大肠菌群。

（1）滤膜和滤器的灭菌。将滤膜放入烧杯中，加入蒸馏水，置于沸水浴中煮沸灭菌 3 次，每次 15min 。前两次煮沸后需更换水洗涤 2~3 次，以除去残留溶剂。

滤器用点燃的酒精棉球火焰灭菌，也可用蒸汽灭菌器 103.43kPa（121℃, 15lb）高压灭菌 20min 。

（2）过滤水样。用无菌镊子夹取灭菌滤膜边缘部分，将粗糙面向上，贴放在已灭菌的滤床上，固定好滤器，将 100mL 水样（如水样含菌数较多，可减少过滤水样量，或将水样稀释）注入滤器中，打开滤器阀门，在 5.07×10^4 Pa（−0.5 大气压）下抽滤。

（3）培养。水样滤完后，再抽气约 5s ，关上滤器阀门，取下滤器，用灭菌镊子夹取滤膜边缘部分，移放在品红亚硫酸钠培养基上，滤膜截留细菌面向上，滤膜应与培养基完全贴紧，两者间不得留有气泡，然后将平皿倒置，放入 37℃恒温箱内培养 24h±2h。

（4）结果观察与报告。挑取符合下列特征菌落进行革兰氏染色、镜检：①紫红色、具有金属光泽的菌落；②深红色、不带或略带金属光泽的菌落；③淡红色、中心色较深的菌落。

凡革兰氏染色为阴性的无芽孢杆菌，再接种乳糖蛋白胨培养液，于 37℃培养 24h ，有产酸产气者，则判定为总大肠菌群阳性。

按下式计算滤膜上生长的总大肠菌群数，以每100mL水样中的总大肠菌群数（CFU/100mL）报告之。

$$总大肠菌群菌落数（CFU/100mL）= \frac{数出的总大肠菌群菌落数 \times 100}{过滤的水样体积（mL）}$$

3）*酶底物法*　总大肠菌群酶底物法是指在选择性培养基上能产生β-半乳糖苷酶（β-D-galactosidase）的细菌群组，该细菌群组能分解色原底物释放出色原体使培养基呈现颜色变化，以此技术来检测水中总大肠菌群的方法。

（1）水样稀释。检测所需水样为100mL 。若水样污染严重，可对水样进行稀释。取10mL水样加入到90mL 灭菌生理盐水中，必要时可加大稀释度。

表4-2　总大肠菌群MPN检索表

（总接种量55.5mL，其中5份10mL水样，5份1mL水样，5份0.1mL水样）

接种量/mL			总大肠菌群/(MPN/100mL)	接种量/mL			总大肠菌群/(MPN/100mL)
10	1	0.1		10	1	0.1	
0	0	0	<2	0	4	0	8
0	0	1	2	0	4	1	9
0	0	2	4	0	4	2	11
0	0	3	5	0	4	3	13
0	0	4	7	0	4	4	15
0	0	5	9	0	4	5	17
0	1	0	2	0	5	0	9
0	1	1	4	0	5	1	11
0	1	2	6	0	5	2	13
0	1	3	7	0	5	3	15
0	1	4	9	0	5	4	17
0	1	5	11	0	5	5	19
0	2	0	4	1	0	0	2
0	2	1	6	1	0	1	4
0	2	2	7	1	0	2	6
0	2	3	9	1	0	3	8
0	2	4	11	1	0	4	10
0	2	5	13	1	0	5	12
0	3	0	6	1	1	0	4
0	3	1	7	1	1	1	6
0	3	2	9	1	1	2	8
0	3	3	11	1	1	3	10
0	3	4	13	1	1	4	12
0	3	5	15	1	1	5	14

续表

接种量/mL			总大肠菌群/(MPN/100mL)	接种量/mL			总大肠菌群/(MPN/100mL)
10	1	0.1		10	1	0.1	
1	2	0	6	2	2	0	9
1	2	1	8	2	2	1	12
1	2	2	10	2	2	2	14
1	2	3	12	2	2	3	17
1	2	4	15	2	2	4	19
1	2	5	17	2	2	5	22
1	3	0	8	2	3	0	12
1	3	1	10	2	3	1	14
1	3	2	12	2	3	2	17
1	3	3	15	2	3	3	20
1	3	4	17	2	3	4	22
1	3	5	19	2	3	5	25
1	4	0	11	2	4	0	15
1	4	1	13	2	4	1	17
1	4	2	15	2	4	2	20
1	4	3	17	2	4	3	23
1	4	4	19	2	4	4	25
1	4	5	22	2	4	5	28
1	5	0	13	2	5	0	17
1	5	1	15	2	5	1	20
1	5	2	17	2	5	2	23
1	5	3	19	2	5	3	26
1	5	4	22	2	5	4	29
1	5	5	24	2	5	5	32
2	0	0	5	3	0	0	8
2	0	1	7	3	0	1	11
2	0	2	9	3	0	2	13
2	0	3	12	3	0	3	16
2	0	4	14	3	0	4	20
2	0	5	16	3	0	5	23
2	1	0	7	3	1	0	11
2	1	1	9	3	1	1	14
2	1	2	12	3	1	2	17
2	1	3	14	3	1	3	20
2	1	4	17	3	1	4	23
2	1	5	19	3	1	5	27

续表

接种量/mL			总大肠菌群/(MPN/100mL)	接种量/mL			总大肠菌群/(MPN/100mL)
10	1	0.1		10	1	0.1	
3	2	0	14	4	2	0	22
3	2	1	17	4	2	1	26
3	2	2	20	4	2	2	32
3	2	3	24	4	2	3	38
3	2	4	27	4	2	4	44
3	2	5	31	4	2	5	50
3	3	0	17	4	3	0	27
3	3	1	21	4	3	1	33
3	3	2	24	4	3	2	39
3	3	3	28	4	3	3	45
3	3	4	32	4	3	4	52
3	3	5	36	4	3	5	59
3	4	0	21	4	4	0	34
3	4	1	24	4	4	1	40
3	4	2	28	4	4	2	47
3	4	3	32	4	4	3	54
3	4	4	36	4	4	4	62
3	4	5	40	4	4	5	69
3	5	0	25	4	5	0	41
3	5	1	29	4	5	1	48
3	5	2	32	4	5	2	56
3	5	3	37	4	5	3	64
3	5	4	41	4	5	4	72
3	5	5	45	4	5	5	81
4	0	0	13	5	0	0	23
4	0	1	17	5	0	1	31
4	0	2	21	5	0	2	43
4	0	3	25	5	0	3	58
4	0	4	30	5	0	4	76
4	0	5	36	5	0	5	95
4	1	0	17	5	1	0	33
4	1	1	21	5	1	1	46
4	1	2	26	5	1	2	63
4	1	3	31	5	1	3	84
4	1	4	36	5	1	4	110
4	1	5	42	5	1	5	130

续表

接种量/mL			总大肠菌群/(MPN/100mL)	接种量/mL			总大肠菌群/(MPN/100mL)
10	1	0.1		10	1	0.1	
5	2	0	49	5	4	0	130
5	2	1	70	5	4	1	170
5	2	2	94	5	4	2	220
5	2	3	120	5	4	3	280
5	2	4	150	5	4	4	350
5	2	5	180	5	4	5	430
5	3	0	79	5	5	0	240
5	3	1	110	5	5	1	350
5	3	2	140	5	5	2	540
5	3	3	180	5	5	3	920
5	3	4	210	5	5	4	1600
5	3	5	250	5	5	5	>1600

（2）定性反应。用 100mL 的无菌稀释瓶量取 100mL 水样，加入 2.7g ±0.5g MMO-MMG 培养基粉末，混摇均匀使之完全溶解后，放入 36℃±1℃的培养箱内培养 24h 。

（3）10 管法。用 100mL 的无菌稀释瓶量取 100mL 水样，加入 2.7g±0.5g MMO-MMG 培养基粉末，混摇均匀使之完全溶解。

准备 10 支 15mm×10cm 或适当大小的灭菌试管，用无菌吸管分别从前述稀释瓶中吸取 10mL 水样至各试管中，放入 36℃±1℃ 的培养箱中培养 24h 。

（4）51 孔定量盘法。用 100mL 的无菌稀释瓶量取 100mL 水样，加入 2.7g±0.5g MMO-MMG 培养基粉末，混摇均匀使之完全溶解。

将前述 100mL 水样全部倒入 51 孔无菌定量盘内，以手抚平定量盘背面以赶除孔穴内气泡，然后用封口机封口。放入 36℃±1℃的培养箱中培养 24h 。

（5）结果报告。

a. 结果判读。将水样培养 24h 后进行结果判读，如果结果为可疑阳性，可延长培养时间到 28h 进行结果判读，超过 28h 之后出现的颜色反应不作为阳性结果。

b. 定性反应。水样经 24h 培养之后如果颜色变成黄色，判断为阳性反应，表示水中含有总大肠菌群。水样颜色未发生变化，判断为阴性反应。定性反应结果以总大肠菌群检出或未检出报告。

c. 10 管法。将培养 24h 之后的试管取出观察，如果试管内水样变成黄色则表示该试管含有总大肠菌群。计算有黄色反应的试管数，对照表 4-3 查出其代表的总大肠菌群最可能数（MPN），结果以 MPN/100mL 表示。如所有管未产生黄色，则可报告为总大肠菌群未检出。

d. 51 孔定量盘法。将培养 24h 之后的定量盘取出观察，如果孔穴内的水样变成黄色则表示该孔穴中含有总大肠菌群。计算有黄色反应的孔穴数，对照表 4-4 查出其代表的总大肠菌群最可能数（MPN），结果以 MPN/100mL 表示。如所有孔未产生黄色，则可报告为总大肠菌群未检出。

表 4-3　10 管法不同阳性结果的最可能数（MPN）及 95%可信范围

阳性管数	总大肠菌群/（MPN/100mL）	95%可信范围	
		下限	上限
0	<1.1	0	3.0
1	1.1	0.03	5.9
2	2.2	0.26	8.1
3	3.6	0.69	10.6
4	5.1	1.3	13.4
5	6.9	2.1	16.8
6	9.2	3.1	21.1
7	12.0	4.3	27.1
8	16.1	5.9	36.8
9	23.0	8.1	59.5
10	>23.0	13.5	—

表 4-4　51 孔定量盘法不同阳性结果的最可能数（MPN）及 95%可信范围

阳性管数	总大肠菌群/（MPN/100mL）	95%可信范围	
		下限	上限
0	<1	0.0	3.7
1	1.0	0.3	5.6
2	2.0	0.6	7.3
3	3.1	1.1	9.0
4	4.2	1.7	10.7
5	5.3	2.3	12.3
6	6.4	3.0	13.9
7	7.5	3.7	15.5
8	8.7	4.5	17.1
9	9.9	5.3	18.8
10	11.1	6.1	20.5
11	12.4	7.0	22.1
12	13.7	7.9	23.9
13	15.0	8.8	25.7
14	16.4	9.8	27.5
15	17.8	10.8	29.4
16	19.2	11.9	31.3
17	2.07	13.0	33.3
18	22.2	14.1	35.2
19	23.8	15.3	37.3
20	25.4	16.5	39.4

续表

阳性管数	总大肠菌群/（MPN/100mL）	95%可信范围	
		下限	上限
21	27.1	17.7	41.6
22	28.8	19.0	3.9
23	30.6	20.4	46.3
24	32.4	21.8	48.7
25	34.4	23.3	51.2
26	36.4	24.7	53.9
27	38.4	26.4	56.6
28	40.6	28.0	59.5
29	42.9	29.7	62.5
30	45.3	31.5	65.6
31	47.8	33.4	69.0
32	50.4	35.4	72.5
33	53.1	37.5	76.2
34	56.0	39.7	80.1
35	59.1	42.0	84.4
36	62.4	44.6	88.8
37	65.9	47.2	93.7
38	69.7	50.0	99.0
39	73.8	53.1	104.8
40	78.2	56.4	111.2
41	83.1	59.9	118.3
42	88.5	63.9	126.2
43	94.5	68.2	135.4
44	101.3	73.1	146.0
45	109.1	78.6	158.7
46	118.4	85.0	174.5
47	129.8	92.7	195.0
48	144.5	102.3	224.1
49	165.2	115.2	272.2
50	200.5	135.8	387.6
51	>200.5	146.1	—

4. 耐热大肠菌群的测定

当水样检出总大肠菌群时，应进一步检验耐热大肠菌群或大肠埃希氏菌；水样未检出总大肠菌群，不必检验耐热大肠菌群或大肠埃希氏菌。

用提高培养温度的方法将自然环境中的大肠菌群与粪便中的大肠菌群区分开，在44.5℃仍能生长的大肠菌群，称为耐热大肠菌群。

1）*多管发酵法*

（1）检验步骤。

a. 从总大肠菌群乳糖发酵实验中的阳性管（产酸产气）中取 1 滴转种于 EC 培养基中，置 44.5℃水浴箱或隔水式恒温培养箱内（水浴箱的水面应高于试管中培养基液面），培养 24h±2h，如所有管均不产气，则可报告为阴性，如有产气者，则转种于伊红美蓝琼脂平板上，置 44.5℃培养 18～24h，凡平板上有典型菌落者，则证实为耐热大肠菌群阳性。

b. 如检测未经氯化消毒的水，且只想检测耐热大肠菌群时，或调查水源水的耐热大肠菌群污染时，可用直接采用多管耐热大肠菌群方法，即在第一步乳糖发酵实验时按总大肠菌群测定接种于培养液在 44.5℃±0.5℃水浴中培养，以下步骤同上。

（2）结果报告。根据证实为耐热大肠菌群的阳性管数，查最可能数（MPN）检索表，报告每 100mL 水样中耐热大肠菌群的最可能数（MPN）值。

2）*滤膜法*　用孔径为 0.45μm 的滤膜过滤水样，细菌被阻留在膜上，将滤膜贴在添加乳糖的选择性培养基上，44.5℃培养 24h 能形成特征性菌落以此来检测水中耐热大肠菌群。该法适用于生活饮用水及低浊度水源水中耐热大肠菌群的测定。

（1）检验步骤。

a. 过滤水样。同“3.总大肠菌群的测定”中的“2）滤膜法”。

b. 培养。水样滤完后，再抽气约 5s，关上滤器阀门，取下滤器，用灭菌镊子夹取滤膜边缘部分，移放在 MFC 培养基上，滤膜截留细菌面向上，滤膜应与培养基完全贴紧，两者间不得留有气泡，然后将平皿倒置，放入 44.5℃ 隔水式培养箱内培养 24h±2h。如使用恒温水浴，则需用塑料平皿，将皿盖紧，或用防水胶带贴封每个平皿，将培养皿成叠封入塑料袋内，浸到 44.5℃ 恒温水浴里，培养 24h±2h。耐热大肠菌群在此培养基上菌落为蓝色，非耐热大肠菌群菌落为灰色至奶油色。

对可疑菌落转种 EC 培养基，44.5℃培养 24h ±2h，如产气则证实为耐热大肠菌群。

（2）结果报告。计数被证实的耐热大肠菌落数，水中耐热大肠菌群数系以 100mL 水样中耐热大肠菌群菌落形成单位（CFU）表示，见下式：

$$\text{耐热大肠菌菌落数（CFU/100mL）}=\frac{\text{所计得的耐热大肠菌菌落数}\times 100}{\text{过滤的水样体积（mL）}}$$

5. 大肠埃希氏菌的检测

1）*多管发酵法*　大肠埃希氏菌多管发酵法指多管发酵法测定总大肠菌群后，阳性样品在含有荧光底物的培养基上 44.5℃ 培养 24h，能分解培养基中的物质释放出荧光产物，在紫外光下产生特征性荧光，以此来检测水中大肠埃希氏菌的方法。

（1）检验步骤。

a. 接种。将总大肠菌群多管发酵法初发酵产酸或产气的管进行大肠埃希氏菌检测。用烧灼灭菌的金属接种环或无菌棉签将上述试管中液体接种到 EC-MMG 管中。

b. 培养。将已接种的 EC-MMG 管在培养箱或恒温水浴中 44.5℃±0.5℃培养 24h ±2h。如使用恒温水浴，在接种后 30min 内进行培养，使水浴的液面超过 EC-MMG 管的液面。

（2）结果观察与报告。将培养后的 EC-MMG 管在暗处用波长为 366nm 功率为 6W 的紫外光灯照射，如果有蓝色荧光产生则表示水样中含有大肠埃希氏菌。

计算 EC-MMG 阳性管数，查对应的最可能数（MPN）表得出大肠埃希氏菌的最可能数，结果以 MPN/100mL 报告。

2）*滤膜法*　用滤膜法检测水样后，将总大肠菌群阳性的滤膜在含有荧光底物的培养基上培养，能产生 β-葡萄糖醛酸酶分解荧光底物释放出荧光产物，使菌落能够在紫外光下产生特征性荧光，以此来检测水中大肠埃希氏菌。

（1）检验步骤。

a. 接种。将总大肠菌群滤膜法中有典型菌落生长的滤膜进行大肠埃希氏菌检测。在无菌操作条件下将滤膜转移到 NA-MMG 平板上，细菌截留面朝上，进行培养。

b. 培养。将已接种的 NA-MMG 平板 36℃±1℃培养 4h。

（2）结果观察与报告。将培养后的 NA-MMG 平板在暗处用波长为 366nm 功率为 6W 的紫外光灯照射，如果菌落边缘或菌落背面有蓝色荧光产生则表示水样中含有大肠埃希氏菌。

记录有蓝色荧光产生的菌落数并报告，报告格式同“总大肠菌群测定”中的滤膜法格式。

3）*酶底物法*　在选择性培养基上能产生 β-半乳糖苷酶（β-D-galactosidase）分解色原底物释放出色原体使培养基呈现颜色变化，并能产生 β-葡萄糖醛酸酶（β-glucuronidase）分解荧光底物释放出荧光产物，使菌落能够在紫外光下产生特征性荧光，以此技术来检测大肠埃希氏菌。

（1）检验步骤。同“3.总大肠菌群的测定”中的“3）酶底物法”。

（2）结果观察与报告。

a. 结果判读。同“3.总大肠菌群的测定”中的“3）酶底物法”。水样变黄色同时有蓝色荧光判断为大肠埃希氏菌阳性，水样未变黄色而有荧光产生不判定为大肠埃希氏菌阳性。

b. 定性反应。将经过 24h 培养颜色变成黄色的水样在暗处用波长为 366nm 的紫外光灯照射，如果有蓝色荧光产生判断为阳性反应，表示水中含有大肠埃希氏菌。水样未产生蓝色荧光判断为阴性反应。结果以大肠埃希氏菌检出或未检出报告。

c. 10 管法。将培养 24h 颜色变成黄色的水样的试管在暗处用波长为 366nm 的紫外光灯照射，如果有蓝色荧光产生则表示有大肠埃希氏菌存在。

计算有荧光反应的试管数，对照表查出其代表的大肠埃希氏菌最可能数。结果以 MPN/100mL 表示。如所有管未产生荧光，则可报告为大肠埃希氏菌未检出。

d. 51 孔定量盘法。将培养 24h 颜色变成黄色的水样的定量盘在暗处用波长为 366nm 的紫外光灯照射，如果有蓝色的荧光产生则表示该定量盘孔穴中含有大肠埃希氏菌。

计算有荧光反应的孔穴数，对照表查出其代表的大肠埃希氏菌最可能数，结果以 MPN/100mL 表示。如所有孔未产生荧光，则可报告为大肠埃希氏菌未检出。

附录 A　培养基

A.1　营养琼脂培养基

成分　蛋白胨 10.0g，牛肉膏 3.0g，氯化钠 5.0g，琼脂 15.0～20.0g，蒸馏水 1000.0mL。

制法　将除琼脂以外的各成分溶解于蒸馏水内，加入 15%氢氧化钠溶液约 2mL，校正 pH 至 7.2～7.4。加入琼脂，加热煮沸，使琼脂溶化。分装烧瓶或试管，121℃高压灭菌 15min。

A.2　月桂基硫酸盐胰蛋白胨（LST）肉汤

成分　胰蛋白胨或胰酪胨 20.0g，氯化钠 5.0g，乳糖 5.0g，磷酸氢二钾 2.75g，磷酸二氢钾 2.75g，月桂基磺酸钠 0.1g，蒸馏水 1000mL，pH6.8±0.2。

制法　将上述成分溶解于蒸馏水中，调节 pH。分装到有玻璃小倒管的试管中，每管 10mL，121℃高压灭菌 15min。

A.3　煌绿乳糖胆盐（brilliant green lactose bile，BGLB）肉汤

成分　蛋白胨 10.0g，乳糖 10.0g，牛胆粉（oxgall 或 oxbilc）溶液 200.0mL，蒸馏水 1000mL，0.1%煌绿水溶液 13.3mL，pH7.2±0.1。

制法　将蛋白胨、乳糖溶于约 500mL 蒸馏水中，加入牛胆粉溶液 200mL（将 20.0g 脱水牛胆粉溶于 200mL 蒸馏水中，pH7.0～7.5），用蒸馏水稀释到 975mL，调节 pH 至 7.4，再加入 0.1%煌绿水溶液 13.3mL，用蒸馏水补足到 1000mL，用棉花过滤后，分装到有玻璃小倒管的试管中，每管 10mL，121℃高压灭菌 15min。

A.4　品红亚硫酸钠培养基

成分　蛋白胨 10g，酵母浸膏 5g，牛肉膏 5g，乳糖 10g，琼脂 15～20g，磷酸氢二钾 3.5g，无水亚硫酸钠 5g，碱性品红乙醇溶液(50g/L) 20mL，蒸馏水 1000mL。

（1）储备培养基的制备。先将琼脂加到 500mL 蒸馏水中，煮沸溶解，于另 500mL 蒸馏水中加入磷酸氢二钾、蛋白胨、酵母浸膏和牛肉膏，加热溶解，倒入已溶解的琼脂，补足蒸馏水至 1000mL，混匀后调 pH 为 7.2～7.4，再加入乳糖，分装，68.95kPa（115℃，10lb) 高压灭菌 20min，储存于冷暗处备用。

本培养基也可不加琼脂，制成液体培养基，使用时加 2～3mL 于灭菌吸收垫上，再将滤膜置于培养垫上培养。

（2）平皿培养基的配制。将上法制备的储备培养基加热融化，用灭菌吸管按比例吸取一定量的 50g/L 的碱性品红乙醇溶液置于灭菌空试管中，再按比例称取所需的无水亚硫酸钠置于另一灭菌试管中，加灭菌水少许，使其溶解后，置沸水浴中煮沸 10min 以灭菌。

用灭菌吸管吸取已灭菌的亚硫酸钠溶液，滴加于碱性品红乙醇溶液至深红色退成淡粉色为止，将此亚硫酸钠与碱性品红的混合液全部加到已融化的储备培养基内，并充分混匀（防止产生气泡），立即将此种培养基 15mL 倾入已灭菌的空平皿内。待冷却凝固后置冰箱内备用。此种已制成的培养基于冰箱内保存不宜超过两周。如培养基已由谈粉色变成深红色，则不能再用。

A.5　乳糖蛋白胨培养液

成分　蛋白胨 10g，牛肉膏 3g，乳糖 5g，氯化钠 5g，溴甲酚紫乙醇溶液（16g/L）1mL，蒸馏水 1000mL。

制法　将蛋白胨、牛肉膏、乳糖及氯化钠溶于蒸馏水中，调整 pH 为 7.2～7.4，再加入 1mL 16 g/L 的溴甲酚紫乙醇溶液，充分混匀，分装于装有倒管的试管中，68.95kPa (115℃，10lb) 高压灭菌 20min，贮存于冷暗处备用。

A.6　MMO-MUG 培养基（可选择市售商品化制品）

成分　硫酸铵 5.0g，硫酸锰 0.5mg，硫酸锌 0.5mg，硫酸镁 100mg，氯化钠 10g，氯化钙 50mg，亚硫酸钠 40mg，两性霉素 B 1mg，邻硝基苯-β-D-吡喃半乳糖苷（ONPG）500mg，4-甲基伞形酮-β-D-葡萄糖醛酸苷(MUG) 75mg，茄属植物萃取物（Solanium 萃取物) 500mg，*N*-2-羟乙基哌嗪-*N*-2-乙磺酸钠盐（HEPES 钠盐）5.3g，*N*-2-羟乙基哌嗪-*N*-2-乙磺酸(HEPES) 6.9g，水 1000mL。

A.7　EC 培养基

成分　胰蛋白胨 20g，乳糖 5g，3 号胆盐或混合胆盐 1.5g，磷酸氢二钾 4g，磷酸二氢钾 1.5g，氯化钠 5g，蒸馏水 1000mL。

制法　将上述成分溶解于蒸馏水中，分装到带有倒管的试管中，68.95kPa (115℃，10lb) 高压灭菌 20min ，最终 pH 为 6.9±0.2。

A.8　伊红美蓝琼脂

成分　蛋白胨 10g，乳糖 10g，磷酸氢二钾 2g，琼脂 20～30g，蒸馏水 1000mL，伊红水溶液(20g/L) 20mL，美蓝水溶液(5g/L) 13mL。

制法　将蛋白胨、磷酸盐和琼脂溶解于蒸馏水中，校正 pH 为 7.2，加入乳糖，混匀后分装，以 68.95kPa(115℃，10lb) 高压灭菌 20min。临用时加热融化琼脂，冷至 50～55℃，加入伊红和美蓝溶液，混匀，倾注平皿。

A.9　MFC 培养基

成分　胰胨 10g，多胨 5g，酵母浸膏 3g，氯化钠 5g，乳糖 12.5g，3 号胆盐或混合胆盐 1.5g，琼脂 15g，苯胺蓝 0.2g，蒸馏水 1000mL。

制法　在 1000mL 蒸馏水中先加入玫红酸(10g/L) 的 0.2mol/L 氢氧化钠溶液 10mL，混匀后，取 500mL 加入琼脂煮沸溶解，于另外 500mL 蒸馏水中，加入除苯胺蓝以外的其他试剂，加热溶解，倒入已溶解的琼脂，混匀调 pH 为 7.4，加入苯胺蓝煮沸，迅速离开热源，待冷却至 60℃左右，制成平板，不可高压灭菌。制好的培养基应存放于 2～10℃，不超过 96h 。

本培养基也可不加琼脂，制成液体培养基，使用时加 2～3mL 于灭菌吸收垫上，再将滤膜置于培养垫上培养。

A.10　EC-MUG 培养基

成分　胰蛋白胨 20.0g，乳糖 5.0g，3 号胆盐或混合胆盐 1.5g，磷酸氢二钾 4.0g，磷酸二氢钾 1.5g，氯化钠 5.0g，4-甲基伞形酮-β-D-葡萄糖醛酸苷(MUG) 0.05g。

制法　将干燥成分加入水中，充分混匀，加热溶解，在 366nm 紫外光下检查无自发荧光后分装于试管中，68.95kPa (115℃，10lb) 高压灭菌 20min，最终 pH 为 6.9±0.2。

A.11　MUG 营养琼脂培养基(NA-MUG)

成分　蛋白胨 5.0g，牛肉浸膏 3.0g，琼脂 15.0g，4-甲基伞形酮-β-D-葡萄糖醛酸苷(MUG) 0.1g，蒸馏水 1000mL。

制法　将干燥成分加入水中，充分混匀，加热溶解，103. 43kPa (121℃，15lb) 高压灭菌 15min ，最终 pH 为 6.8±0.2。在无菌操作条件下倾倒直径 50mm 平板备用。倾倒好的平板在 4℃条件下可保存两周。

本培养基也可不加琼脂，制成液体培养基，使用时加 2～3mL 于灭菌吸收垫上，再将滤膜置于培养垫上培养。

实验二十六　空气中的细菌检验

一、目的要求

掌握检验空气中的细菌的沉降法和气流撞击法。

二、基本原理

空气中的病原微生物是导致呼吸道疾病的主要原因，也是呼吸道疾病的主要传播途径。食品生产和贮存环境中常有大量的微生物，影响到食品的卫生安全。因此，生产食品和贮存食品的环境应保持清洁卫生，对空气中的细菌进行定期的检查，并采取必要的清洁卫生措施，以确保食品的安全和卫生。

检验空气中细菌的方法主要有沉降法、气流撞击法及滤过法。其中沉降法所测的细菌数虽欠准确，但方法最简便，因此使用普遍。后两者检测准确，但需要特殊设备。根据 GB/T 17093—1997 室内空气中细菌总数卫生标准，室内空气中细菌总数规定撞击法≤4000cfu/m^3，沉降法≤45cfu/皿。

三、取样要求

正常生产状态的采样，每周一次。在下列情况下时应进行取样检测：车间转换不同卫生要求的产品时，在加工前进行采样，以便了解车间卫生清扫消毒情况。全厂统一放长假后，车间生产前，进行采样。产品检验结果超过内控标准时，应及时对车间进行采样，如有检验不合格点，整改后再进行采样检验。实验性新产品，按客户规定频率采样检验。

四、实验材料

高压蒸汽灭菌器，干热灭菌器，恒温培养箱，冰箱。平皿（直径 9cm），量筒，三角烧瓶，pH 计或精密 pH 试纸等。撞击式空气微生物采样器。

五、操作步骤

1. 自然沉降法

自然沉降法指直径 9cm 的营养琼脂平板在采样点暴露 5min，经 37℃，48h 培养后，计数生长的细菌菌落数的采样测定方法。

1）样品采集　设置采样点时，应根据现场的大小，选择有代表性的位置作为空气细菌检测的采样点。通常设置 5 个采样点，即室内墙角对角线交点为一采样点，该交点与四墙角连线的中点为另外 4 个采样点。采样高度为 1.2~1.5m。采样点应远离墙壁 1m 以上，并避开空调、门窗等空气流通处。

将营养琼脂平板置于采样点处，打开皿盖，将盖置于皿底，但不能套叠放置或皿盖仰放，以免人为污染。暴露放置 5min 后盖上皿盖。

2）培养　翻转平板，置 36℃±1℃恒温箱中，培养 48h。

3）计数和报告结果　计数每块平板上生长的菌落数，求出全部采样点的平均菌落数。以每平皿菌落数（cfu/皿）报告结果。

2. 气流撞击法

采用撞击式空气微生物采样器采样，通过抽气动力作用，使空气通过狭缝或小孔而产生高速气流，从而使悬浮在空气中的带菌粒子撞击到营养琼脂平板上，经 37℃，48h 培养后，计算每立方米空气中所含的细菌菌落数的采样测定方法。

选择撞击式空气微生物采样器的基本要求：对空气中细菌捕获率达95%；操作简单，携带方便，性能稳定，便于消毒。

1）*采样*　选择有代表性的位置设置采样点。将采样器消毒，按仪器使用说明进行采样。

2）*培养和报告结果*　样品采完后，将带菌营养琼脂平板置36℃±1℃恒温箱中，培养48h，计数菌落数，并根据采样器的流量和采样时间，换算成每立方米空气中的菌落数。以每立方米菌落数（cfu/m^3）报告结果。

实验二十七　食品企业加工设备、用具的细菌检验

一、目的要求

掌握食品企业加工设备、用具的细菌检验的采样方法及检测方法。

二、基本原理

采样浸有灭菌生理盐水的棉签在被检物体表面取样，然后测定细菌总数和大肠菌群。

三、取样要求

正常生产状态的检验，每周一次。在下列情况下时应进行取样检测：车间转换不同卫生要求的产品时，在加工前进行擦拭检验，以便了解车间卫生清扫消毒情况。全厂统一放长假后，车间生产前，进行全面擦拭检验。产品检验结果超内控标准时，应及时对车间可疑处进行擦拭，如有检验不合格点，整改后再进行擦拭检验。实验新产品，按客户规定擦拭频率擦拭检验。对工作表面消毒产生怀疑时，进行擦拭检验。

四、采样方法

用浸有灭菌生理盐水的棉签在被检物体表面（取与食品直接接触或有一定影响的表面）取25cm^2的面积，在其内涂抹10次，然后剪去手接触部分棉棒，将棉签放入含10mL灭菌生理盐水的采样管内送检。

擦拭时棉签要随时转动，保证擦拭的准确性。对每个擦拭点应详细记录所在分场的具体位置、擦拭时间及所擦拭环节的消毒时间。

五、操作步骤

1. 细菌总数测定

1）*样液稀释*　将放有棉棒的试管充分振摇，此液为1∶10稀释液。如污染严重，可10倍递增稀释，吸取1mL的1∶10样液加入9mL无菌生理盐水中，混匀，此液为1∶100稀释液。

2）*加样和培养*　以无菌操作，选择1～2个稀释度各取1mL样液分别注入无菌平皿内，每个稀释度做两个平皿（平行样），将已溶化冷至45℃左右的平板计数琼脂培养基倾入平皿，

每皿约 15mL，充分混合。

待琼脂凝固后，将平皿翻转，置 36℃±1℃ 培养 48h 后计数。

3）报告结果　报告每 $25cm^2$ 食品接触面中的菌落数。

2. 大肠菌群的测定

1）平板法

（1）加样。以无菌操作，选择 1～2 个稀释度各取 1mL 样液分别注入无菌平皿内，每个稀释度做两个平皿（平行样），将已溶化冷至 45℃左右的去氧胆酸盐琼脂培养基倾入平皿，每皿约 15mL，充分混合。待琼脂凝固后，再覆盖一层培养基，3～5mL。

（2）培养。待琼脂凝固后，将平皿翻转，置 36℃±1℃培养 24h 后计数。

（3）计数。以平板上出现紫红色菌落的个数乘以稀释倍数得出。

（4）报告结果。报告每 $25cm^2$ 食品接触面中的菌落数。

2）试管法

（1）加样。以无菌操作，选择 3 个稀释度各取 1mL 样液分别接种到 BGLB 肉汤培养基（实验二十五附录 A 中 A.3）中，每个稀释度接种三管。

（2）培养。置 BGLB 肉汤管于 36℃±1℃培养 48h±2h。记录所有 BGLB 肉汤管的产气管数。

（3）报告结果。按 BGLB 肉汤管产气管数，查 MPN 表报告每 $25cm^2$ 食品接触面中的大肠菌群值。

3. 工厂环境中病原体的检测

为了保证食品安全，工厂应该对生产环境中的病原微生物进行检测和评估，检测项目包括李斯特菌、沙门氏菌、金黄色葡萄球菌等病原菌。应按照一定的计划对生产场所中的病原体进行检测，其中包括地面、下水道、 排水沟、墙壁、天花板、设备框架、运输的支架，冷藏装置、速冻机、传送带、设备的螺丝、维修工具等部位。每月两次，每次每个区域至少选取 5 个检测点分别进行检测。当某个点检测到病原菌时，应该对环境中的相似点加大检测频率。在把所有的预定点检测完后，应该对环境中的病原微生物的存在状况进行全面评估，在下一次环境检测循环过程中加强检测容易出现病原体的环境点，达到持续改进的目的。

实验二十八　包装材料的微生物检验

食品的包装物应无毒、无害，清洁无污染，采用符合国家食品卫生及环境保护法规、标准的原材料制作，所用助剂及内涂料的品种、使用范围和用量应符合国家标准的规定。对包装材料的微生物检验主要是细菌总数、大肠菌群和致病菌的检验，致病菌不得检出。

具体检测方法同上。

思考题

1. 食品用水卫生微生物学检验应测定哪些指标？
2. 水样品采取和送检时应注意哪些问题？
3. 阐述多管发酵法测定水中大肠菌群、耐热大肠菌群的实验原理和方法。
4. 简述滤膜法和酶底物法测定水中大肠菌群的实验原理和方法。
5. 简述大肠埃希氏菌检测的实验原理和方法。
6. 空气中细菌的检验方法有哪些？
7. 自然沉降法测定空气中细菌时样品如何采集？如何报告结果？
8 气流撞击法测定空气中细菌的原理是什么？
9. 进行食品加工设备、用具的细菌检验时如何采样？应测定哪些指标？
10. 什么情况下应进行企业加工设备、用具的细菌检验？
11. 包装材料的微生物检验有哪些指标？

第五章 各类食品的微生物检验

【内容提要】

本部分主要介绍了罐头类食品的商业无菌检验，鲜乳中抗生素残留检测，以及食品中乳酸菌的检验方法。这些检测对象均非致病性生物因素，但对于食品的品质评价和卫生安全有着十分重要的影响。

【实验教学目标】

1. 通过本章实验加深对商业无菌、抗生素残留分析及乳酸菌有效量等基本知识的理解。

2. 掌握罐头类食品的商业无菌检验，鲜乳中抗生素残留检测，以及食品中乳酸菌检验的方法与操作技能。

【重要概念及名词】

食品的商业无菌　抗生素　乳酸菌

实验二十九　罐头食品的商业无菌检验

一、目的要求

培养学生对罐头食品微生物指标的检测技能；
掌握相关的基础理论与实验方法。

二、基本原理

罐头中微生物检测的基本原理与其他章节相同。只是样品采集和处理方法有所差异。此外，由于罐头属于高温杀菌食品，一般的致病菌都会在杀菌过程中死亡，残留在罐头产品中的主要是耐热性的肉毒梭状芽孢杆菌，该菌可以产生致命性肉毒毒素。肉毒梭菌属于厌氧性梭状芽孢杆菌属，在检测过程中，主要基于这其菌种特性及其产毒特点进行分析检测。

罐头食品的商业无菌（commercial sterilization of canned food）是指罐头食品经过适度的热杀菌以后，不含有致病的微生物，也不含有在通常温度下能在其中繁殖的非致病性微生物的一种状态。罐头食品由于微生物污染而造成的安全问题，主要有胖听（swell）和泄漏（leakage）两种。其中，胖听是罐头食品安全中常见的安全问题。它是由于罐头内微生物活动或化学作用产生气体，形成正压，使一端或两端外凸的现象。泄漏是由于罐头密封结构有缺陷，或由于撞击而破坏密封，或罐壁腐蚀而穿孔致使微生物侵入导致的安全问题。

罐头通常分为低酸性罐头食品（low acid canned food）和酸性罐头食品（acid canned food）两种。除酒精饮料以外，凡杀菌后平衡 pH 大于 4.6、水分活性大于 0.85 的罐头食品，以及原来是低酸性的水果、蔬菜或蔬菜制品，因为加热杀菌的需要而加酸降低 pH 的食品，都属于酸化的低酸性罐头食品。杀菌后平衡 pH 等于或小于 4.6，以及 pH 小于 4.7 的番茄、梨和菠萝及由其制成的汁，pH 小于 4.9 的无花果等均为酸性食品。

罐头食品的商业无菌的检验指标主要是肉毒梭菌和肉毒毒素。具体操作过程主要参考 GB 4789.26—2013 进行。

三、实验材料

1. 设备与材料

除微生物实验室常规灭菌及培养设备外，其他设备和材料如下。

冰箱：2～5℃；恒温培养箱：30℃±1℃、36℃±1℃、55℃±1℃；恒温水浴箱：55℃±1℃；均质器及无菌均质袋、均质杯或乳钵；电位 pH 计（精确度 pH0.05 单位）；显微镜：10×～100×；开罐器和罐头打孔器；电子秤或台式天平；超净工作台或百级洁净实验室。

2. 培养基和试剂（见本实验附录 A）

无菌生理盐水；结晶紫染色液；二甲苯；含 4%碘的乙醇溶液（4g 碘溶于 100mL 的 70%乙醇溶液）。

四、检验程序

商业无菌的检验程序如图 5-1 所示。

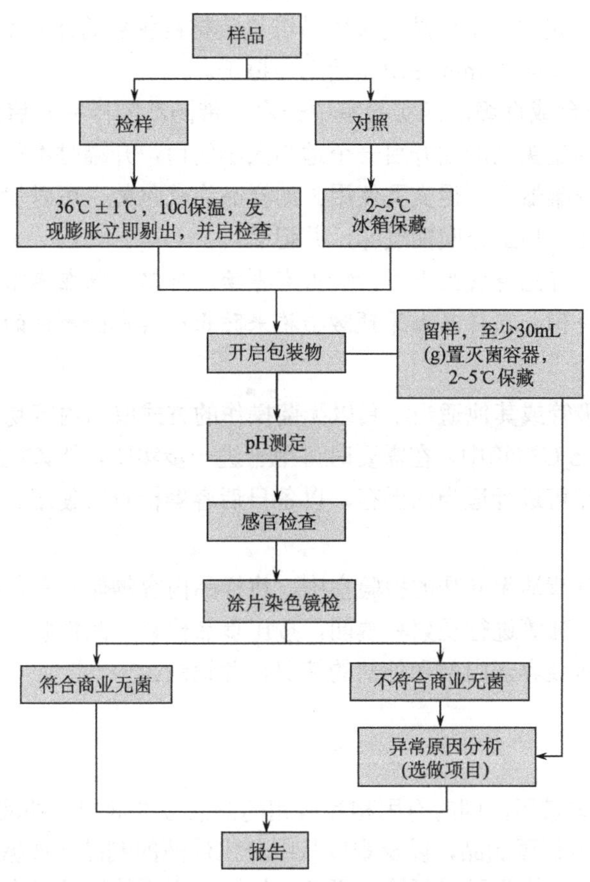

图 5-1　商业无菌的检验程序

五、操作步骤

1. 样品准备

去除表面标签，在包装容器表面用防水的油性记号笔做好标记，并记录容器、编号、产品性状、泄漏情况、是否有小孔或锈蚀、压痕、膨胀及其他异常情况。

2. 称重

1kg 及以下的包装物精确到 1g，1kg 以上的包装物精确到 2g，10kg 以上的包装物精确到 10g，并记录。

3. 保温

（1）每个批次取 1 个样品置 2～5℃冰箱保存作为对照，将其余样品在 36℃±1℃下保温 10d。保温过程中应每天检查，如有膨胀或泄漏现象，应立即剔出，开启检查。

（2）保温结束时，再次称重并记录，比较保温前后样品重量有无变化。如有变轻，表明样品发生泄漏。将所有包装物置于室温直至开启检查。

4. 开启

（1）如有膨胀的样品，则将样品先置于 2～5℃冰箱内冷藏数小时后开启。

（2）如有膨胀用冷水和洗涤剂清洗待检样品的光滑面。水冲洗后用无菌毛巾擦干。用含 4%碘的乙醇溶液浸泡消毒光滑面 15min 后用无菌毛巾擦干，在密闭罩内点燃至表面残余的碘乙醇溶液全部燃烧完。膨胀样品及采用易燃包装材料包装的样品不能灼烧，用含 4%碘的乙醇溶液浸泡消毒光滑面 30min 后用无菌毛巾擦干。

（3）在超净工作台或百级洁净实验室中开启。带汤汁的样品开启前应适当振摇。使用无菌开罐器在消毒后的罐头光滑面开启一个适当大小的口，开罐时不得伤及卷边结构，每一个罐头单独使用一个开罐器，不得交叉使用。如样品为软包装，可以使用灭菌剪刀开启，不得损坏接口处。立即在开口上方嗅闻气味，并记录。

注：严重膨胀样品可能会发生爆炸，喷出有毒物。可以采取在膨胀样品上盖一条灭菌毛巾或者用一个无菌漏斗倒扣在样品上等预防措施来防止这类危险事件的发生。

5. 留样

开启后，用灭菌吸管或其他适当工具以无菌操作的方式取出内容物至少 30mL（g）至灭菌容器内，保存于 2～5℃冰箱中，在需要时可用于进一步实验，待该批样品得出检验结论后可弃去。开启后的样品可进行适当的保存，以备日后容器检查时使用。

6. 感官检查

在光线充足、空气清洁无异味的检验室中，将样品内容物倾入白色搪瓷盘内，对产品的组织、形态、色泽和气味等进行观察和嗅闻，按压食品检查产品性状，鉴别食品有无腐败变质的迹象，同时观察包装容器内部和外部的情况，并记录。

7. pH 测定

1） 样品处理

（1）液态制品混匀备用，同时有固相和液相的制品应取混匀后的液相部分备用。

（2）对于稠厚或半稠厚制品，以及难以从中分出汁液的制品（如糖浆、果酱、果冻、油脂等），取一部分样品在均质器或研钵中研磨，如果研磨后的样品仍太稠厚，加入等量的无菌蒸馏水，混匀备用。

2）测定

（1）将电极插入被测试样液中，并将 pH 计的温度校正器调节到被测液的温度。如果仪器没有温度校正系统，被测试样液的温度应调到 20℃±2℃的范围之内，采用适合于所用 pH 计的步骤进行测定。读数稳定后，从仪器的标度上直接读出 pH，精确到 0.05 pH 单位。

（2）同一个制备试样至少进行两次测定。两次测定结果之差应不超过 0.1pH 单位。取两次测定的算术平均值作为结果，报告精确到 0.05 pH 单位。

3）分析结果　与同批中冷藏保存对照样品相比，比较是否有显著差异。pH 相差 0.5 及以上者，判为显著差异。

8. 涂片染色镜检

1）涂片　取样品内容物进行涂片。带汤汁的样品可用接种环挑取汤汁涂于载玻片上，固态食品可直接涂片或用少量灭菌生理盐水稀释后涂片，待干后用火焰固定。油脂性食品涂片自然干燥并火焰固定后，用二甲苯流洗，自然干燥。

2）染色镜检　对上述涂片用结晶紫染色液进行单染色，干燥后镜检，至少观察 5 个视野，记录菌体的形态特征以及每个视野的菌数。与同批冷藏保存对照样品相比，判断是否有明显的微生物增殖现象。菌数有百倍或百倍以上的增长则判为明显增殖。

六、结果判定

样品经保温实验未出现泄漏；保温后开启，经感官检验、pH 测定、涂片镜检，确证无微生物增殖现象，则可报告该样品为商业无菌。

样品经保温实验出现泄漏；保温后开启，经感官检验、pH 测定、涂片镜检，确证有微生物增殖现象，则可报告该样品为非商业无菌。

若需核查样品出现膨胀、pH 或感官异常、微生物增殖等原因，可取样品内容物的留样按照本实验附录 B 进行接种培养并报告。若需判定样品包装容器是否出现泄漏，可取开启后的样品按照本实验附录 B 进行密封性检查并报告。

附录 A　培养基和试剂

A.1　无菌生理盐水

成分　氯化钠 8.5g；蒸馏水 1000.0mL。

制法　称取 8.5g 氯化钠溶于 1000mL 蒸馏水中，121℃高压灭菌 15min。

A.2　结晶紫染色液

成分　结晶紫 1.0g；95%乙醇 20.0mL；1%草酸铵溶液 80.0mL。

制法　将 1.0g 结晶紫完全溶解于 95%乙醇中，再与 1%草酸铵溶液混合。

染色法将涂片在酒精灯火焰上固定，滴加结晶紫染液，染 1min，水洗。

附录 B　异常原因分析（选做项目）

B.1　培养基和试剂

B.1.1　溴甲酚紫葡萄糖肉汤

成分　蛋白胨 10.0g，牛肉浸膏 3.0g，葡萄糖 10.0g，氯化钠 5.0g，溴甲酚紫 0.04g（或

1.6%乙醇溶液 2.0mL），蒸馏水 1000.0mL。

制法　将除溴甲酚紫以外的各成分加热搅拌溶解，校正 pH 至 7.0±0.2，加入溴甲酚紫，分装于带有小倒管的试管中，每管 10mL，121℃高压灭菌 10min。

B.1.2　庖肉培养基

成分　牛肉浸液 1000.0mL，蛋白胨 30.0g，酵母膏 5.0g，葡萄糖 3.0g，磷酸二氢钠 5.0g，可溶性淀粉 2.0g，碎肉渣适量。

制法

（1）称取新鲜除脂肪和筋膜的碎牛肉 500g，加蒸馏水 1000mL 和 1moL/L 氢氧化钠溶液 25.0mL，搅拌煮沸 15min，充分冷却，除去表层脂肪，澄清，过滤，加水补足至 1000mL，即为牛肉浸液。加入以上除碎肉渣外的各种成分，校正 pH 至 7.8±0.2。

（2）碎肉渣经水洗后晾至半干，分装 15mm×150mm 试管 2～3cm 高，每管加入还原铁粉 0.1～0.2g 或铁屑少许。将上一步配制的液体培养基分装至每管内超过肉渣表面约 1cm。上面覆盖溶化的凡士林或液体石蜡 0.3～0.4cm。121℃高压灭菌 15min。

B.1.3　营养琼脂

成分　蛋白胨 10.0g，牛肉膏 3.0g，氯化钠 5.0g，琼脂 15.0～20.0g，蒸馏水 1000.0mL。

制法　将除琼脂以外的各成分溶解于蒸馏水内，加入 15%氢氧化钠溶液约 2mL，校正 pH 至 7.2～7.4。加入琼脂，加热煮沸，使琼脂溶化。分装三角瓶或 13mm×130mm 试管，121℃高压灭菌 15min。

B.1.4　酸性肉汤

成分　多价蛋白胨 5.0g，酵母浸膏 5.0g，葡萄糖 5.0g，磷酸二氢钾 5.0g，蒸馏水 1000.0mL。

制法　将上述各成分加热搅拌溶解，校正 pH 至 5.0±0.2，121℃高压灭菌 15min。

B.1.5　麦芽浸膏汤

成分　麦芽浸膏 15.0g，蒸馏水 1000.0mL。

制法　将麦芽浸膏在蒸馏水中充分溶解，滤纸过滤，校正 pH 至 4.7±0.2，分装，121℃高压灭菌 15min。

B.1.6　沙氏葡萄糖琼脂

成分　蛋白胨 10.0g，琼脂 15.0g，葡萄糖 40.0g，蒸馏水 1000.0mL。

制法　将各成分在蒸馏水中溶解，加热煮沸，分装在烧瓶中，校正 pH 至 5.6±0.2，121℃高压灭菌 15min。

B.1.7　肝小牛肉琼脂

成分　肝浸膏 50.0g，小牛肉浸膏 500.0g，胨蛋白胨 20.0g，新蛋白胨 1.3g，胰蛋白胨 1.3g，葡萄糖 5.0g，可溶性淀粉 10.0g，等离子酪蛋白 2.0g，氯化钠 5.0g，硝酸钠 2.0g，明胶 20.0g，琼脂 15.0g，蒸馏水 1000.0mL。

制法　在蒸馏水中将各成分混合。校正 pH 至 7.3±0.2，121℃高压灭菌 15min。

B.1.8　革兰氏染色液

B.1.8.1　结晶紫染色液

成分 结晶紫 1.0g，95%乙醇 20.0mL，1%草酸铵水溶液 80.0mL。

制法 将 1.0g 结晶紫完全溶解于 95%乙醇中，再与 1%草酸铵溶液混合。

B.1.8.2 革兰氏碘液

成分 碘 1.0g，碘化钾 2.0g，蒸馏水 300.0mL。

制法 将 1.0g 碘与 2.0g 碘化钾先行混合，加入蒸馏水少许充分振摇，待完全溶解后，再加蒸馏水至 300mL。

B.1.8.3 沙黄复染液

成分 沙黄 0.25g，95%乙醇 10.0mL，蒸馏水 90.0mL。

制法 将 0.25g 沙黄溶解于乙醇中，然后用蒸馏水稀释。

B.1.8.4 染色法

（1）涂片在火焰上固定，滴加结晶紫染液，染 1min，水洗。

（2）滴加革兰氏碘液，作用 1min，水洗。

（3）滴加 95%乙醇脱色 15～30s，直至染色液被洗掉，不要过分脱色，水洗。

（4）滴加复染液，复染 1min，水洗、待干、镜检。

B.2 低酸性罐藏食品的接种培养（pH >4.6）

B.2.1 对低酸性罐藏食品，每份样品接种 4 管预先加热到 100℃，并迅速冷却到室温的疱肉培养基内。

同时接种 4 管溴甲酚紫葡萄糖肉汤。每管接种 1～2mL（g）样品（液体样品为 1～2mL，固体为 1～2g，两者皆有时，应各取一半）。培养条件见表 B-1。

表 B-1 低酸性罐藏食品（pH＞4.6）接种的庖肉培养基和溴甲酚紫葡萄糖肉汤

培养基	管数	培养温度/℃	培养时间/h
庖肉培养基	2	36±1	96～120
庖肉培养基	2	55±1	24～72
溴甲酚紫葡萄糖肉汤	2	55±1	24～48
溴甲酚紫葡萄糖肉汤	2	36±1	96～120

B.2.2 经过表 B-1 规定的培养条件培养后，记录每管有无微生物生长。如果没有微生物生长，则记录后弃去。

B.2.3 如果有微生物生长，以接种环蘸取液体涂片，革兰氏染色镜检。如在溴甲酚紫葡萄糖肉汤管中观察到不同的微生物形态或单一的球菌、真菌形态，则记录并弃去。在庖肉培养基中未发现杆菌，培养物内含有球菌、酵母、霉菌或其混合物，则记录并弃去。将溴甲酚紫葡萄糖肉汤和庖肉培养基中出现生长的其他各阳性管分别划线接种 2 块肝小牛肉琼脂或营养琼脂平板，一块平板做需氧培养，另一块平板做厌氧培养。培养程序见图 B-1。

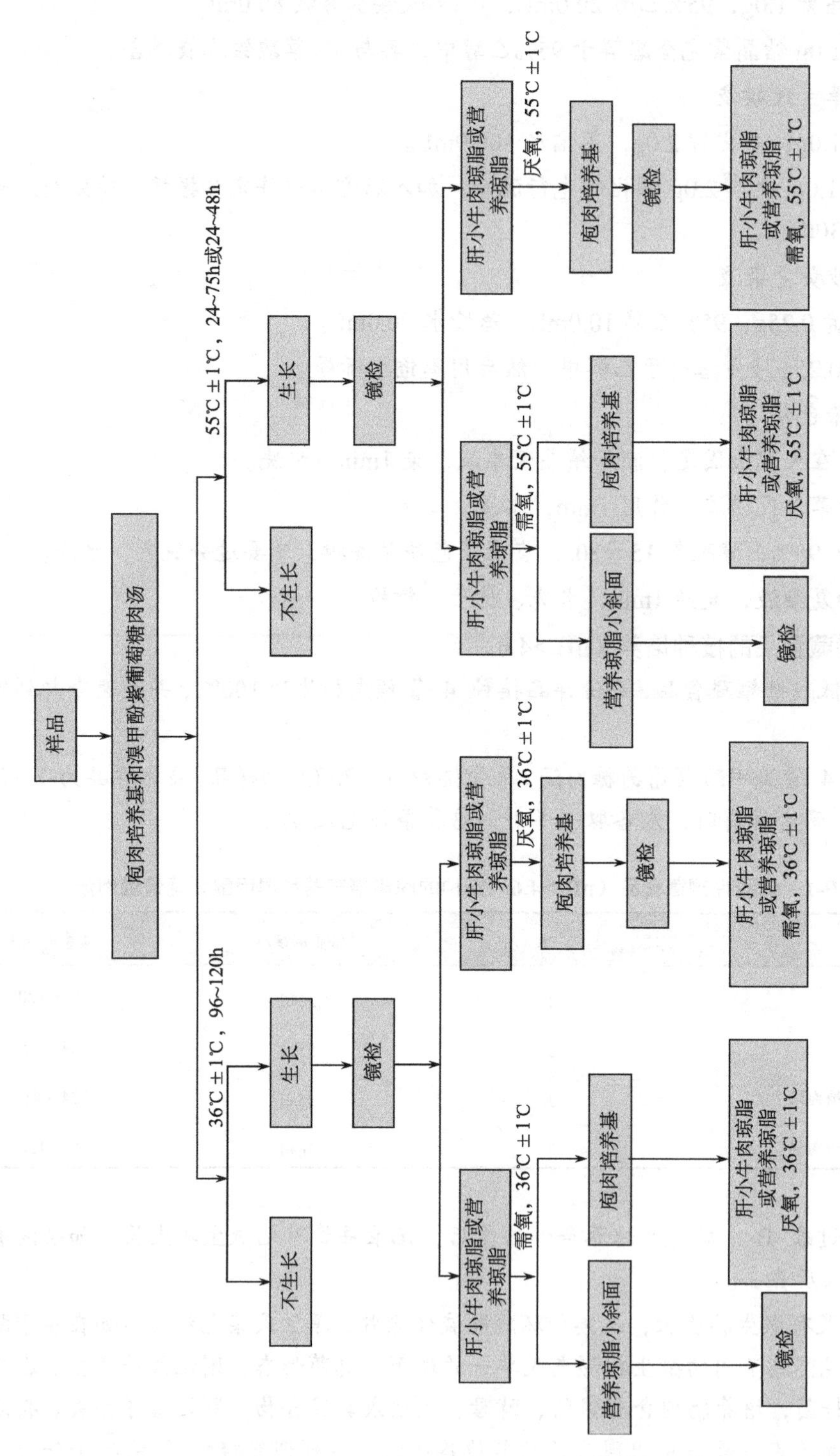

图 B-1　低酸性罐藏食品接种培养程序

B.2.4　挑取需氧培养中单个菌落，接种于营养琼脂小斜面，用于后续的革兰氏染色镜检；挑取厌氧培养中的单个菌落涂片，革兰氏染色镜检。挑取需氧和厌氧培养中的单个菌落，接种于庖肉培养基，进行纯培养。

B.2.5　挑取营养琼脂小斜面和厌氧培养的庖肉培养基中的培养物涂片镜检。

B.2.6　挑取纯培养中的需氧培养物接种肝小牛肉琼脂或营养琼脂平板，进行厌氧培养；挑取纯培养中的厌氧培养物接种肝小牛肉琼脂或营养琼脂平板，进行需氧培养。以鉴别是否为兼性厌氧菌。

B.2.7　如果需检测梭状芽孢杆菌的肉毒毒素，挑取典型菌落接种庖肉培养基做纯培养。36℃培养 5d，按照 GB/T 4789.12 进行肉毒毒素检验。

B.3　酸性罐藏食品的接种培养（pH≤4.6）

B.3.1　每份样品接种 4 管酸性肉汤和 2 管麦芽浸膏汤。每管接种 1～2mL（g）样品（液体样品为 1～2mL，固体为 1～2g，两者皆有时，应各取一半）。培养条件见表 B-2。

表 B-2　酸性罐藏食品（pH≤4.6）接种的酸性肉汤和麦芽浸膏汤

培养基	管数	培养温度/℃	培养时间/h
酸性肉汤	2	55±1	48
酸性肉汤	2	30±1	96
麦芽浸膏汤	2	30±1	96

B.3.2　经过表 B-2 中规定的培养条件培养后，记录每管有无微生物生长。如果没有微生物生长，则记录后弃去。

B.3.3　对有微生物生长的培养管，取培养后的内容物直接涂片，革兰氏染色镜检，记录观察到的微生物。

B.3.4　如果在 30℃培养条件下在酸性肉汤或麦芽浸膏汤中有微生物生长，将各阳性管分别接种 2 块营养琼脂或沙氏葡萄糖琼脂平板，一块做需氧培养，另一块做厌氧培养。

B.3.5　如果在 55℃培养条件下，酸性肉汤中有微生物生长，将各阳性管分别接种 2 块营养琼脂平板，一块做需氧培养，另一块做厌氧培养。对有微生物生长的平板进行染色涂片镜检，并报告镜检所见微生物型别。培养程序见图 B-2。

B.3.6　挑取 30℃需氧培养的营养琼脂或沙氏葡萄糖琼脂平板中的单个菌落，接种营养琼脂小斜面，用于后续的革兰氏染色镜检。同时接种酸性肉汤或麦芽浸膏汤进行纯培养。

挑取 30℃厌氧培养的营养琼脂或沙氏葡萄糖琼脂平板中的单个菌落，接种酸性肉汤或麦芽浸膏汤进行纯培养。

挑取 55℃需氧培养的营养琼脂平板中的单个菌落，接种营养琼脂小斜面，用于后续的革兰氏染色镜检。同时接种酸性肉汤进行纯培养。

挑取 55℃厌氧培养的营养琼脂平板中的单个菌落，接种酸性肉汤进行纯培养。

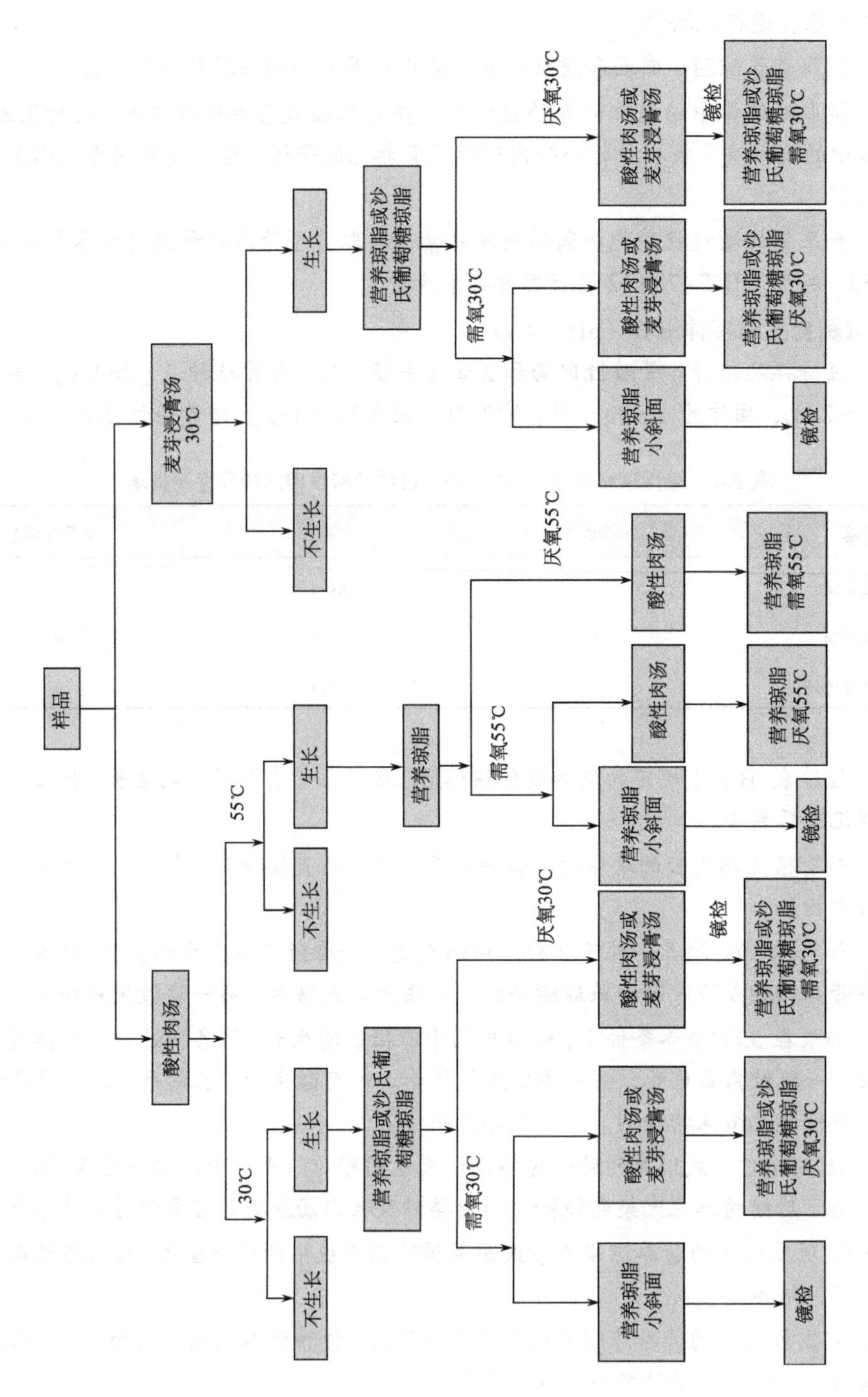

图 B-2　酸性罐藏食品接种培养程序

B.3.7 挑取营养琼脂小斜面中的培养物涂片镜检。挑取30℃厌氧培养的酸性肉汤或麦芽浸膏汤培养物和55℃厌氧培养的酸性肉汤培养物涂片镜检。

B.3.8 将30℃需氧培养的纯培养物接种于营养琼脂或沙氏葡萄糖琼脂平板中进行厌氧培养，将30℃厌氧培养的纯培养物接种于营养琼脂或沙氏葡萄糖琼脂平板中进行需氧培养，将55℃需氧培养的纯培养物接种于营养琼脂中进行厌氧培养，将55℃厌氧培养的纯培养物接种于营养琼脂中进行需氧培养，以鉴别是否为兼性厌氧菌。

B.3.9 结果分析

B.3.9.1 如果在膨胀的样品里没有发现微生物的生长，膨胀可能是由于内容物和包装发生反应产生氢气造成的。产生氢气的量随储存时间长短和存储条件而变化。填装过满也可能导致轻微的膨胀，可以通过称重来确定是否由于填装过满所致。

在直接涂片中看到有大量细菌的混合菌相，但是经培养后不生长，表明杀菌前发生的腐败。由于密闭包装前细菌生长的结果，导致产品的 pH、气味和组织形态呈现异常。

B.3.9.2 包装容器密封性良好时，在36℃培养条件下若只有芽孢杆菌生长，且它们的耐热性不高于肉毒梭菌（*Clostridium botulinum*），则表明生产过程中杀菌不足。

B.3.9.3 培养出现杆菌和球菌、真菌的混合菌落，表明包装容器发生泄漏。也有可能是杀菌不足所致，但在这种情况下同批产品的膨胀率将很高。

B.3.9.4 在36℃或55℃溴甲酚紫葡萄糖肉汤培养观察产酸产气情况，如有产酸，表明有嗜中温的微生物，如嗜温耐酸芽孢杆菌，或者嗜热微生物，如嗜热脂肪芽孢杆菌（*Bacillus stearothermophilus*）生长。

在55℃的庖肉培养基上有细菌生长并产气，发出腐烂气味，表明样品腐败是由嗜热的厌氧梭菌所致。

在36℃庖肉培养基上生长并产生带腐烂气味的气体，镜检可见芽孢，表明腐败可能是由肉毒梭菌、生孢梭菌（*C.sporogenes*）或产气荚膜梭菌（*C. perfringens*）引起的。有需要可以进一步进行肉毒毒素检测。

B.3.9.5 酸性罐藏食品的变质通常是由于无芽孢的乳杆菌和酵母所致。

一般 pH 低于 4.6 时不会发生由芽孢杆菌引起的变质，但变质的番茄酱或番茄汁罐头并不出现膨胀，但有腐臭味，伴有或不伴有 pH 降低，一般是由于需氧的芽孢杆菌所致。

B.3.9.6 许多罐藏食品中含有嗜热菌，在正常的储存条件下不生长，但当产品暴露于较高的温度（50～55℃）时，嗜热菌就会生长并引起腐败。嗜热耐酸的芽孢杆菌和嗜热脂肪芽孢杆菌分别在酸性和低酸性的食品中引起腐败，但是并不出现包装容器膨胀。在55℃培养不会引起包装容器外观的改变，但会产生臭味，伴有或不伴有 pH 的降低。番茄、梨、无花果和菠萝等罐头的腐败变质有时是由于巴斯德梭菌（*C.pasteurianum*）引起。嗜热解糖梭状芽孢杆菌（*C. thermosaccharolyticum*）就是一种嗜热厌氧菌，能够引起膨胀和产品的腐烂气味。

嗜热厌氧菌也能产气，由于在细菌开始生长之后迅速增殖，可能混淆膨胀是由于氢气引起的还是嗜热厌氧菌产气引起的。化学物质分解将产生二氧化碳，尤其是集中发生在含糖和一些酸的食品，如番茄酱、糖蜜、甜馅和高糖的水果的罐头中。这种分解速度随着温度上升而加快。

B.3.9.7 灭菌的真空包装和正常的产品直接涂片，分离出任何微生物应该怀疑是实验室污染。为了证实是否实验室污染，在无菌条件下接种该分离出的活的微生物到另一个正常的对照样品中，密封，在36℃培养14d。如果发生膨胀或产品变质，这些微生物就可能不是来自原始样品中。如果样品仍然是平坦的，无菌操作打开样品包装，并按上述步骤做再次培养；如果同一种微生物被再次发现并且产品是正常的，认为该产品商业无菌，因为这种微生物在正常的保存和运送过程中不生长。

B.3.9.8 如果食品本身发生混浊，肉汤培养可能得不出确定性结论，这种情况下需要进一步培养，以确定是否有微生物生长。

B.4 镀锡薄钢板食品空罐密封性检验方法

B.4.1 减压试漏

将样品包装罐洗净，36℃烘干。在烘干的空罐内注入清水至容积的 80%～90%，将一带橡胶圈的有机玻璃板放置罐头开启端的卷边上，使其保持密封。启动真空泵，关闭放气阀，用手按住盖板，控制抽气，使真空表从 0Pa 升到 6.8×10^4Pa（510mmHg）的时间在 1min 以上，并保持此真空度 1min 以上。倾斜并仔细观察罐体，尤其是卷边及焊缝处，有无气泡产生。凡同一部位连续产生气泡，应判断为泄漏，记录漏气的时间和真空度，并标注漏气部位。

B.4.2 加压试漏

将样品包装罐洗净，36℃烘干。用橡皮塞将空罐的开孔塞紧，将空罐浸没在盛水玻璃缸中，开动空气压缩机，慢慢开启阀门，使罐内压力逐渐加大，直至压力升至 6.8×10^4Pa 并保持 2min。仔细观察罐体，尤其是卷边及焊缝处，有无气泡产生。凡同一部位连续产生气泡，应判断为泄漏，记录漏气开始的时间和压力，并标注漏气部位。

实验三十 鲜乳中抗生素残留量检验

一、目的要求

检测鲜乳中抗生素残留量；

掌握有关鲜乳中抗生素种类、来源、检测原理等方面的基础理论。

二、基本原理

第一法，嗜热链球菌抑制法：样品经过 80℃杀菌后，添加嗜热链球菌菌液。培养一段时间后，嗜热链球菌开始增殖。这时候加入代谢底物 2,3,5-氯化三苯四氮唑（TTC），若该样品中不含有抗生素或抗生素的浓度低于检测限，嗜热链球菌将继续增殖，还原 TTCdn 为红色物质。相反，如果样品中含有高于检测限的抑菌剂，则嗜热链球菌受到抑制，因此指示剂 TTCi 还原，保持原色。

第二法，嗜热脂肪芽孢杆菌抑制法。培养基预先混合嗜热脂肪芽孢杆菌芽孢，并含有 pH 指示剂（溴甲酚紫）。加入样品并孵育后，若该样品中不含有抗生素或抗生素的浓度低于检测限，细菌芽孢将在培养基中生长并利用糖产酸，pH 指示剂的紫色变为黄色。相反，如果样品含有高于检测限的抗生素，则细菌芽孢不会生长，pH 指示剂的颜色保持不变，仍为紫色。

这两种方法中第一种方法适用于鲜乳中能抑制嗜热链球菌（*Streptococcus thermophilus*）的抗生素的检验；第二种方法适用于鲜乳中能抑制嗜热脂肪芽孢杆菌卡利德变种（*Bacillus stearothermophilus* var. *calidolactis*）的抗生素的检验，也可用于复原乳、消毒灭菌乳、乳粉中抗生素的检测。具体方法参照 GB/T 4789.27—2008 进行。

第一法　嗜热链球菌抑制法

一、实验材料

1. 设备与材料

除微生物实验室常规灭菌及培养设备外，其他设备如下。

冰箱：2～5℃、–20～–5℃；恒温培养箱：36℃±1℃；带盖恒温水浴锅：36℃±1℃、80℃±2℃；天平：感量 0.1g、0.001g；无菌吸管：1mL（具 0.01mL 刻度），10.0mL（具 0.1mL 刻度）或微量移液器及吸头；无菌试管：18mm×180mm；温度计：0～100℃；旋涡混匀器。

2. 菌种、培养基和试剂

菌种：嗜热链球菌。

青霉素 G 参照溶液（见本实验附录 A）；灭菌脱脂乳：经 113℃灭菌 20min。

4% 2,3,5-氯化三苯基四氮唑（TTC）水溶液：称取 1g TTC，溶于 5mL 灭菌蒸馏水中，装褐色瓶内于 7℃冰箱保存，临用时用灭菌蒸馏水进行 5 倍稀释。如遇溶液变为玉色或淡褐色，则不能再用。

二、检验程序

鲜乳中抗生素残留检验程序如图 5-2 所示。

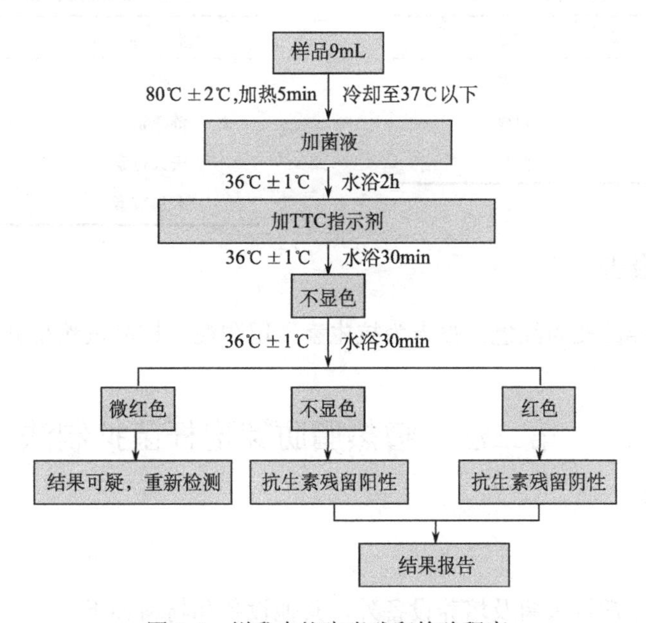

图 5-2　鲜乳中抗生素残留检验程序

三、操作步骤

1. 活化菌种

取一接种环嗜热链球菌菌种，接种在 9mL 灭菌脱脂乳中，置 36℃±1℃恒温培养箱中培养 12～15h 后，置 2～5℃冰箱保存备用。每 15d 转种一次。

2. 测试菌液

将经过活化的嗜热链球菌菌种接种至灭菌脱脂乳，36℃±1℃培养 15h±1h，加入相同体积的灭菌脱脂乳混匀，稀释成测试菌液。

3. 培养

取样品 9mL，置 18mm×180mm 试管内，每份样品另外做一份平行样。同时再做阴性和阳性对照各一份，阳性对照管用 9mL 青霉素 G 参照溶液，阴性对照管用 9mL 灭菌脱脂乳。所有试管置 80℃±2℃水浴加热 5min，冷却至 37℃以下，加入测试菌液 1mL，轻轻旋转试管混匀。36℃±1℃水浴培养 2h，加 4% TTC 水溶液 0.3mL，在旋涡混匀器上混合 15s 或振动试管混匀。36℃±1℃水浴避光培养 30min，观察颜色变化。如果颜色没有变化，于水浴中继续避光培养 30min 做最终观察。观察时要迅速，避免光照过久出现干扰。

4. 结果观察

准确培养 30min 观察结果，如为阳性，再继续培养 30min 做第二次观察。观察时要迅速，避免光照过久发生干扰。乳中有抗生素存在，则检样中虽加菌液培养物，但因细菌的繁殖受到抑制，因此指示剂 TTC 不还原，不显色。与此相反，如果没有抗生素存在，则加入菌液即行增殖，TTC 被还原而显红色，也就是说检样呈乳的原色时为阳性，呈红色时为阴性。具体内容见表 5-1 和表 5-2。

表 5-1 显色状态判断标准

显色状态	判断
未显色者	阳性
微红色者	可疑
桃红色者-红色	阴性

表 5-2 检测各种抗生素的灵敏度

抗生素名称	最低检出量
青霉素	0.004 单位
链霉素	0.5 单位
庆大霉素	0.4 单位
卡那霉素	5 单位

四、结果与报告

最终观察时，样品变为红色，报告为抗生素残留阴性。样品依然呈乳的原色，报告为抗生素残留阳性。

第二法 嗜热脂肪芽孢杆菌抑制法

一、实验材料

1. 设备和材料

除微生物实验室常规灭菌及培养设备外，其他设备和材料如下。

冰箱：2～0℃，-20～-5℃；恒温培养箱：36℃±1℃、56℃±1℃；恒温水浴锅：65℃±2℃、

80℃±2℃；无菌吸管或100μL、200μL微量移液器及吸头；无菌试管：18mm×180mm、15mm×100mm；温度计0～100℃；离心机：转速5000r/min。

2. 菌种、培养基和试剂

菌种：嗜热脂肪芽孢杆菌卡利德变种。

溴甲酚紫葡萄糖蛋白胨培养基；无菌磷酸盐缓冲液；青霉素G参照溶液（见本实验附录A）。

灭菌脱脂乳：经113℃灭菌20min。

4% 2,3,5-氯化三苯四氮唑（TTC）水溶液：称取1g TTC，溶于5mL灭菌蒸馏水中，装褐色瓶内于7℃冰箱保存，临用时用灭菌蒸馏水稀释至5倍。如遇溶液变为玉色或淡褐色，则不能再用。

二、检验程序

鲜乳中抗生素残留检验程序如图5-3所示。

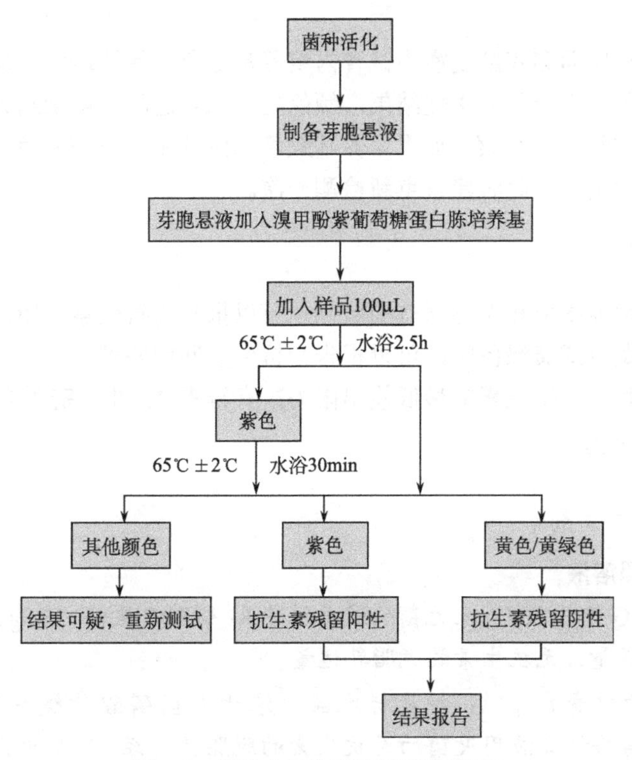

图5-3　鲜乳中抗生素残留检验程序

三、操作步骤

1. 芽孢悬液

将嗜热脂肪芽孢杆菌菌种划线移种于营养琼脂平板表面，56℃±1℃培养24h后挑取乳白色半透明圆形特征菌落，在营养琼脂平板上再次划线培养，56℃±1℃培养24h后转入36℃±1℃培养3～4d，镜检芽孢产率达到95%以上时进行芽孢悬液的制备。每块平板用1～3mL无菌磷酸盐缓冲液洗脱培养基表面的菌苔（如果使用克氏瓶，每瓶使用无菌磷酸盐缓冲液 10～20mL）。将洗脱液 5000r/minn 离心 15min。取沉淀物加 0.03mol/L 的无菌磷酸盐缓冲液（pH7.2），制成 10^9CFU/mL 芽孢悬浮液，置 80℃±2℃恒温水浴中 10min 后，密封防止水分蒸发，置 2～5℃保存备用。

2. 测试培养基

在溴甲酚紫葡萄糖蛋白胨培养基中加入适量芽孢悬液，混合均匀，使最终的芽孢浓度为 8×10^6～2×10^6 CFU/mL。混合芽孢悬液的溴甲酚紫葡萄糖蛋白胨培养基分装小试管，每试管 200μL，密封防止水分蒸发。配制好的测试培养基可以在 2～5℃保存 6 个月。

3. 培养操作

吸取样品 100μL 加入含有芽孢的测试培养基中，轻轻旋转试管混匀。每份检样做两份，另外再做阴性和阳性对照各一份，阳性对照管为 100μL 青霉素 G 参照溶液，阴性对照管为 100μL 无抗生素的脱脂乳。于 65℃±2℃水浴培养 2.5h，观察培养基颜色的变化。如果颜色没有变化，需再于水浴中培养 30min 做最终观察。

4. 判断方法

以白色为背景从侧面和底部观察小试管内培养基颜色。保持培养基原有的紫色为阳性结果，培养基变成黄色或黄绿色为阴性结果，颜色处于二者之间为可疑结果。对于可疑结果应继续培养 30min 再进行最终观察。如果培养基颜色仍然处于黄色与紫色之间，表示抗生素浓度接近方法的最低检出限，此时建议重新检测一次。

四、结果与报告

最终观察时，培养基依然保持原有的紫色，可以报告为抗生素残留阳性。

培养基变为呈黄色或黄绿色时，可以报告为抗生素残留阴性。

本方法检测几种常见抗生素的最低检出限为：青霉素 3μg/L，链霉素 50μg/L，庆大霉素 30μg/L，卡那霉素 50μg/L。

附录 A　培养基和试剂

A.1　青霉素 G 参照溶液

成分　青霉素 G 钾盐 30.0mg，无菌磷酸盐缓冲液（磷酸二氢钠 2.83g，磷酸二氢钾 1.36g，蒸馏水 1000mL）适量，无抗生素的脱脂乳适量。

制法　精密称取青霉素 G 钾盐标准品，溶于无菌磷酸盐缓冲液中，使其浓度为 100~1000IU/mL。再将该溶液用灭菌的无抗生素的脱脂乳（经 115℃灭菌 20min。也可以采用无抗生素的脱脂牛乳粉，以蒸馏水 10 倍稀释，加热至完全溶解，115℃灭菌 20min)稀释至 0.006IU/mL，分装于无菌小试管中，密封备用。–20℃保存不超过 6 个月。

A.2　无菌磷酸盐缓冲液

磷酸二氢钠 2.83g，磷酸二氢钾 1.36g，蒸馏水 1000mL。将这些成分混合，调节 pH 至 7.3±0.1，121℃高压灭菌 20min。

A.3　溴甲酚紫葡萄糖蛋白胨培养基

蛋白胨 10.0g，葡萄糖 5.0g，2%溴甲酚紫乙醇溶液 0.6mL，琼脂 4.0g，蒸馏水 1000mL。

在蒸馏水中加入蛋白胨、葡萄糖、琼脂、加热搅拌至完全溶解，调节 pH 至 7.1±0.1，然后再加入溴甲酚紫乙醇溶液，混匀后，115℃高压灭菌 30min。

实验三十一　食品中乳酸菌检验

一、目的要求

掌握食品中乳酸菌分析检测的基本原理与实验过程。

二、基本原理

乳酸菌（*Lactic acid bacteria*）是一类可发酵糖主要产生大量乳酸的细菌的通称。本方法中检验的乳酸菌主要为乳杆菌属（*Lactobacillus*）、双歧杆菌属（*Bifidobacterium*）和链球菌属（*Streptococcus*）。

本方法主要参照食品安全国家标准 食品微生物学检验—乳酸菌检验 GB 4789.35—2010 进行。本实验方法适用于含活性乳酸菌的食品中乳酸菌的检验。

三、实验材料

1. 设备和材料

除微生物实验室常规灭菌及培养设备外，其他设备和材料如下。

恒温培养箱：36℃±1℃；冰箱：2～5℃；均质器及无菌均质袋、均质杯或灭菌乳钵；天平：感量 0.1g；无菌试管：18mm×180mm、15m×100mm；无菌吸管：1mL（具 0.01mL 刻度）、10mL（具 0.1mL 刻度）或微量移液器及吸头；无菌锥形瓶：500mL、250mL。

2. 培养基和试剂（见本实验附录 A）

MRS（Man Rogosa Sharpe）培养基及莫匹罗星锂盐（Li-Mupirocin）改良 MRS 培养基；MC 培养基（Modified Chalmers 培养基）0.5%蔗糖发酵管；0.5%纤维二糖发酵管；0.5%麦芽糖发酵管；0.5%甘露醇发酵管；0.5%水杨苷发酵管；0.5%山梨醇发酵管；0.5%乳糖发酵管；七叶苷发酵管；革兰氏染色液；莫匹罗星锂盐（Li-Mupirocin）：化学纯。

四、检验程序

乳酸菌检验程序如图 5-4 所示。

五、操作步骤

1. 样品制备

（1）样品的全部制备过程均应遵循无菌操作程序。

（2）冷冻样品可先使其在 2～5℃条件下解冻，时间不超过 18h，也可在温度不超过 45℃的条件下，解冻时间不超过 15min。

（3）固体和半固体食品：以无菌操作称取 25g 样品，置于装有 225mL 生理盐水的无菌均质杯内，于 8000～10 000r/min 均质 1～2min，制成 1∶10 样品匀液；或置于 225mL 生理盐水的无菌均质袋中，用拍击式均质器拍打 1～2min 制成 1∶10 的样品匀液。

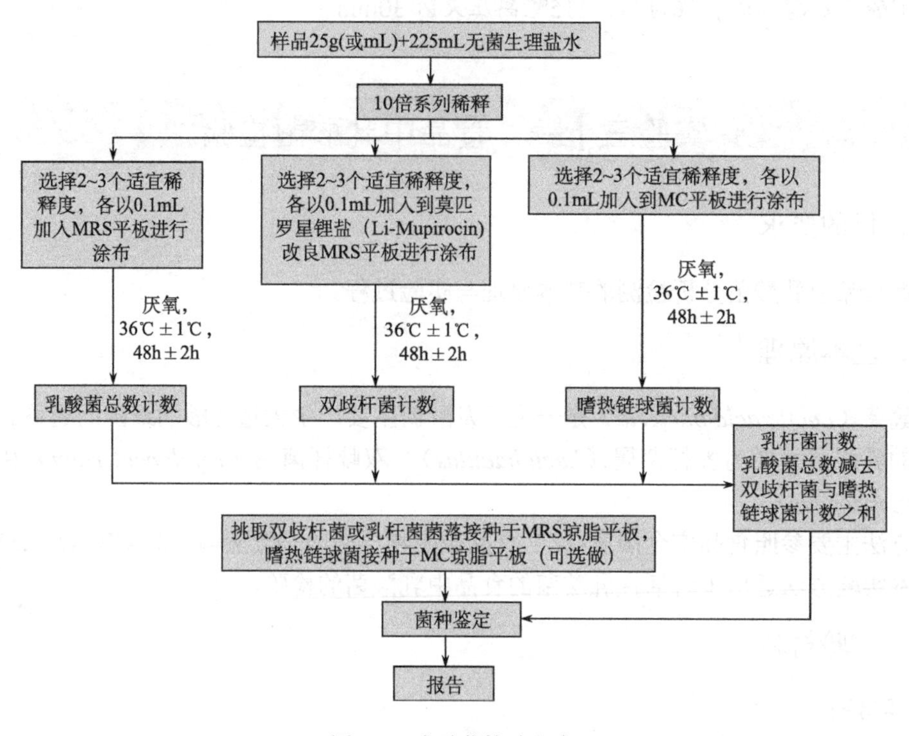

图 5-4　乳酸菌检验程序

（4）液体样品：液体样品应先将其充分摇匀后，以无菌吸管吸取样品 25mL 放入装有 225mL 生理盐水的无菌锥形瓶（瓶内预置适当数量的无菌玻璃珠）中，充分振摇，制成 1∶10 的样品匀液。

2. 步骤

（1）用 1mL 无菌吸管或微量移液器吸取 1∶10 样品匀液 1mL，沿管壁缓慢注于装有 9mL 生理盐水的无菌试管中（注意吸管尖端不要触及稀释液），振摇试管或换用 1 支无菌吸管反复吹打使其混合均匀，制成 1∶100 的样品匀液。

（2）另取 1mL 无菌吸管或微量移液器吸头，按上述操作顺序，做 10 倍递增样品匀液，每递增稀释一次，即换用 1 次 1mL 灭菌吸管或吸头。

（3）乳酸菌计数。

a. 乳酸菌总数。根据待检样品活菌总数的估计，选择 2～3 个连续的适宜稀释度，每个稀释度吸取 0.1mL 样品匀液分别置于 2 个 MRS 琼脂平板，使用 L 形棒进行表面涂布。36℃±1℃厌氧培养 48h±2h 后计数平板上的所有菌落数。从样品稀释到平板涂布要求在 15min 内完成。

b. 双歧杆菌计数。根据对待检样品双歧杆菌含量的估计，选择 2～3 个连续的适宜稀释度，每个稀释度吸取 0.1mL 样品匀液于莫匹罗星锂盐改良 MRS 琼脂平板，使用灭菌 L 形棒进行表面涂布，每个稀释度做两个平板。36℃±1℃厌氧培养 48h±2h 后计数平板上的所有菌落数。从样品稀释到平板涂布要求在 15min 内完成。

c. 嗜热链球菌计数。根据待检样品嗜热链球菌活菌数的估计，选择 2～3 个连续的适宜稀释度，每个稀释度吸取 0.1mL 样品匀液分别置于 2 个 MC 琼脂平板，使用 L 形棒进行表面涂布。36℃±1℃需氧培养 48h±2h 后计数。嗜热链球菌在 MC 琼脂平板上的菌落特征为：菌落中等偏小，边缘整齐光滑的红色菌落，直径 2mm±1mm，菌落背面为粉红色。从样品稀释到平板涂布要求在 15min 内完成。

d. 乳杆菌计数。测得的乳酸菌总数结果减去 b.中双歧杆菌与 c.中所得的嗜热链球菌计数结果之和即得乳杆菌计数。

3. 菌落计数

可用肉眼观察，必要时用放大镜或菌落计数器，记录稀释倍数和相应的菌落数量。菌落计数以菌落形成单位（CFU）表示。

（1）选取菌落数在 30～300CFU 之间、无蔓延菌落生长的平板计数菌落总数。低于 30 CFU 的平板记录具体菌落数，大于 300CFU 的可记录为多不可计。每个稀释度的菌落数应采用两个平板的平均数。

（2）其中一个平板有较大片状菌落生长时，则不宜采用，而应以无片状菌落生长的平板作为该稀释度的菌落数；若片状菌落不到平板的一半，而其余一半中菌落分布又很均匀，即可计算半个平板后乘以 2，代表一个平板菌落数。

（3）当平板上出现菌落间无明显界线的链状生长时，则将每条单链作为一个菌落计数。

4. 结果的表述

（1）若只有一个稀释度平板上的菌落数在适宜计数范围内，计算两个平板菌落数的平均值，再将平均值乘以相应稀释倍数，作为每 g（mL）中菌落总数结果。

（2）若有两个连续稀释度的平板菌落数在适宜计数范围内时，按公式计算：

$$N = \frac{\sum C}{(n_1 + 0.1n_2)d}$$

式中：N 表示样品中菌落数；$\sum C$ 表示平板（含适宜范围菌落数的平板）菌落数之和；n_1 表示第一稀释度（低稀释倍数）平板个数；n_2 表示第二稀释度（高稀释倍数）平板个数；d 表示稀释因子（第一稀释度）。

（3）若所有稀释度的平板上菌落数均大于 300CFU，则对稀释度最高的平板进行计数，其他平板可记录为多不可计，结果按平均菌落数乘以最高稀释倍数计算。

（4）若所有稀释度的平板菌落数均小于 30CFU，则应按稀释度最低的平均菌落数乘以稀释倍数计算。

（5）若所有稀释度（包括液体样品原液）平板均无菌落生长，则以小于 1 乘以最低稀释倍数计算。

（6）若所有稀释度的平板菌落数均不在 30～300CFU 之间，其中一部分小于 30CFU 或大于 300CFU 时，则以最接近 30CFU 或 300CFU 的平均菌落数乘以稀释倍数计算。

5. 菌落数的报告

（1）菌落数小于 100CFU 时，按“四舍五入”原则修约，以整数报告。

（2）菌落数大于或等于 100CFU 时，第 3 位数字采用“四舍五入”原则修约后，取前 2 位数字，后面用 0 代替位数；也可用 10 的指数形式来表示，按“四舍五入”原则修约后，采用两位有效数字。

（3）称重取样以 CFU/g 为单位报告，体积取样以 CFU/mL 为单位报告。

六、结果与报告

根据菌落计数结果出具报告，报告单位以 CFU/g（mL）表示。

七、乳酸菌的鉴定（可选做）

1. 纯培养

挑取 3 个或以上单个菌落，嗜热链球菌接种于 MC 琼脂平板，乳杆菌属接种于 MRS 琼脂平板，置 36℃±1℃厌氧培养 48h。

2. 鉴定

（1）双歧杆菌的鉴定按 GB/T 4789.34—2012 的规定操作。

（2）涂片镜检：乳杆菌属菌体形态多样，呈长杆状、弯曲杆状或短杆状。无芽孢，革兰氏染色阳性。嗜热链球菌菌体呈球形或球杆状，直径为 0.5～2.0μm，成对或成链排列，无芽孢，革兰氏染色阳性。

（3）乳酸菌菌种主要生化反应见表 5-3 和表 5-4。

表 5-3　常见乳杆菌属内种的碳水化合物反应

菌种	七叶苷	纤维二糖	麦芽糖	甘露醇	水杨苷	山梨醇	蔗糖	棉子糖
干酪乳杆菌干酪亚种（*L.casei* subsp. *casei*）	+	+	+	+	+	+	+	−
德氏乳杆菌保加利亚种（*L.delbrueckii* subsp. *bulgaricus*）	−	−	−	−	−	−	−	−
嗜酸乳杆菌（*L.acidophilus*）	+	+	+	+	+	+	+	d
罗伊氏乳杆菌（*L.reuteri*）	ND	−	+	−	−	−	+	+
鼠李糖乳杆菌（*L.rhamnosus*）	+	+	+	+	+	+	+	−
植物乳杆菌（*L.plantarum*）	+	+	+	+	+	+	+	+

注：+表示 90%以上菌株阳性；−表示 90%以上菌株阴性；d 表示 11%～89%菌株阳性；ND 表示未测定。

表 5-4　嗜热链球菌的主要生化反应

菌种	菊糖	乳糖	甘露醇	水杨苷	山梨醇	马尿酸	七叶苷
嗜热链球菌（*S.thermophilus*）	−	+	−	−	−	−	−

注：+表示 90%以上菌株阳性；−表示 90%以上菌株阴性。

附录 A　培养基和试剂

A.1　MRS 培养基

A.1.1　**成分**　蛋白胨 10.0g，牛肉粉 5.0g，酵母粉 4.0g，葡萄糖 20.0g，Tween 80 1.0mL，$K_2HPO_4 \cdot 7H_2O$ 2.0g，醋酸钠 $\cdot 3H_2O$ 5.0g，柠檬酸三铵 2.0g，$MgSO_4 \cdot 7H_2O$ 0.2g，$MnSO_4 \cdot 4H_2O$ 0.05g，琼脂粉 15.0g，pH 6.2。

A.1.2　**制法**　将上述成分加入到 1000mL 蒸馏水中，加热溶解，调节 pH，分装后 121℃

高压灭菌15～20min。

A.1.3　莫匹罗星锂盐（Li-Mupirocin）改良MRS培养基

A.1.3.1　莫匹罗星锂盐（Li-Mupirocin）储备液制备

称取50mg莫匹罗星锂盐（Li-Mupirocin）加入到50mL蒸馏水中，用0.22μm微孔滤膜过滤除菌。

A.1.3.2　制法

将A.1.1成分加入到950mL蒸馏水中，加热溶解，调节pH，分装后于121℃高压灭菌15～20min。临用时加热溶化琼脂，在水浴中冷至48℃，用带有0.22μm微孔滤膜的注射器将莫匹罗星锂盐储备液加入到溶化琼脂中，使培养基中莫匹罗星锂盐的浓度为50μg/mL。

A.2　MC培养基

成分　大豆蛋白胨5.0g，牛肉粉3.0g，酵母粉3.0g，葡萄糖20.0g，乳糖20.0g，碳酸钙10.0g，琼脂15.0g，蒸馏水1000mL，1%中性红溶液5.0mL，pH6.0。

制法　将上述成分加入蒸馏水中，加热溶解，调节pH，加入中性红溶液。分装后121℃高压灭菌15～20min。

A.3　乳酸杆菌糖发酵管

成分　牛肉膏5.0g，蛋白胨5.0g，酵母浸膏5.0g，Tween 80 0.5mL，琼脂1.5g，1.6%溴甲酚紫乙醇溶液1.4mL，蒸馏水1000mL。

制法　按0.5%加入所需糖类，并分装小试管，121℃高压灭菌15～20min。

A.4　七叶苷培养基

成分　蛋白胨5.0g，磷酸氢二钾1.0g，七叶苷3.0g，枸橼酸铁0.5g，1.6%溴甲酚紫乙醇溶液1.4mL，蒸馏水100mL。

制法　将上述成分加入蒸馏水中，加热溶解，121℃高压灭菌15～20min。

A.5　革兰氏染色液

A.5.1　结晶紫染色液

成分　结晶紫1.0g，95%乙醇20mL，1%草酸铵水溶液80mL。

制法　将结晶紫完全溶解于乙醇中，然后与草酸铵溶液混合。

A.5.2　革兰氏碘液

成分　碘1.0g，碘化钾2.0g，蒸馏水300mL。

制法　将碘与碘化钾先进行混合，加入蒸馏水少许，充分振摇，待完全溶解后，再加蒸馏水至300mL。

A.5.3　沙黄复染液

成分　沙黄0.25g，95%乙醇10mL，蒸馏水90mL。

制法　将沙黄溶解于乙醇中，然后用蒸馏水稀释。

A.5.4　染色法

（1）将涂片在酒精灯火焰上固定，滴加结晶紫染色液，染1min，水洗。

（2）滴加革兰氏碘液，作用1min，水洗。

（3）滴加95%乙醇脱色15～30s，直至染色液被洗掉，不要过分脱色，水洗。

（4）滴加复染液，复染1min。水洗、待干、镜检。

思考题

1. 判定食品商业无菌的依据是什么？
2. 抗生素残留量检测分析的依据是什么？
3. 食品中乳酸菌分析检测的依据是什么？

第六章 食品的微生物现代检测新技术

【内容提要】

本章主要介绍了食品的现代微生物检测新技术和新方法，如聚合酶链反应(PCR)技术，免疫学检测技术（抗原-抗体反应，如免疫凝集实验、免疫电泳技术、免疫荧光技术、免疫磁珠技术和免疫酶技术），核酸分子杂交技术等。介绍了这些方法的基本原理和操作程序。

【实验教学目标】

1. 通过实验了解聚合酶链反应技术、实时荧光定量PCR技术及免疫学检测技术的原理；
2. 通过实验掌握聚合酶链反应技术、核酸分子杂交技术及生物芯片技术的方法。

【重要概念和名词】

聚合酶链反应　变性　退火　延伸　聚丙烯酰胺凝胶电泳

实验三十二　聚合酶链反应（PCR）技术

一、目的要求

了解聚合酶链反应技术的原理；
掌握聚合酶链反应技术的方法。

二、基本原理

聚合酶链反应（polymerase chain reaction, PCR）简称PCR技术，是一种体外扩增特异DNA片段的技术。该方法不通过活细胞，在几小时内即可使几个拷贝的模板序列扩增10^7～10^8倍，大大提高了DNA的得率。具有操作简便、特异性强、灵敏度高、自动化等优点，因而在分子生物学、微生物遗传学、基因工程研究、医学等方面得到了广泛应用。

1. PCR的发展与原理

1985年，美国科学家Mullis在偶然灵感的启发下，经过两年的努力，发明了PCR技术，并在*Science*上发表了第一篇关于PCR技术的学术论文。从此PCR技术得到了生命科学界的普遍认同，Mullis也在1993年获得了诺贝尔化学奖。但是，最初的PCR技术相当不成熟，直到1988年Keohanog通过所使用的酶的改进，提高了扩增的真实性。之后，Saiki等又从生活在温泉中的水生嗜热杆菌内提取到一种耐热的DNA聚合酶，使PCR技术的扩增效率大大提高，从而使PCR技术得到了广泛的应用。之后的几十年里，PCR方法不断改进，从一种定性的方法发展到可以定量；从原来只能扩增几个kb的基因到几十个kb的DNA片段。目前，PCR技术已有十几种，包括反转录PCR、荧光定量PCR、多重PCR等。

PCR 的基本工作原理是以待扩增的 DNA 分子为模板，以一对分别与模板互补的寡核苷酸片段为引物，在 DNA 聚合酶的作用下，按照半保留复制的机制沿着模板链延伸直至完成新的 DNA 合成。通过不断重复这一过程，可以使目的 DNA 片段得到扩增。同时，新合成的 DNA 片段也可以作为模板，使 DNA 的合成量呈指数增长。

PCR 技术的实质是在 DNA 为模板、寡核苷酸为引物、4 种脱氧核糖核苷酸作为底物，在 *Taq* DNA 聚合酶和 Mg^{2+}作用下的酶促合成反应。PCR 技术的特异性取决于引物和模板 DNA 结合的特异性。

PCR 反应分为 3 个步骤。

（1）高温变性（denaturation），加热至 90～96℃（通常为 94℃），使 DNA 双螺旋的氢键断裂，双链解离成单链 DNA。

（2）低温退火（annealing），温度降至 25～65℃，模板分子结构较引物复杂，而且反应体系中引物 DNA 量远大于模板 DNA，使引物和其互补的模板在局部形成杂交链。

（3）中温延伸（extension），在适宜的温度下，通常为 70～74℃，并同时存在 DNA 聚合酶、Mg^{2+}和 4 种 dNTP 底物的条件下，以引物为起始点沿互补的单链模板，按照 5′→3′的方向在引物 DNA 的 3′-OH 端添加核苷酸，形成 3′, 5′-磷酸二酯键。

以上三个步骤为一个循环，PCR 就是在合适条件下将这一循环进行不断地重复，每循环一次，目的 DNA 的拷贝数加倍，随着循环次数的增加，目的 DNA 以 2^n 的形式增加。

2. PCR 反应体系

标准的 PCR 反应体系（50～100μL 体积）如下。

1）10×缓冲液　50mmol/L KCl; 10～25mmol/L Tris-HCl（pH 8.4～9.0）; 1.5mmol/L $MgCl_2$; 100μg/mL 明胶或牛血清白蛋白（BSA）。

2）其他成分　模板 DNA，0.1μg；两种引物，各 0.25μmol/L；四种 dNTP，各 200μmol/L；*Taq* DNA 聚合酶 2.5U。

（1） 模板。PCR 对模板的要求不高，单、双链 DNA 或 RNA，如基因组 DNA、质粒 DNA、cDNA、mRNA 等都可以作为 PCR 的模板。为保证反应的特异性，一般采用纳克级的克隆 DNA、微克水平的基因组 DNA 或 10^4 拷贝数量的待扩增片段作为起始材料。原材料可以是粗制品，但不能混有蛋白酶、核酸酶、*Taq* DNA 聚合酶抑制剂及任何能结合 DNA 的蛋白质。

一般来说，DNA 纯化方法通常采用 SDS 和蛋白酶 K 来消化处理标本。SDS 溶解细胞膜上的脂类与蛋白质，从而溶解膜蛋白而破坏细胞膜，同时解离细胞中的核蛋白；SDS 还能与蛋白质结合而沉淀。蛋白酶 K 能水解消化蛋白质，特别是与 DNA 结合的组蛋白，再用有机溶剂酚与氯仿抽提除掉蛋白质和其他细胞组分，用乙醇或异丙醇沉淀核酸，提取的核酸即可作为模板用于 PCR 反应。

（2）引物。引物是决定 PCR 特异性和结果的关键因素，实验前可使用引物设计软件进行设计。引物浓度一般为 0.2～1.0μmol/L。浓度过高不仅会容易形成引物二聚体(primer-dimer)，还易产生非特异性产物。

引物设计时需遵循以下原则。

a. 引物应在核酸序列保守区内设计并具有特异性。DNA 序列的保守区是通过物种之间相似序列的比较来确定的，一般使用 NCBI 系统，搜索不同物种的同一基因，通过序列分析软件进行比对，各基因相同的序列就是该基因的保守区域。引物与非特异性扩增序列的同源性一般不超过70%，或有连续的8个互补碱基同源。

b. 产物不能形成二级结构。某些引物无效主要是由于扩增产物单链二级结构的影响导致的，因此在选择扩增片段时最好避开二级结构区域。

c. 引物长度一般为15～30个碱基。引物的有效长度为ln=2(G+C)+(A+T)，ln值不大于38，因为超过38后最适延伸温度会超过*Taq* DNA聚合酶的最适温度，从而降低产物特异性，同时若引物过短也会使产物的特异性降低。

d. 引物的GC含量为40%～60%。GC含量过高或过低都不利于引发反应。上下游引物的GC含量也不应相差太大。

e. T_m（melting temperature）值最好接近72℃。上下游引物的T_m值是寡核苷酸的解链温度，即在一定盐浓度条件下，50%寡核苷酸双链解链的温度。有效的启动温度一般略高于T_m 5～10℃。

f. 引物碱基的序列。引物中4种碱基最好随机分布，不要有超过3个以上连续的嘌呤或嘧啶出现，尤其是3′端不应有超过3个连续的G或C，因为这样会使引物在G+C富集序列区引发错误。此外，引物自身和引物之间不能有连续4个以上的碱基互补，前者会导致引物自身折叠成发夹结构而影响合成；后者会导致形成引物二聚体。

g. 引物5′端可进行修饰。5′端限定着PCR产物的长度，它对扩增特异性影响不大，因此可进行如加酶切位点、标记生物素、荧光、引入蛋白质结构DNA序列、引入突变位点等修饰。

h. 引物3′端不能进行修饰。引物的延伸是从3′端开始的，不能进行任何修饰。

（3）寡核苷酸（dNTP）。dNTP的质量与浓度和PCR扩增效率密切相关。应注意4种dNTP的浓度要相同，若其中一种的浓度不同于其他3种，即会引起错配。浓度过高可加快反应速度，同时增加碱基的错误掺入率；浓度过低会导致反应速度下降，但可提高实验的精确性。此外，dNTP能与Mg^{2+}结合，降低游离的Mg^{2+}浓度。

（4）*Taq* DNA聚合酶。DNA的体外扩增可由许多不同来源的DNA聚合酶完成，目前PCR使用较多的是耐热性*Taq* DNA 聚合酶，是从一种水生嗜热菌中分离的，其分子质量为94kDa，且不显示任何3′→5′核酸外切酶活性，它的最适反应温度一般在75℃左右，在95℃的高温中也具有良好的热稳定性。*Taq* DNA聚合酶是一种Mg^{2+}依赖性酶，该酶的催化活性对Mg^{2+}浓度非常敏感。此外，低浓度的尿素、甲酰胺、二甲基甲酰胺和二甲基亚砜对该酶的催化活性并无影响。但是，极低浓度的离子表面活性剂，如脱氧胆胺酸钠、十二烷基肌氨酸钠、十二烷基磺酸钠可完全抑制该酶的活性。

（5）Mg^{2+}。反应液中Mg^{2+}浓度因能影响引物退火的程度、模板及PCR产物的解链温度、产物的特异性、引物二聚体的形成、酶的活性及精确性，因此其浓度的掌握十分重要，一般控制在0.5～2.5mmol/L。

3. PCR 结果的检测和分析

1）琼脂糖凝胶电泳　　琼脂糖凝胶电泳是PCR扩增产物分离、纯化和鉴定最常用的方法。扩增产物经琼脂糖凝胶电泳后，用溴化乙锭染色，在紫外灯下便可直接确定DNA片段在凝胶板中的位置，其分辨率很高，可测出1ng DNA。在一定范围内，DNA片段在凝胶上迁移率与其分子质量呈反比，分子质量越大，移动率越低。因此，通过与标准 DNA 的迁移率比较，即可判断待测 DNA 片段的相对分子质量。

2）聚丙烯酰胺凝胶电泳　聚丙烯酰胺凝胶电泳（polyacrylamide gel eletrophoresis, PAGE）是根据物质所带电荷及其分子大小、形状的差异，在电场作用下产生不同泳动速度而得到分离的技术。它与琼脂糖凝胶电泳比较具有以下的优点：分辨率高，可达 1bp；能装载的 DNA 量大，达每孔 10μg DNA；回收的 DNA 纯度高；其银染法的灵敏度较琼脂糖中 EB 染色法高 2～5 倍；避免了 EB 迅速褪色的弱点，银染后可保存较长时间。

三、实验材料

1. 试剂

模板 DNA 0.1～0.5ng/μL；两种引物，从生物试剂公司购买或自行合成；4 种 dNTP，从生物试剂公司购买或自行合成；*Taq* DNA 聚合酶，一般可购买到 5U/μL 的试剂，使用时使其终浓度为在 100μL 反应体系中含 2～2.5U；10×缓冲液：KCl 250～500mmol/L；Tris-HCl（pH 8.4～9.0）100～500mmol/L；$MgCl_2$ 15～20mmol/L；TE 缓冲液；明胶或牛血清白蛋白（BSA）1mg/L；灭菌去离子水；琼脂糖；溴化乙锭（EB）；无菌石蜡油等。

2. 设备

DNA 扩增仪、微量移液器、台式高速离心机、电泳仪、电泳槽、紫外检测仪或凝胶成像系统、灭菌超薄 PCR 反应管等。

四、操作步骤

1. DNA 模板的制备

1）培养细胞　从琼脂平板上挑取一个单菌落，接种到 3～10mL LB 液体培养基中，37℃振荡培养 12～18h。

2）收集细胞　将 1.5mL 上述培养液移至 EP 管中，5000r/min 离心 2min。弃上清，将管残液除尽。

3）洗涤细胞　加入 0.5mL TE 缓冲液，使菌体重悬后 5000r/min 离心 2min，弃上清，再加入 0.5mL TE 重悬。

4）破碎细胞　加入 50μL 溶菌酶溶液（20mg/mL）和 50μL RNA 酶（10mg/mL）混匀，37℃放置 1h。

5）分解蛋白质　加入 100μL 蛋白酶 K 溶液（10mg/mL）混匀，37℃放置 1h。

6）提取　加入等体积的苯酚/氯仿/异戊醇（25∶24∶1，*V/V/V*）混匀，10 000r/min 离心 5min；取上层水相到干净 EP 管，加入等体积氯仿/异戊醇（24∶1，*V/V*）混匀，10 000 r/min 离心 5min，取上清移到干净的 EP 管。

7）纯化　在上清中加入 1/5 体积的醋酸钠溶液和 2 倍体积无水乙醇，旋转离心管混匀，可见絮丝状染色体，取出放入干净 EP 管中。

8）洗涤　70%乙醇洗涤 2 次，去除残留乙醇，室温干燥。

9）收集　加入 0.1mL TE 溶解，储存于–20℃备用。

10）检测　根据不同的用途可进行电泳鉴定和定量检测。

2. PCR 扩增 DNA 片段

（1）在一灭菌的 500μL EP 管中，按顺序加入以下试剂：双蒸水 H_2O（ddH_2O）75.5μL；如前所述的 10×缓冲液 10.0μL；dNTP（各 10mmol/L）2.0μL；引物（10pmol/L）各 5.0μL；DNA 模板 1.0μL。

加入完成后混匀，于 95℃水浴中放置 5min，再加入 *Taq* DNA 聚合酶 0.5μL，混匀并离心，最后加入无菌液体石蜡油 100μL。

（2）将上述 EP 管放入 PCR 仪中，72℃保温 2min，然后根据不同的菌种和目的编辑好 PCR 仪的操作程序，94℃变性 0.5～1min，50℃退火 0.5～1min，72℃延伸 1～2min，共进行 20～30 个循环，最后再 72℃延伸 10min 以补平 DNA 末端。将反应 EP 管冰浴冷却至 4℃或加入 EDTA 以终止反应，并保存于−20℃备用。

3. 琼脂糖凝胶电泳

（1）凝胶准备。根据欲分离 DNA 片段的大小用电泳缓冲液配制适当浓度的琼脂糖溶液，置于微波炉加热直至琼脂糖完全溶化。冷却至 55℃左右，加入适量 EB，轻轻旋转混匀。

（2）铺胶。将温热的琼脂糖溶液缓慢倒入模具中，凝胶厚度 3～5mm，室温放置 30～45min，待凝胶凝固。

（3）电泳板放入电泳槽。小心拔出梳子，将电泳板放入电泳槽中。

（4）加入电泳缓冲液，向电泳槽中加入电泳缓冲溶液，液面高出凝胶表面约 1mm。

（5）点样。用微量移液器将 DNA 样品与上样缓冲溶液按 5∶1 混合，小心加入加样孔中。

（6）电泳。关上电泳槽盖，接好电源，打开电源，根据实际需要选择恒压或恒流电量，30min 左右停止电泳。

（7）观察。打开电泳槽盖，小心取出凝胶放在保鲜膜上，在紫外灯或凝胶成像系统中观察电泳结果。

五、实验结果

成功的 PCR 扩增产物在紫外灯或照片上可见到分子质量均一的一条区带，对照分子质量标准，可对扩增产物进行定性。

六、注意事项

（1）PCR 实验中需要设置严格的对照以便出现异常结果时分析原因。对照包括阳性对照（加入阳性模板），阴性对照（不加模板或加入阴性模板）。

（2）所有试剂都应该没有核酸和核酸酶的污染。

（3）溴化乙锭（EB）为强致癌物质，使用时应戴一次性手套，并建议同时戴一次性口罩等防护用具。在紫外灯下观察时应戴防护眼睛。

（4）试剂和样品准备过程中都要使用一次性灭菌的塑料瓶和管子，玻璃器皿应洗涤干净并高压灭菌。

（5）PCR 样品在−20℃保存后，应在冰浴上化开，并且要充分混匀。

（6）PCR 产物经电泳检测后，预计应只有一条单一的 DNA 条带，但常会出现主带的弥散现象，可能的原因有：核基因组复杂度过高，退火温度低，延伸时间长，引物和模板量大等。

实验三十三　实时荧光定量 PCR

一、目的要求

了解实时荧光定量 PCR 技术的原理；
掌握实时荧光定量 PCR 技术的方法。

二、基本原理

实时荧光定量 PCR 技术(real-time quantitative polymerase chain reaction，Real Time PCR)。是在定性 PCR 技术基础上发展起来的核酸定量技术，它融汇了 PCR 技术的高灵敏性、DNA 探针杂交技术的高特异性和光谱技术的高精确性定量的优点，直接探测 PCR 过程中荧光信号的变化，获得定量的结果。

1. Real Time PCR 的发展

Real Time PCR 技术最早是在 1992 年由 Higuchi 提出的，他的基本思想是利用荧光染料 EB（溴化乙锭）可以插入到双链核酸中受激发光的性质，在 PCR 反应的退火或延伸时检测掺入到双链核酸中 EB 的含量就能实时监控 PCR 反应的进程，根据 PCR 反应的数学函数关系，结合相应的算法，通过加入标准品的方法，就可以对待测样品中的目标基因进行准确定量。1995 年，美国 Perkin-Elmer 公司开发了 Taqman 探针的荧光定量 PCR 技术，实现了真正意义的荧光定量 PCR 技术。ABI 公司在 1996 年推出了第一台荧光定量 PCR 仪，使得荧光定量 PCR 得以广泛应用。1997 年 Oncor 公司开发出了通用引物 Molecular Beacon 探针的荧光定量 PCR 技术。这样，在普通的 PCR 仪的基础上再配备一个激发和检测的装置就构成了实时 PCR 仪。

2. Real Time PCR 的原理

所谓 Real Time PCR 技术是指在 PCR 反应体系中加入荧光基团，利用荧光信号积累实时监测整个 PCR 进程，最后通过标准曲线对未知模板进行定量分析的方法。同时，通过等熔点曲线的分析，可进行基因突变的检测和 PCR 非特异性产物的鉴定。Real Time PCR 是指 DNA 或经过反转录的 RNA，在进行聚合酶链反应的同时，实时监测其放大过程，在常规 PCR 基础上运用荧光能量传递（fluorescence resonance energy transfer, FRET）技术加入荧光标记探针，借助于荧光信号即可检测 PCR 产物。荧光探针根据碱基配对原理与扩增产物核酸序列结合。PCR 中随着链的延伸，*Taq* 酶沿着 DNA 模板移动到荧光标记探针的结合位置，将荧光探针切断，释放出荧光信号基团 R，被释放的游离基团 R 数目和 PCR 产物的数量是对应关系，因而可以通过前者的检测推算出后者的含量。

在 PCR 反应中，产物不断积累，荧光信号强度等比例增加，每经过一个循环，即可收集一个荧光强度信号，通过荧光强度变化监测产物量的变化，从而可得到一条荧光扩增曲线图。一般而言，荧光扩增曲线图可分为三个阶段：荧光背景信号阶段、荧光信号指数扩增阶段和平台期。在荧光背景阶段，扩增的荧光信号被荧光背景信号掩盖，无法判断产物量的变化；在平台期，扩增产物已不再呈指数级增加，PCR 产物量与初始模板量之间没有线性关系，也不能计算初始 DNA 拷贝数；只有在荧光信号指数扩增阶段，PCR 产物量的对数值与起始模板量之间存在线性关系，可以进行定量分析。

在 Real Time PCR 中，Treshold Cycle 值（Ct 值）是一个很重要的概念，它是指每个反应管内的荧光信号到达设定的阈值时所经历的循环数。荧光阈值（treshold），是在荧光扩增曲线上人为设定的一个值，它可以设定在荧光信号指数扩增阶段任意位置上，荧光阈值的缺省设置是 3～15 个循环的荧光信号的标准偏差的 10 倍。Ct 值与起始模板的关系是，每个模板的 Ct 值与该模板的起始拷贝数的对数存在线性关系，起始拷贝数越多，Ct 值越小。

3. Real Time PCR 的标记方法

荧光定量检测根据所使用的标记物不同可分为荧光探针和荧光染料。荧光探针主要有双标记探针、分子信标探针和 FRET 技术；荧光染料主要有非饱和荧光染料，如 SYBR Green Ⅰ，饱和荧光染料 EvaGreen、LC Green 等。

1）**双标记探针**　双标记探针是目前使用最广泛的一种标记方法，它是指在探针的 5′端标记荧光基团 R，而在探针的 3′端或在内标记一个吸收或淬灭荧光基团 Q（quencher）。在没有 PCR 扩增时，由于荧光基团和淬灭基团共同连于同一探针上，它们之间的空间距离很近，使淬灭基团会吸收荧光基团激发的荧光，从而使荧光基团淬灭，不发荧光；而当 PCR 扩增时，引物与荧光标记的特异性探针同时结合在模板上，荧光标记的探针与模板结合的位置位于上下游引物之间；当 PCR 在延伸过程中时，引物沿模板延伸至探针结合处，利用 *Taq* 酶的 5′→3′外切酶活性，将荧光探针水解，荧光基团释放出来，发出荧光。发出荧光可以被荧光探头检测到，一边扩增，一边检测，实现“实时”检测。该技术实现了 PCR 从半定量到定量的飞跃，与常规 PCR 相比，还具有特异性强、自动化程度高、有效解决了 PCR 污染等问题。

2）**内插染料法**　内插染料是一种能插入到双链 DNA 并发出强烈荧光的化学物质，能与双链 DNA 非特异性结合，比如在 Real Time PCR 中最常用的 DNA 染料 SYBR Green Ⅰ。当该染料没有插入到双链 DNA 时，只发出相对弱的荧光，当它插入到双链 DNA 里时，荧光信号将会强烈的增加，其荧光强度的增加与双链 DNA 的数量呈正比，从而可以根据荧光信号的增强来计算 PCR 扩增产物的增加。该方法不必因为模板不同而特别定制，其程序设计的通用性好，价格相对较低；还具有可实现单色多重测定等优点。

4. Real Time PCR 的优点

（1）实验均在一个全封闭的系统内完成，可变因素大大减少，不需要后期处理；

（2）采用 dUTP-UNG 酶，有效降低了污染的机会；

（3）对样品的整个扩增过程都可实时在线监控，并能在样品扩增反应的最佳时期进行数据采集，增加了定量的准确性；

（4）引物和荧光探针能同时与模板特异性结合，增强了反应的特异性；

（5）样品的起始模板浓度与达到阈值的循环次数有直接的线性关系，通过标准曲线即可进行定量，结果分析快捷方便，大大提高了灵敏度，实现了反应的高通量。

三、实验材料

1. 引物和探针

引物和探针的设定应根据各种分析方法的特点进行设计。目标片段的长度也很重要，一般目标片段越长越容易产生非特异性反应，降低扩增效率，最好控制在 200bp 甚至 150bp 以下。引物和探针的设计需遵循以下基本原则。

（1）选择好探针，设计引物使其尽可能地靠近探针；

（2）所选序列应高度特异，尽量选择具有最小二级结构的扩增片段。由于二级结构会影响反应速率，并阻碍酶的扩增，应尽量先进行二级结构检测，或适当提高退火温度；

（3）扩增长度不应超过 400bp，建议在 100～150bp，以便更容易地获得有效的扩增反应，此外也容易保证分析的一致性；

（4）保持 GC 含量在 20%～80%，GC 富含区容易产生非特异反应，从而会导致扩增效率的降低，以及在荧光染料分析中出现非特异信号；

（5）应避免重复的核苷酸序列，尤其是 G，不能有连续 4 个 G 的结构；

（6）为避免出现二聚体和发卡结构，应事先将引物和探针进行互相配对检测。

2. Real Time PCR Master Mix

Real Time PCR Master Mix 为已包含除引物以外所有的 PCR 反应所需的试剂，如 dNTP、$MgCl_2$、*Taq* DNA 聚合酶、抗 *Taq* 单克隆抗体等。

3. 样品 DNA

（1）cDNA：第一链 cDNA 合成产物可使用苯酚处理、乙醇沉淀等方法提纯。第一链 cDNA 合成时的引物可采用随机引物、oligo（dT）或者特异性引物，并注意引物用量对于后续 PCR 反应的影响。

（2）gDNA 等：使用普通 PCR 的 DNA 纯化样品。如果是人类基因组 DNA，用量一般在 1～10ng。

四、操作步骤

1. 反应液的配制

PCR 反应液（终浓度：引物 0.8μmol/L、探针 0.2μmol/L；总体积为 50μL）：

蒸馏水	10μL
Real Time PCR Master Mix	25μL
引物 1（10μmol/L）	4μL
引物 2（10μmol/L）	4μL
Taq Man 探针（5μmol/L）	2μL
样品溶液	5μL

注：若改变反应总体积，应保持最适当条件下的各组分比例。

2. PCR 循环条件

复性和延伸的温度应结合引物和探针的实际情况进行调整，使用商品化引物和探针 Mix 时，应参照其使用说明进行调整。

Real Time PCR 一般不进行长片段的扩增，所以一般不需要进行延伸时间的调整。若必须调整，需确保数据收集步骤至少 30s。

详细的参数设定需根据各不同 PCR 仪的说明书进行。

五、实验结果

成功的 Real Time PCR 可根据标准曲线，对样品中 DNA 的进行定量，并且其重现性和重复性良好。

六、注意事项

（1）不纯的样品会导致实验结果重现性差，在提取时需尽量纯化样品，并使样品尽量均匀；

（2）在 cDNA 实验中，反转录酶的残留会影响实验效果，需尽量通过苯酚抽提、乙醇沉淀等方法提纯后再进行实验。

实验三十四　免疫学检测技术

Ⅰ. 免疫凝集实验

一、目的要求

观察细菌的凝集现象；

理解抗原抗体反应的特异性。

二、基本原理

凝集反应是指颗粒性抗原（完整的病原微生物或红细胞等），或表面覆盖抗原（或抗体）的颗粒状物质，与相应抗体（或抗原）结合，形成肉眼可见的凝集团块的现象。对于微生物而言，可将已知细菌抗体与待测细菌混合，若抗体与抗原相对应则出现凝集现象，反之则不凝结，可根据其凝集现象判断细菌的种类。

凝集反应一般分为直接和间接两种，前者是颗粒状抗原与相应抗体直接结合所出现的凝集现象；后者指用人工方法将可溶性抗原（或抗体）先吸附于一种与免疫无关的、一定大小的颗粒状载体表面，再与相应抗体（或抗原）作用，在有电解质存在的适应条件下，出现特异性凝集现象。

三、实验材料

沙门氏菌，大肠杆菌，伤寒沙门氏菌诊断血清，灭菌生理盐水，玻片，接种环等。

四、操作步骤

（1）取玻片一张，用笔划为三等份，左侧加无菌生理盐水 1 滴，中间及右侧各加伤寒沙门氏菌诊断血清 1 滴。

（2）用接种环无菌操作取沙门氏菌，分别与无菌生理盐水和沙门氏菌诊断血清之一混匀，同样操作取大肠杆菌与另一诊断血清混匀。

（3）混匀 1~2min 后观察结果。

五、实验结果

阳性：液体变清，并有乳白色凝集块出现；阴性：液体混浊，无凝集块出现。

六、注意事项

反应的通常条件为 pH 6~8，37℃左右，在有生理盐水的存在下进行。

Ⅱ. 火箭免疫电泳实验

一、目的要求

了解火箭免疫电泳技术的基本原理；
掌握火箭免疫电泳技术的基本方法。

二、基本原理

火箭免疫电泳（rocket immunoelectrophoresis, RIE）是将电泳与单向扩散结合的一种免疫技术，实际上是一种通过电泳进行加速的单相免疫扩散技术。

其基本原理是当抗原与凝胶中抗体在电场作用下移动，逐渐形成梯度浓度，在抗原抗体比例适当时形成不溶性免疫复合物沉淀线而沉淀，随着抗原量的减少，沉淀带越来越窄，形成火箭峰样沉淀带，峰形高低与抗原量呈正比。以峰高为纵坐标，浓度为横坐标绘制标准曲线，即可得待检样品内抗原浓度。

三、实验材料

1. 试剂材料

1.2%巴比妥缓冲琼脂糖，抗血清。

2. 仪器设备

电泳仪，微量注射器。

四、操作步骤

1. 制板

将已融化的 1.2%巴比妥缓冲琼脂糖冷却至 55℃左右，加入适量抗血清，混匀后立即浇板，置于室温凝固，制备成抗体琼脂糖凝胶板。

2. 打孔

在制备好的凝胶板一侧打孔，孔径 3mm，孔距 2mm。置琼脂板于电泳槽中，搭桥后用微量注射器准确加样 10μL。

3. 电泳

样品孔放阴极侧，抗体置于阳极侧，电压8~10V/cm或电流3~5mA/cm，电泳6h。

4. 观察

电泳完毕后可直接观察琼脂板上沉淀峰。

五、实验结果

以峰高为纵坐标，浓度为横坐标，绘制标准曲线，求出待检样品内抗原浓度。

六、注意事项

作为抗原定量只能测定1μg/mL以上的含量。

Ⅲ. 免疫荧光实验

一、目的要求

了解免疫荧光技术的基本原理；
掌握免疫荧光技术的基本方法。

二、基本原理

免疫荧光技术是利用可发光分子标记抗原（抗体）进行免疫反应，是标记分子本身发光。与普通有色物质的光吸收相比具有更高的灵敏度；与放射免疫相比，安全易检测。

以荧光素作为标记物与已知的抗体（抗原）结合，然后将荧光素标记的抗体作为标准试剂，用于检测和鉴定未知的抗原。在荧光显微镜下，可直接观察到具有特异荧光的抗原抗体复合物及存在部位。

三、实验材料

1. 药品试剂

抗原与抗体：在液体培养基（SF或MM培养基）中培养37℃培养 16~18h的沙门氏菌，沙门氏菌免疫荧光抗体；克氏固定液（无水乙醇∶三氯甲烷∶36%~38%甲醛=6∶3∶1）；95%乙醇；磷酸盐缓冲溶液（0.01mol/L，pH7.5）；碳酸盐缓冲溶液（0.5mol/L，pH9.0）；无荧光缓冲甘油（甘油∶碳酸盐缓冲溶液=9∶1）。

2. 仪器设备、器材

带圆格的载玻片（5mm直径）、盖玻片、接种环、荧光显微镜、有盖搪瓷盘、纱布、温箱。

四、操作步骤

1）制片　接种环挑取沙门氏菌均匀涂布于载玻片的圆格内，晾干。

2）固定　将玻片浸入克氏固定液中，固定3min后用95%的乙醇漂洗，晾干。

3）荧光染色　在涂片上滴加经稀释至染色效价的沙门氏菌免疫血清荧光抗体，置于能保持潮湿的有盖搪瓷盘内，于37℃染色15~30min。

4）洗片　去残留的荧光抗体，将涂片浸入 pH7.5 的 PBS 中洗两次，每次约 5min，并轻微振荡。用蒸馏水润洗 1min，除去盐结晶。

5）封片　玻片自然风干，加无荧光缓冲甘油，盖上盖玻片待检。

6）镜检　染色后的试样置于荧光显微镜下进行镜检。

五、实验结果

实验结果按 5 级荧光强度判定，其标准如下：

4+，最强荧光，明亮黄绿色，菌细胞轮廓清晰，菌中央明显发暗，有闪耀的荧光环；

3+，强荧光，黄绿色，菌细胞轮廓清晰，菌中央发暗，有明显的荧光环；

2+，灰绿荧光，菌细胞轮廓不太清晰；

1+，微弱荧光，菌细胞轮廓与中心界限不明显；

–，模糊的灰暗荧光或无荧光。

结果判定，阳性为荧光亮度达到 2+~3+，菌体形态特征符合沙门氏菌，多数视野中均能检出数个菌体以上。疑似阳性可为菌形符合，荧光亮度在 2+以上，但单位视野中菌量过少或仅个别视野见到有部分菌体聚集现象；也可为荧光亮度在 2+以上，但菌体荧光不完整或形态不典型；还可为菌形符合，荧光亮度在 1+~2+，但菌量较多且分布均匀。

六、注意事项

（1）荧光素标记的抗体要求有高的特异性和亲和力。

（2）荧光光泽应与背景组织的色泽对比鲜明。

Ⅳ. 单克隆抗体实验

一、目的要求

了解单克隆抗体技术的基本原理；

了解单克隆抗体技术的基本方法。

二、基本原理

单克隆抗体（monoclonal antibody，McAb）是经过人工制备的一类特殊抗体，它具有一般抗体的性质，它是 B 细胞增殖分化为浆细胞所产生的一类球蛋白，存在于体液中，具有免疫功能并能与相应抗原（如病原体）特异性结合。单克隆抗体制备技术的原理是，B 细胞能够产生抗体，但在体外不能进行无限分裂，而瘤细胞虽然可以在体外进行无限传代，但不能产生抗体，所以将产生抗体的单个 B 淋巴细胞同肿瘤细胞融合杂交，得到的杂交瘤细胞具有两种亲本细胞的特性，既能产生抗体，又能无限增殖的杂种细胞，以此作为单克隆抗体技术的基础。本实验以抗黄曲霉毒素 B_1 的单克隆抗体为基础，以酶联免疫吸附测定（ELISA）检测样品中的黄曲霉毒素 B_1。

三、实验材料

1. 试剂

抗体：抗黄曲霉毒素 B_1 的单克隆抗体；包被抗原：黄曲霉毒素 B_1 与载体蛋白（牛血清白蛋白）的结合物；酶标二抗：羊抗鼠 IgG 与辣根过氧化物酶结合物；酶联免疫吸附反应的缓冲液：磷酸盐缓冲溶液（pH 9.6，包被缓冲溶液）；含 Tween 20 的磷酸盐缓冲溶液（pH7.4，洗液）；磷酸-柠檬酸缓冲液（pH5.0，底物缓冲溶液）；底物溶液（100mg 四甲基联苯胺溶于 1mL 二甲基甲酰胺中，取 75μL 四甲基联苯胺溶液，加入 100mL 底物缓冲液，加 10μL 30%过氧化氢溶液）；硫酸（1mol/L，终止液）；黄曲霉毒素 B_1 标准液：用甲醇配成 1mg/mL 的黄曲霉毒素储备液，可置于–20℃储藏，待检测时取出，用含 20%甲醇的 PBS 稀释成制备标准曲线的所需浓度。

2. 仪器设备

锥形瓶，微量注射器，酶标微孔板，酶标仪。

四、操作步骤

1. 毒素提取

称取 10g 样品于锥形瓶中，加入 50mL 乙腈-水（体积比为 1∶1），用 2mol/L 碳酸盐缓冲液调 pH 至 8.0 进行提取，振摇 30min 后，滤纸过滤，滤液用含 0.1% BSA 的洗液稀释，待检测时使用。

2. 包被抗原

包被缓冲液稀释至 10μg/mL，包被酶标微孔板，每孔 100μL，4℃过夜。

3. 稀释抗体和测定

酶标微孔板用洗液洗 3 次，每次 3min，每孔加入 50μL 系列稀释的黄曲霉毒素 B_1 溶液（制作标准曲线）或 50μL 样品提取液，然后再加入 50μL 稀释抗体，37℃保温 1.5h。酶标微孔板用洗液洗 3 次，每次 3min，每孔加入 100μL 酶标二抗，37℃保温 2h。洗板后，每孔加入 100μL 底物溶液，37℃保温 30min，每孔加入 40μL 终止液，以酶标仪测定各孔的吸光值。

五、实验结果

$$黄曲霉毒素\ B_1\ 含量\ (ng/g) = n\times(V_1/V_2)\times D\times m$$

式中，n 表示根据标准曲线求得的酶标微孔板上黄曲霉毒素的量；V_1 表示样品提取液的体积（mL）；V_2 表示滴加样液的体积（mL）；D 表示样品的总稀释倍数；m 表示样品质量（g）。

六、注意事项

（1）所有试剂均须低温保存，并严格遵守保质期；

（2）本方法检测灵敏度为 0.1~1ng/mL。

实验三十五　核酸分子杂交技术

一、目的要求

了解核酸分子杂交技术的基本原理；

掌握核酸分子杂交技术的基本方法。

二、基本原理

1. 核酸分子杂交的基本原理

不同种属的生物体都含有稳定的DNA遗传序列，不同种的生物体中DNA序列不同，同种属的生物个体中DNA序列基本相同，DNA序列还有不容易受到外界环境因素的影响而改变的特点。核酸分子杂交（nucleic acid hybridization）技术的工作原理就是两条碱基互补的核酸链在适当条件下按碱基配对原则形成杂交核酸分子。根据核酸遗传序列的相对稳定性和互补原则，用已知特异的碱基序列，通常被称为探针（probe）作成有标记的一小段单链与被检测材料，通常被称为靶序列（target）进行分子杂交。如果被检测材料中的遗传序列与探针能够互补形成杂交双链分子（heteroduplex），则说明两者具有一定程度的同源性。常用的标记物有生物素、荧光物质、放射性同位素等。核酸分子杂交是核酸研究中一项最基本的实验技术，具有灵敏度高、特异性强等有点，主要用于特异DNA或RNA的定性、定量检测。

应用核酸分子杂交技术可测定特异DNA序列的拷贝数、特定DNA区域的限制性内切核酸酶图谱，以判定是否存在基因缺失、插入、重排等现象；末端标记的寡核苷酸探针可检测基因的特定点突变；还可对RNA进行粗略的结构分析、对特异RNA进行定量检测、特异基因克隆的筛选等。

2. 核酸探针的种类

理想的探针应具备以下特点：高特异性，只与靶核酸序列进行特异性杂交；可被标记、方便检测；最好是单链核酸分子；探针长度一般在十几个到几千个核苷酸之间；选取基因编码序列，避免内含子及其他非编码序列。

核酸探针的一般分类方法是根据核酸的来源和性质，可以分为四种类型，即基因组DNA探针、cDNA探针、RNA探针和寡核苷酸探针；也可根据标记物的不同分为放射性探针和非放射性探针。

基因组DNA探针是核酸分子杂交中最常用的探针，根据待测样品的特性可制备相应的细菌、真菌、病毒、原虫、动物和人类细胞的DNA探针。该探针具有可克隆在质粒载体中，并无限增殖，制备简单；不易降解；标记方法成熟多样等特点。

cDNA探针是指互补于mRNA的DNA分子，通常利用反转录酶由mRNA反转录生成。该探针可以在RT-PCR过程中掺入标记物直接获得；也可先获得未掺入标记的特定基因的cDNA，再通过常规分子克隆技术构建可以长期保存的克隆，此后再按制备基因组探针的方式制备cDNA探针。

RNA探针一般通过SP6和T7体外转录体系进行制备，两者原理与方法基本类似。与cDNA探针类似，RNA中不存在高度重复序列，因此非特异性杂交较少，更适于基因表达的检测；由于 RNA 是单链，杂交时不存在互补双链的竞争性结合，因此杂交效率高，杂交体稳定；但 RNA 探针易于降解，标记方法也比较复杂。

寡核苷酸探针是人工合成的 DNA 分子，可根据已知基因序列，选择一段与其精确互补的序列，用 DNA 合成仪人工合成这段寡核苷酸，纯化后标记，制成探针。寡核苷酸探针具有链短，复杂度低，分子质量小，杂交时间短的特点；还可识别靶序列被单个碱基的变化，因为短探针中碱基错配能大幅降低杂交体的 T_m 值；一次性可合成大量该探针，降低了使用成本。

3. 核酸探针的标记

为便于示踪，探针必须采用一定手段加以标记。目前常用的探针标记物有生物素、荧光物质、放射性核素等。早期最常用的是放射性核素，如 ^{32}PdNTP、^{35}SdNTP、^{3}HdNTP 和 ^{131}IdNTP。放射性核素标记探针的检测灵敏度高，但存在半衰期短和污染环境等缺点。因此近年来非放射性标记物，如生物素、地高辛和荧光素等使用广泛和发展迅速，并有较好效果。

核酸探针的同位素标记多采用缺口平移法、末端标记法、随机引物延伸法和反转录标记法。缺口平移法是在 DNase Ⅰ作用下，将一双链 DNA 上制造一些缺口，再利用大肠杆菌 DNase Ⅰ的 5′→3′外切酶活性依次切除缺口下游的核酸序列，同时将四种脱氧三磷酸核苷（标记其中一种）利用该酶 5′→3′聚合活性补入缺口，使缺口逐个平移并在平移过程中形成标记的新生核酸链。末端标记法是在大肠杆菌 T_4 噬菌体多聚核苷酸激酶（T_4PNK）的催化下，将标记磷酸的 ATP 连接到寡核苷酸的 5′端上。核酸探针还可采用生物素标记、地高辛标记、光敏 DNP 标记、三硝基苯磺酸标记等方式实现。

4. 核酸探针的杂交方法

核酸杂交可以在液相中或固相上进行，目前使用较广的是用硝酸纤维素膜作为支撑物进行的固相杂交，如斑点杂交、菌落原位杂交、Southern 印迹法（Southern blotting）、Northern 印迹法（Northern blotting）等。

本实验将主要介绍其中 α-^{32}P 标记 DNA 探针的斑点杂交实验方法。

三、实验材料

1. 试剂

20×SSC；甲醛；去离子甲酰胺；10%SDS；20×Denhardt 液；1mol/L Na_2HPO_4（pH 7.0）；0.5mol/L EDTA（pH 8.0）；10mg/mL 鲑鱼精 DNA；硫酸葡聚糖；3%牛血清白蛋白；100mmol/L Tris-HCl（pH 7.5）；1mol/L NaCl；变性液（1.5mol/L NaCl，0.5mol/L NaOH）；底物缓冲液[100mmol/L Tris-HCl（pH 9.5），1mol/L NaCl，5mmol/L $MgCl_2$]；亲和素-碱性磷酸酶；10g 5-溴-4-氯-3-吲哚磷酸（BCIP）溶于 200μL 二甲基甲酰胺；15mg 氮蓝四唑（NBT）溶于 200μL 二甲基甲酰胺。

2. 实验设备

恒温水浴箱，恒温摇床，同位素探测仪，自动光密度扫描仪，真空抽滤加样器，X 光胶片盒，移液器，玻璃刻度吸管，塑料封口机，尼龙膜，硝酸纤维素膜，紫外投射仪，厚印迹纸，印迹装置。

四、操作步骤

1. 样膜制备

1）预变性　对于 DNA 样品，将其溶于水或 TE 中，煮沸 5~10min，冰浴中迅速冷却；对于 RNA 样品，在 10μL 样品中加入 2μL 20×SSC，7μL 甲醛和 20μL 甲酰胺，混匀置于 68℃温育 15min，迅速置冰浴中；对于完整的细胞样品，应用类似检测细菌菌落的方法，将整个细胞点在膜上，经 NaOH 处理，使 DNA 暴露、变性和固定。

2）预处理　取尼龙膜按需要制成合适大小，对点样顺序进行适当标记。用蒸馏水浸湿，再浸入 6×SSC 溶液中 30min 以上，将膜取出风干待用。

3）点样　用微量移液器将变性后的核酸样品依次点到尼龙膜的标记点上。控制斑点直径在 $0.5cm^2$ 之内较好。

使用斑点真空抽滤点样器操作时，首先常规方法清洗点样器，再用 0.1mol/L NaOH 清洗点样器，最后用无菌三蒸水充分冲洗。将尼龙膜湿润后覆盖在加样器支持垫上，小心排除气泡。重新安装好点样器，接通真空泵。在点样孔加满 10×SSC，真空抽滤至所有液体被抽干，关闭真空泵，再重复一次。在上述经预变性处理的样品中加入 2 倍体积 20×SSC，分别加至各孔，真空抽滤。待全部液体抽干后，再加 10×SSC 抽滤 2 次，抽干后继续维持真空 5min，使尼龙膜干燥。

4）固定　点样后的样膜置于滤纸上，室温自然风干，真空 80℃烘干 2h 固定核酸样品使样品中的 DNA 与膜牢固结合。

5）保存　固定好的样膜封存与塑料袋中待用，置于−20℃保存；也可立即使用。

2. 预杂交

1）湿润样膜　将封存样膜的塑料袋剪开，用少量 2×SSC 湿润弃去余液。

2）加入预杂交液和温育　一般按 150～200μL/cm² 膜加入预杂交液，去除袋内气泡，封好塑料袋开口，从而封闭杂交膜上多余的非特异性 DNA 结合位点。恒温 42℃水浴 2～4h。

3. 杂交

1）杂交液的准备　6×SSC，5×Denhardt 液，0.1mg/mL 鲑鱼精 DNA，0.5% SDS。

2）探针变性　一般将 DNA 探针在沸水浴中煮沸 5min 左右，然后迅速置于冰浴中进行变性。

3）杂交　从水浴箱中取出杂交袋，剪掉一角，弃去预杂交液，按 60～100μL/cm² 膜加入杂交液。用吸头插入塑料袋斜口，使塑料袋保持小的开口。加入变性后的标记探针，排除气泡，封口。静置于 42℃温育 16～20h。

4. 洗膜

剪开杂交袋一角，将杂交液倒入放射性废物容器中，剪开袋取出膜，放入 2×SSC/0.1% SDS 中，室温摇晃漂洗 5min。在同位素探测仪监视下，选择高严紧性或低严紧性漂洗方式，前者为 2×SSC/0.1% SDS 室温洗 2 次，0.1×SSC/0.1%SDS 室温洗 2 次，0.1×SSC/0.1% SDS 55℃洗 2 次；后者为 6×SSC/0.1% SDS 室温洗 2 次，2×SSC/0.1% SDS 室温洗 2 次，1×SSC/0.1% SDS 55℃洗 2 次。每次漂洗时间均为 15min。

5. 显影

1）自显影　样膜经充分漂洗后，置于滤纸上，吸取多余水分，外裹一层保鲜膜。暗室安全灯下，在胶片盒中将膜放于两张X光胶片间，盖上胶片盒。–80℃下根据杂交强度放射自显影1～10d。取出胶片盒，恢复室温，常规冲洗X光胶片，显影1～5min，停显1min，定影5min，流水冲洗10min，自然干燥即可。

2）酶联显色　将3%牛血清白蛋白溶液加入塑料袋内，于42℃温育封闭1h。弃封闭液，再加入适当稀释的亲和素-碱性磷酸酶，室温轻摇温育15～30min。100mmol/L Tris-HCl（pH 7.5）、1mol/L NaCl，室温漂洗3次，每次20min；100mmol/L Tris-HCl（pH 9.5）、1mol/L NaCl、5mmol/L $MgCl_2$，65℃漂洗3次，每次30min。将膜转入新的塑料袋中，加入新配制的底物溶液（即BCIP和NBT溶液各12μL加入3mL底物缓冲液配制获得），在暗环境下室温显色15～60min。

五、实验结果

放射性元素标记的DNA探针的斑点杂交根据曝光点的有无和强弱来判定目的基因的有无及数量；光敏生物素则根据蓝紫色斑点的有无及颜色深浅来判定有无和数量。利用自动灰度扫描仪扫描曝光点，可计算积分光密度值，进而进行半定量分析。

六、注意事项

（1）斑点印迹的关键是DNA在转印后要完全变性，所有样品的变性程度要一致。变性不一致会导致不同样品中可用于杂交的DNA数量不同，在杂交后，两个斑点显示的强度则不能进行定量分析。为避免这一问题，可通过把膜泡在碱液中的滤纸上，在酸性条件下保持DNA的变性状态。

（2）只有DNA在严格纯化后才能在印迹间进行定量的分析和比较。

实验三十六　生物芯片检测技术

一、目的要求

了解基因芯片技术的基本原理；
了解基因芯片技术的操作过程。

二、基本原理

基因芯片（gene chip），又称DNA芯片、寡核苷酸芯片（oligo-chip）、DNA微阵列（DNA microarray），属于生物芯片的一个种类。基因芯片是指由按照预定位置固定在固相载体上很小面积内的千万个核酸分子（cDNA、寡核苷酸）所组成的微点阵阵列。如果把样品中的核酸片段进行标记，在一定条件下，来自样品的互补核酸片段可以与载体上的核酸分子杂交，在专用的芯片阅读仪上就可以检测到遗传信号。基因芯片技术实际上是高度集中化的反向斑点杂交技术，与传统核酸印迹相比，基因芯片具有杂交自动化程度高、操作简便、检测目标分子数量多、成本较低、效率高、结果客观等优点。

1. 基因芯片的发展

基因芯片的原型是20世纪80年代初期提出的，是基于生物活性大分子等的分子实验计算模型。1989年DNA芯片在冷泉港的基因组图谱与测序技术会议上被首次正式提出。1991年Fodor首次利用光蚀刻技术在硅片上合成了多肽。1992年美国Affymetrix公司的科研人员将基因集成到硅片上检测出了基因的片段和变化，并于1996年制成了世界上第一块商用基因芯片。之后，Chee等将64 000个不同的寡核酸片段微缩到一块仅有1.28cm×1.28cm的芯片上。1995年Stanford大学的Schena和Brown等发明了第一块以玻璃为载体的基因芯片矩阵，标志着基因芯片技术进入了广泛研究和应用的时期。

2. 基因芯片的原理

基因芯片的测序原理是杂交测序方法（sequencing by hybridization, SHB），即任何单链DNA或RNA序列均可被分解为一系列碱基固定、错落而重叠的寡核苷酸或亚序列，可与一组已知序列的核苷酸探针杂交从而得到靶核酸序列。在一块基片表面固定序列已知的八核苷酸的探针，当溶液中带有荧光标记的核酸序列（如GCAATCTAG），与基因芯片上对应位置的核酸探针产生互补匹配时，通过确定荧光强度最强的探针位置，获得一组序列完全互补的探针序列，据此可重组出靶核酸的序列。基因芯片技术由于具有高度并行性、多样性、微型化和自动化等特点，可一次性对样品大量序列进行检测和分析，从而解决了传统核酸印迹杂交（Southern blotting 和 Northern blotting等）技术操作繁杂、自动化程度低、操作序列数量少、检测效率低等不足。

现在，生物芯片的形式非常多，以基质材料分类，有尼龙膜、玻璃片、塑料、硅胶晶片、微型磁珠等；以所检测的生物信号种类分类，有核酸、蛋白质、生物组织碎片，甚至完整的活细胞；按工作原理分类，有杂交型、合成型、连接型、亲和识别型等。由于生物芯片概念是随着人类基因组的发展一起建立起来的，所以至今为止生物信号平行分析最成功的形式是以一种尼龙膜为基质的“cDNA阵列”，用于检测生物样品中基因表达谱的改变。

3. 基因芯片的制备

基因芯片可根据其制备方法分为两大类，核酸原位合成（*in situ* synthesis）与合成后交联（post-synthetic attachment）。

原位合成法是基于组合化学的合成原理及光引导聚合技术（light-directed synthesis）。光引导聚合技术是Fodor在1991年的发明，它不仅可用于寡聚核苷酸的合成，也可用于合成寡肽分子。光引导聚合技术是照相平版印刷技术与传统的核酸、多肽固相合成技术相结合的产物。半导体技术中曾使用照相平版技术法在半导体硅片上制作微型电子线路。固相合成技术是当前多肽、核酸人工合成中普遍使用的方法，技术成熟且已实现自动化。二者的结合为合成高密度核酸探针及短肽阵列提供了一条快捷的途径。

光刻DNA合成法结合了半导体行业的光刻技术和DNA的原位合成技术，利用固相化学、光敏保护基及光刻技术得到位置确定。这种方法可以使每平方厘米的探针数量达到10^6个，每种探针为5～10μm的方形区域，探针的间距约为20μm。该方法的优点是可在芯片上根据已知序列原位合成，省去了麻烦的样品处理，减小了芯片与芯片之间的差异，得到高密度的阵列。但是也存在一些不足，主要有，需预先设计、制造一系列光罩物，造价昂贵，制造非常费时；制造过程中采用光脱保护方式制约了探针密度的进一步提高，造成杂交背景较高，不适于定量研究；对研究者而言每次实验只是使用商品化探针中的一部分，比较浪费。

除了光引导原位合成技术外，还可使用压电打印法（piezoelectric printing）进行原位合成，其装置与普通的彩色喷墨打印机类似，所用技术也是常规的固相合成方法。将墨盒中的墨汁分别用四种碱基合成试剂所替代，支持物经过包被后，通过计算机控制喷墨打印机将特定种类的试剂喷洒到预定的区域上。冲洗、去保护、偶联等则同于一般的固相原位合成技术。可合成出长度为 40~50 个碱基的探针，每步产率也较前述方法为高。后一方法在多聚物的设计方面与前者相似，合成工作可用传统的 DNA 或多肽固相合成仪完成，只是合成后用特殊的自动化微量点样装置将其以比较高的密度涂布于硝酸纤维膜、尼龙膜或玻片上。支持物应事先进行特定处理，如包被以带正电荷的多聚赖氨酸或氨基硅烷。

与原位合成法相比，合成后交联法比较简单，采用常规分子生物学技术，只需要将预先制备好的寡核苷酸或cDNA等样品通过自动点样装置点于经过特殊处理的玻璃片或其他材料上即可，合成后交联法适用于大片段 DNA，有时也用于寡核苷酸，甚至 mRNA。另外，现在还有一种三维芯片，可以认为是合成后交联技术的一种。这种三维芯片主要是利用官能团化的聚丙烯酰胺凝胶块作为基质来固定寡核苷酸。这种三维芯片具有的明显优点，即固定的寡核苷酸量比较大，是二维芯片样品量的100 倍；被检测样品DNA 分子可以不带报告分子；杂交反应快，防止碱基错配能力显著提高。

在研究者选择时应首先考虑芯片的来源，自制、定制或购买商业化芯片；其次需根据实验目的选择合适的芯片种类，cDNA 芯片或寡核苷酸芯片；此外还需考虑芯片的密度，即探针量；最后还可根据实际情况考虑花费等。

三、实验材料

1. 样品准备所需实验材料

Oligo（dT）用 0.1% DEPC 处理水灭活 RNA 酶；100mol/L dATP、dCTP、dGTP、dTTP；5mmol/L DTT；1mmol/L Cy3-dUTP、1mmol/L Cy5-dUTP；200U/μL 反转录酶；玻璃纤维过滤柱。

2. 杂交清洗所需实验材料

去离子甲酰胺；1%牛血清白蛋白(BSA)；柠檬酸钠缓冲溶液(saline sodium citrate，SSC)；20mg/mL Human Cot-1 DNA；20mg/mL polyA DNA；杂交盒；预杂交液（5×SSC，0.1%SDS，1%BSA）；2×杂交缓冲液（50%甲醛胺，10×SSC，0.2%SDS）；洗液 1（1×SSC，2%SDS）；洗液 2（0.1×SSC，0.2%SDS）；洗液 3（0.1×SSC）。

四、操作步骤

1. 样品的准备

根据实验目的选择或制备基因芯片后，进行样品的准备，主要包括用常规方法从细胞中分离纯化样品核酸，再对待测样品中的靶 DNA 进行特异性扩增，并在扩增过程中进行标记。

目前样品的标记主要采用荧光标记法，样品在 PCR 扩增、反转录等过程中进行标记。反应中 DNA 聚合酶、反转录酶等可选择荧光标记的 dNTP 作为底物，在拷贝延伸的过程中，将其渗入到新合成的 DNA 片段中。此外，PCR 过程中还可应用末端荧光标记的引物，使新形成的 DNA 链末端带荧光。常用的荧光分子主要有 Cy3、Cy5、EITC 和 TRITC 或生物素等。基因表达谱实验中待测样品和对照样品可采用双色荧光标记法，如待测红色 Cy3，对照蓝色 Cy5 荧光标记。常用的标记方法包括反转录标记法、随即引物延伸法、PCR 线性扩增法等。

以反转录标记法为例，其一般过程如下：从细胞中提取总 RNA，纯化 mRNA，然后以 oligo（dT）为引物，加入荧光标记的 dNTP（dCTP 或 dUTP），进行反转录合成 cDNA 第一链。也可直接以总 RNA 为模板进行 oligo（dT）标记，而不必进行 mRNA 纯化步骤。

1）*准备标记反应混合液* 在 0.5mL 离心管中依次加入 5×RT 缓冲液 60μL，5mmol/L DTT 60μL，100mol/L dATP、dCTP、dGTP 各 3μL，100mol/L dTTP 0.3μL，DEPC-H_2O 170.7μL。总体积 300μL，混匀后每管 15μL 分装。

2）*总 RNA 与引物的准备* 在离心管中加 10μL 总 RNA（或 2μg mRNA），2μg Oligo（dT）和 DEPC-H_2O 至总体积 10μL，混合后于 70℃加热 10min 后迅速置冰上冷却 1min。

3）*标记反应* 在上述离心管中加入标记反应混合液 15μL，1mmol/L Cy3-/Cy5-dUTP 3μL，200U/μL 反转录酶 2μL。混匀后保温 2h。

4）*终止反应* 短暂离心，加 1.5μL 20mmol/L EDTA 终止反应。

5）*降解 RNA* 加 1.5μL 500 mmol/L NaOH，70℃加热 10min 以降解 RNA。

6）*中和 NaOH* 加 1.5μL 500mmol/L HCl 中和 NaOH。

7）*纯化、洗脱和重悬* 用玻璃纤维过滤柱除去没有标记上的荧光核苷酸；之后用 50μL、pH 为 8.0 的 TE 洗脱纯化产物，并真空干燥；将标记探针溶于 100μL DEPC-H_2O 中。

2. 杂交和清洗

芯片杂交过程为先预杂交，再加入含靶基因的杂交液进行杂交，一般时间为 3~24h，然后洗脱、干燥待检。预杂交主要目的是将玻片上的自由氨基酸或醛基等活性基团封闭或失活，否则标记的样品靶 DNA 会与玻片上探针外的其他位点发生非特异性结合，从而消耗靶 DNA。杂交液中还常加入鲑鱼精子 DNA、polyA、酵母 tRNA 和 Human Cot-1 DNA 等以避免重复序列引起的非特异杂交。杂交后的芯片要在严格条件下进行洗涤，洗去未杂交的一切残留物。

1）*预杂交* 将制备好的芯片浸入预杂交液，42℃温育 45min。

2）*清洗* 取出芯片，用超纯水室温下洗 5 次，在异丙醇中浸洗一次，置空气中干燥。

3）*标记样品的准备* 各取 10μL 纯化的 Cy3-和 Cy5-标记样品混匀，加入 20mg/mL 的 Human Cot-1 DNA 和 20mg/mL 的 polyA DNA 各 1μL。混匀后 95℃变性 5min，最大转速离心 1min。

4）*杂交样品的准备* 将上述标记样品与等体积、42℃预热的 2×杂交缓冲液混合。

5）*杂交* 将上述杂交样品加到预杂交处理过的芯片上，小心轻轻盖上盖玻片，注意一定避免气泡的产生。然后放入杂交盒，并根据情况在其两端的小孔中各 10 mL 加水保持湿度。在杂交室 42℃条件下杂交 16~20h。

6）*清洗* 首先，打开杂交室轻轻取出芯片，不移动盖玻片，将芯片迅速浸入洗液 1 中，42℃轻轻摇晃 4min。再将芯片转移至洗液 2 中，室温下轻摇 4min。然后将芯片转移至洗液 3 中，洗脱 1min，重复数次。最后用蒸馏水简单冲洗玻片，用无水乙醇清洗后置于空气中干燥。

五、实验结果

用基因芯片扫描仪对芯片进行扫描，然后以相关的芯片分析软件进行图像和数据的处理和分析。基因表达谱分析时，需对芯片上杂交点的荧光强度进行处理、分析之后才能鉴定出差异表达的基因。

首先，需要对每个扫描波段的相对荧光强度进行标准化处理，以校正荧光标记物的标记效率和检测效率之间的差异，以避免 Cy3 和 Cy5 平均比值的波动。标准化过程一般选择芯片上一部分基因或者某些外加的对照基因，其所检测的表达的平均比例应该为 1。之后，进行比值分析，即 Ratio 分析，以鉴定差异表达的基因。一般认为 Cy3 和 Cy5 比值在 0.5~2.0 范围内的基因不存在显著的表达差异，而比值大于 2 或者小于 0.5，则认为该基因的表达出现显著改变。

六、注意事项

（1）盖玻片建议以 1% SDS、水、乙醇进行清洁处理，除去油脂和尘埃等。阵列与玻片之间一定不能留有气泡，否则会显著影响杂交效果。为能熟练操作，可在空白玻片上先练习数次。

（2）盖玻片滑落使芯片暴露在空气中后，易产生高背景的荧光信号。

（3）荧光染料和标记好的样品应注意避光保存。

（4）杂交前应检测样品核酸活性，建议使用 NanoDrop 进行检测，达到平均每 25~50 个核酸含一个染料分子。

思考题

1. 现代食品检测检验方法可以应用在食品检测领域的哪些方面？
2. PCR 的特异性主要由哪些因素决定？
3. 引物设计的原则主要有哪些？
4. Ct 值的含义是什么？
5. Real Time PCR 的标记方法有哪些，是否还有其他标记方法？
6. 免疫凝结技术的实验原理是什么？
7. 可以通过哪些方式提高定量检测时的检出限？
8. 免疫荧光技术与其他的免疫学技术相比具有哪些特点？
9. 单克隆抗体技术有哪些特点？
10. 核酸分子杂交技术的原理是什么？
11. 洗膜的目的主要是什么？
12. 基因芯片的实验原理是什么？
13. 杂交后进行标准化的目的是什么？

主要参考文献

出入境检验检疫行业标准方法. SN/T 1933.1—2007. 食品和水中肠球菌检验方法 第1部分：平板计数法和最近似值测定法[S].

侯红漫. 2010. 食品微生物学检验技术[M]. 北京：中国农业出版社.

蒋原. 2010. 食源性病原微生物检测指南[M]. 北京：中国标准出版社.

李平兰，贺稚非. 2011. 食品微生物学实验原理与技术. 2版 [M]. 北京：中国农业出版社

赵贵明. 2005. 食品微生物实验室工作指南[M]. 北京：中国标准出版社.

中华人民共和国国家标准. GB 4789.10—2010. 食品安全国家标准 食品微生物学检验—金黄色葡萄球菌检验[S].

中华人民共和国国家标准. GB 4789. 11—2014. 食品安全国家标准 食品微生物学检验—β型溶血性链球菌检验[S].

中华人民共和国国家标准. GB 4789. 13—2012. 食品安全国家标准 食品微生物学检验—产气荚膜梭菌检验[S].

中华人民共和国国家标准. GB 4789. 14—2014. 食品安全国家标准 食品微生物学检验—蜡样芽孢杆菌检验[S].

中华人民共和国国家标准. GB 4789. 4—2010. 食品安全国家标准 食品微生物学检验—沙门氏菌检验[S].

中华人民共和国国家标准. GB 4789. 30—2010. 食品安全国家标准 食品微生物学检验—单核细胞增生李斯特氏菌检验[S].

中华人民共和国国家标准. GB 4789. 40—2010. 食品安全国家标准 食品微生物学检验—阪崎肠杆菌检验[S].

中华人民共和国国家标准. GB 4789. 5—2012. 食品安全国家标准 食品微生物学检验—志贺氏菌检验[S].

中华人民共和国国家标准. GB 4789. 7—2013. 食品安全国家标准 食品微生物学检验—副溶血性弧菌检验 [S].

中华人民共和国国家标准. GB 4789. 9—2014. 食品安全国家标准 食品微生物学检验—空肠弯曲菌检验 [S].

中华人民共和国国家标准. GB 5749—2006. 2006. 生活饮用水卫生标准[S]. 北京：中国标准出版社.

中华人民共和国国家标准. GB/T 17093—1997. 1997. 室内空气中细菌总数卫生标准[S]. 北京：中国标准出版社.

中华人民共和国国家标准. GB/T 18204. 1—2000. 2000. 公共场所空气微生物检验方法细菌总数测定[S]. 北京：中国标准出版社.

中华人民共和国国家标准. GB/T 4789. 12—2003. 食品卫生微生物学检验—肉毒梭菌及肉毒毒素检验[S].

中华人民共和国国家标准. GB/T 4789. 36—2008. 食品卫生微生物学检验—大肠埃希氏菌 O157: H7/NM 检验[S].

中华人民共和国国家标准. GB/T 4789. 6—2003. 食品卫生微生物学检验—致泻大肠埃希氏菌检验[S].

中华人民共和国国家标准. GB/T 4789. 8—2008. 食品卫生微生物学检验—小肠结肠炎耶尔森氏菌检验[S].

中华人民共和国国家标准. GB/T 5750. 12—2006. 2006. 生活饮用水标准检验方法微生物指标[S]. 北京：中国标准出版社.

附录 食品微生物检验实验常用染色液、培养基和试剂

一、食品微生物学检验实验室设施要求

微生物检测实验室的设施与设备是开展微生物检测的物质基础和保障。因此开展微生物检测实验，离不开实验室设施与设备以及对其的相应要求。微生物检测实验室的设施与设备如何做好管理，确保质量标准，在总体管理上要建立明细目录，包括名称、型号、厂家、购置时间、验收、调试或校验、仪器保管负责人、使用操作规范、使用或维修记录、报废等一系列的仪器设备质量保证档案。

微生物检测过程中需要用到大量的器皿，其检测结果的可靠性不仅与实验者的技能有关，同样也与实验之前的准备工作（如器皿的清洗、消毒、试剂的准确配制等）密切相关。

1.1 微生物学检测实验室卫生要求

1.1.1 中国合格评定国家认可委员会（简称 CNAS）2006 年制定检测和校准实验室能力认可准则，其中对设施与环境条件规定如下。

1.1.1.1 用于检测和（或）校准的实验室设施，包括但不限于能源、照明和环境条件，应有利于检测和（或）校准的正确实施。

实验室应确保其环境条件不会使结果无效，或对所要求的测量质量产生不良影响。在实验室固定设施以外的场所进行抽样、检测和（或）校准时，应予特别注意。对影响检测和校准结果的设施和环境条件的技术要求应制定成文件。

1.1.1.2 相关的规范、方法和程序有要求，或对结果的质量有影响时，实验室应监测、控制和记录环境条件。对诸如生物消毒、灰尘、电磁干扰、辐射、湿度、供电、温度、声级和振级等应予重视，使其适应于相关的技术活动。当环境条件危及到检测和（或）校准的结果时，应停止检测和校准。

1.1.1.3 应将不相容活动的相邻区域进行有效隔离。应采取措施以防止交叉污染。

1.1.1.4 应对影响检测和（或）校准质量的区域的进入和使用加以控制。实验室应根据其特定情况确定控制的范围。

1.1.1.5 应采取措施确保实验室的良好内务，必要时应制定专门的程序。

1.1.2 根据食品行业自身的规定，为保证、满足病原微生物检测和进行实验的要求，病原微生物检测实验室总体上要具备以下条件：

1.1.2.1 有能开展无菌检查、病原微生物限度检查和无菌采样各自严格分开的无菌室或者隔离系统。

1.1.2.2 有能开展菌种处理与病原微生物检测鉴别的独立的局部 100 级的无菌洁净室。

附表 1-1 为 GMP 规定的洁净度。

1.1.2.3　有能开展病原微生物检定或能进行细菌内毒素检查（凝胶法或定量法）、抗菌作用测定的各自分开的半无菌实验室。

1.1.2.4　有能进行病原微生物生长培养的培养室。

1.1.2.5　有可以进行配制试液及培养基的配制室。

1.1.2.6　有能进行高压灭菌的灭菌室。

1.1.2.7　有实验器皿洗涤、烘干室。

1.1.2.8　有人员办公休息室。

1.1.2.9　大型实验室还可设有实验用品、易耗品储藏室。

还要对这些设施与设备实施有效的监控与验证，以保证整个病原微生物检测实验室的布置符合规范要求，并应有合理的通风设施，按照各房间的使用要求配置适当的空气净化系统，以提高实验室的总体质量。

附表 1-1　GMP 规定的洁净度

洁净级别	尘粒最大允许数		微生物最大允许数		相当于 ISO 分级
	≥0.5mm	≥5mm	浮游菌/m^3	沉降菌/m^3	
100 级	3 500	0	5	1	ISO 5 级
10 000 级	350 000	2 000	100	3	ISO 7 级
100 000 级	3 500 000	20 000	500	10	ISO 8 级
300 000 级	10 000 000	60 000			ISO 15 级

1.2　下面以洁净室及培养室等为例介绍微生物检测实验室实验设施与设备的要求与如何开展工作

1.2.1　洁净室（无菌室）。

洁净室（无菌室）是病原微生物检测的重要场所与最基本的设施，它是病原微生物检测质量保证的重要物质基础。因此它的设计要按国家相应的标准《洁净厂房设计规范》（GB 50073—2001）等规定进行。微生物实验室洁净室的施工、安装、验收应按行业标准 JGJ 71—1990《洁净室的施工及验收规范》进行。对于微生物检测工作者和使用管理者来讲，更大量的工作是进行正常管理到日常的使用。

洁净室（无菌室）的标准要符合 GMP 洁净度标准要求。其使用管理要做好以下工作。

1.2.1.1　洁净室（无菌室）要符合规范要求。

无菌室应采光良好、避免潮湿、远离厕所及污染区。面积一般不少于 1m^2，不超过 5m^2；高度不超过 2.4m。由 1～2 个缓冲间、操作间组成（操作间和缓冲间的门不应直对），操作间和缓冲间之间应具备灭菌功能的样品传递箱。在缓冲间内应有洗手盆、毛巾、无菌衣裤放置架及挂钩、拖鞋等，不应放置培养箱和其他杂物；无菌室内应六面光滑平整，能耐受清洗消毒。墙壁与地面、天花板连接处应呈凹弧形，无缝隙，不留死角。操作间内不应安装下水道。无菌操作室应具有空气除菌过滤的单向流空气装置，操作区洁净度 100 级或放置同等级别的超净工作台，室内温度控制在18～26℃，相对湿度45%～65%。缓冲间及操作室内均应设置能到达空气消毒效果的紫外灯或其他适宜的消毒装置，空气洁净度级别不同的相邻房间之间的静压差应大于5Pa，洁净室（区）与室外大气的静压差大于10Pa。无菌室内的照明灯应嵌装在天花板内，室内光照应分布均匀，光照度不低于300lx。缓冲间和操作间设置紫外线杀菌灯（2～2.5W/m^3），不符合要求的紫外杀菌灯应及时更换。

1.2.1.2　建立使用登记制度。

每个病原微生物检测检验室都要建立使用登记制度。在登记册中可设置以下项目内容：使用日期、时间、使用人、设备运行状况、温度、湿度、洁净度状态（沉降菌数、浮游菌数、尘埃粒子数）、报修原因、报修结果、清洁工作（台面、地面、墙面、天花板、传递窗、门把手）、消毒液名称等。

1.2.1.3　建立使用标准操作规范（SOP）并严格管理。

SOP内容至少要有以下几点。

（1）规定净化系统运转时间。每次实验前应开启净化系统使运转至少1h，同时开启净化台和紫外灯。

（2）物品进入洁净室（无菌室）基本要求。凡进入洁净室（无菌室）的物品必须先在外部或缓冲间内对其进行相应的处理。注意纤维、易发尘物品不得带进净化室。无菌室内固定物品不得任意搬出。

（3）人员进入洁净室（无菌室）要求。实验人员进入洁净室（无菌室）不得化妆、戴手表、戒指等首饰，不得吃东西、嚼口香糖。应清洁手后进入第一缓冲间更衣，同时换上消毒隔离拖鞋，脱去外衣，用消毒液消毒双手后戴上无菌手套，换上无菌连衣帽（不得让头发、衣服等暴露在外面），戴上无菌口罩。然后，换或是再戴上第二副无菌手套，在进入第二缓冲间换第二双消毒隔离拖鞋。再经风淋室30s风淋后进入无菌室。

（4）温湿度观察要求。观察温度计、湿度计上显示的温湿度是否在规定的范围内，并作为实验原始数据记录在案。如发现问题应及时寻找原因，及时报修和及时报告给实验室主管，并将报修原因和结果记录归档。

（5）沉降菌落计数与浮游菌测定要求。在每次实验的同时，对操作室和层流台做微生物沉降菌落计数，将结果记录在使用登记本上，并作为实验环境原始数据记录在实验报告上。每周一次，或在无菌检查等必要时，在每次实验的同时对操作室和净化台进行浮游菌测定，将结果记录在使用登记本上，并作为实验环境原始数据记录在实验报告上。

（6）消毒要求。无菌室每周和每次操作前使用0.1%新洁尔灭或2%甲酚液或其他适宜消毒液[常用消毒剂的品种有：5～20倍稀释的碘伏水溶液、1∶50的84消毒液、75%乙醇溶液、3%碘酒溶液、5%石炭酸（来苏儿）消毒溶液、2%戊二醛水溶液、尼泊金乙醇消毒液（配方：对羟基苯甲酸甲酯21.5g，对羟基苯甲酸丙酯8.6g，75%乙醇10.0mL）等，所用的消毒剂品种与使用要进行有效性验证方可使用，并定期更换消毒剂的品种]擦拭操作台及可能污染的死角，方法是用无菌纱布浸渍消毒溶液，清洁超净台的整个内表面、顶面及无菌室、人流、物流、缓冲间的地板、传递窗、门把手。清洁消毒程序应从内向外，从高洁净区到低洁净区，逐步向外退出洁净区域。然后开启无菌空气过滤器及紫外灯杀菌1～2h，以杀灭存留微生物。在每次操作完毕，同样用上述消毒溶液擦拭工作台面，除去室内湿气，用紫外灯杀菌30min。

（7）其他要求。如遇停电，应立即停止实验，离开无菌室，关闭所有电闸。重新进入无菌室前至少开启机房运转 1h 以上。

1.2.1.4　洁净度检查的要求与方法。

无菌室在消毒处理后，无菌实验前及操作过程中需检查空气中菌落数，以此来判断无菌室是否达到规定的洁净度。常用沉降菌和浮游菌测定方法如下。

（1）沉降菌检测方法及标准。以无菌方式将 3 个营养琼脂平板带入无菌操作室，在操作区台面左、中、右各放 1 个；打开平板盖，在空气中暴露 30min 后将平板盖好，置 32.5℃±2.5℃培养 48h，取出检查，3 个平板上生长的菌落数平均小于 1。

（2）浮游菌检测方法及标准。用专门的采样器，宜采用撞击法机制的采样器，一般采用狭缝式或离心式采样器，并配有流量计和定时器，严格按仪器说明书的要求操作并定时校验，采样器和培养皿进入被测房间前先用消毒房间的消毒剂灭菌，使用的培养基为营养琼脂培养基或行业认可的其他培养基。使用时，先开动真空泵抽气，时间不少于 5min，调节流量、转盘、转速。关闭真空泵，放入培养皿，盖上采样器盖子后调节缝隙高度。置采样口采样点后，依次开启采样器、真空泵，转动定时器，根据采样量设定采样时间。全部采样结束后，将培养皿置 32.5℃±2.5℃培养 48h，取出检查，浮游菌落数平均不得超过 5 个/m^3。每批培养基应选定 3 只培养皿做对照培养。

无菌操作台面或超净工作台还应定期检测其悬浮粒子，应达到 100 级（一般用尘埃粒子数计数检测），并根据无菌状况必要时置换过滤器。

1.2.1.5　定期进行洁净度再检验。

定期（每季度、半年、1 年）或当洁净室设施发生重大改变时，要按相关规定要求进行洁净度再检验，以确保洁净度符合规定，保存验证原始记录，定期归档保存，并将验证结果记录在无菌室使用登记册上，作为实验环境原始依据具趋势分析资料。并定期对洁净室的环境检测数据进行趋势分析和评估，根据评估结果，了解洁净室设施环境质量的稳定状况及变化趋势，决定是否有必要修订相应的警戒和纠偏限度。

1.2.1.6　定期更换新的紫外灯管、更换净化系统的初效、中效、高效头。

定期（至少每年 1 次）更换新的紫外灯管，以确保紫外灯管灭菌持续有效。并同时在使用登记本上做好更换记录，定期归档保存。至少两年 1 次，或按洁净度验证实际情况，定期更换初效、中效、高效头，以确保净化系统的功能持续有效，并同时在使用登记本上做好更换记录，定期归档保存。

1.2.1.7　使用过程中应尽可能减少人员的走动或活动。

平时实验室内应尽可能减少人员的走动或活动，通向洁净室的门要关闭或安装自动闭门器使其保持关闭状态。

1.2.1.8　洁净度不符合规定时立即停止使用。

发现洁净度不符合规定时，应立即停止使用，寻找原因，彻底清洁，必须经洁净度再验证符合规定后再使用，并同时将情况记录在无菌室使用登记册上，定期归档保存。

1.2.1.9　对进入的外来人员或维修人员进行指导和监督。

非微生物室检验人员不得进入洁净室（无菌室），对必须进入的外来人员或维修人员要进行指导和监督。

1.2.1.10　洁净室（无菌室）的日常管理。

建立安全卫生值日制度，一旦发现通风系统、墙壁、天花板、地面、门窗及公用介质系统等设施有损坏现象，要及时报告并采取相应的修复措施，并保存记录及时归档。从洁净室（无菌室）环境中检测到的微生物应能鉴别至属或种，保留鉴别实验原始记录及菌种，作为无菌生产、无菌检查洁净室环境质量、消毒剂有效性评估及污染源调查的依据，并且也是无菌检查阳性结果的调查提供第一手资料。

1.2.2　培养室。

培养室用来放置各类微生物生长的细菌培养箱和真菌培养箱以及菌种保藏用的冰箱。如有条件也可用面积不大于 $5m^2$ 的具有恒温装置的密闭小室代替培养箱。室内应保持清洁，不得堆放杂物，为防止培养过程中发生污染，培养室的洁净度要达到100 000级。同时，室内应注意避免抗生素污染和避免使用强效、挥发性、喷雾性消毒剂，以防止影响微生物生长。

1.2.3　试液及培养基的配制室或灭菌室、器皿洗涤、烘干室、实验室、办公休息室。

试液及培养基的配制室、烘干室、实验室、办公休息室要求条件不高，为一般的清洁环境室。配制室应严格防止抗生素、消毒剂对试剂、试药、培养基原料及配制用器皿和溶剂的污染。清洁环境室应具有防止灭菌后物品再污染的有效措施。同时应制定有各试液及培养基配制的标准操作规程、环境清洁标准操作规程。此外抗生素微生物检定实验所用烧杯、漏斗、移液管、容量瓶、滴管、小钢管等器皿应与其他器皿分开洗涤，防止抗生素污染用于微生物培养的器皿；所有染菌物品、培养物均应经高压灭菌处理后再清洗；抗生素微生物检定平板与其他培养基平板也应分开洗涤。室内应保持清洁、干燥，防止微生物滋生和污染。应制定出实验器皿洗涤标准操作规程。灭菌室是放置高压灭菌器，进行物品灭菌的工作室，注意应有适当措施防止灭菌后物品的第二次污染。对于已灭菌过的物品和没有灭菌过的物品在放置区域和标志上应有明显区别。实验室还可以设有实验用品、易耗品储藏室，为一般清洁环境室。办公休息室为一般清洁环境室。

1.3　食品微生物检测实验设备要求

中国合格评定国家认可委员会（简称CNAS）2006年制定检测和校准实验室能力认可准则，其中对设备的规定如下。

（1）实验室应配备正确进行检测和（或）校准（包括抽样、物品制备、数据处理与分析）所要求的所有抽样、测量和检测设备。当实验室需要使用永久控制之外的设备时，应确保满足本准则的要求。

（2）用于检测、校准和抽样的设备及其软件应达到要求的准确度，并符合检测和（或）校准相应的规范要求。对结果有重要影响的仪器的关键量或值，应制定校准计划。设备（包括用于抽样的设备）在投入服务前应进行校准或核查，以证实其能够满足实验室的规范要求和相应的标准规范。设备在使用前应进行核查和（或）校准。

（3）设备应由经过授权的人员操作。设备使用和维护的最新版说明书（包括设备制造商提供的有关手册）应便于合适的实验室有关人员取用。

（4）用于检测和校准并对结果有影响的每一设备及其软件，如可能，均应加以唯一性标识。

（5）应保存对检测和（或）校准具有重要影响的每一设备及其软件的记录。该记录至少应包括：①设备及其软件的识别；②制造商名称、型式标识、系列号或其他唯一性标识；③对设备是否符合规范的核查；④当前的位置（如果适用）；⑤制造商的说明书（如果有），或指明其地点；⑥所有校准报告和证书的日期、结果及复印件，设备调整、验收准则和下次校准的预定日期；⑦设备维护计划，以及已进行的维护（适当时）；⑧设备的任何损坏、故障、改装或修理。

（6）实验室应具有安全处置、运输、存放、使用和有计划维护测量设备的程序，以确保其功能正常并防止污染或性能退化。

（7）曾经过载或处置不当、给出可疑结果，或已显示出缺陷、超出规定限度的设备，均应停止使用。这些设备应予隔离以防误用，或加贴标签、标记以清晰表明该设备已停用，直至修复并通过校准或检测表明能正常工作为止。实验室应核查这些缺陷或偏离规定极限对先前的检测和（或）校准的影响，并执行“不符合工作控制”程序。

（8）实验室控制下的需校准的所有设备，只要可行，应使用标签、编码或其他标识表明其校准状态，包括上次校准的日期、再校准或失效日期。

（9）无论什么原因，若设备脱离了实验室的直接控制，实验室应确保该设备返回后，在使用前对其功能和校准状态进行核查并能显示满意结果。

（10）当需要利用期间核查以保持设备校准状态的可信度时，应按照规定的程序进行。

（11）当校准产生了一组修正因子时，实验室应有程序确保其所有备份（如计算机软件中的备份）得到正确更新。

（12）检测和校准设备包括硬件和软件应得到保护，以避免发生致使检测和（或）校准结果失效的调整。

1.3.1　仪器设备的管理原则。

病原微生物检测实验室在新的设备仪器购买后，首先要对该设备或仪器进行安装确认，基本程序是：开箱验收、安装、运行性能确认程序。安装确认主要有以下内容。

1.3.1.1　要登记仪器名称、型号，生产厂商名称、编号，生产日期，使用单位内部的固定资产设备登记及安装地点；

1.3.1.2　收集汇编和翻译仪器使用说明书和维护保养手册；

1.3.1.3　检查并记录所验收的仪器是否符合厂方规定的规格标准；

1.3.1.4　检查并确保有该仪器的使用说明书、维修保养手册和备件清单；

1.3.1.5　检查安装是否恰当，气、电及管路连接是否符合要求；

1.3.1.6　制定使用规程和维修保养制度，建立使用日记和维修记录；

1.3.1.7　制定清洗规程；

1.3.1.8　明确仪器设备技术资料（图、手册、备件清单、各种指南及与该设备有关的其他文件）的专管人员及存放地点。

最后对确认的结果进行评估，有效地制定出设备的校验、维修保养、验证计划以及相关的标准操作规程。校验的目的是为了确保计量仪表在其量程范围内运行良好，并且测量结果符合既定标准。根据生产商的建议要求和该仪器的用途来确定校验或维修频率。同样根据生产商建议要求和仪器在使用时重要程度确定其测量误差的允许范围。如果仪器设备经校验不符合规定要求，则应予以充分调查，并且要撰写相关超标结果的偏差报告。还要对该问题设备自上一次校验之后产生的所有实验数据进行全面回顾，对这些数据的合理性做出评估。由此可见，提高校验和维修频率将会保证设备的良性运行并且可以避免产生大量的问题数据。因此，实验室的主要仪器设备每台要配备一本使用和维修日志，这些日常记录通常是偏差调查的关键依据。

一般来说，验证时，至少要是有连续3次的重复性实验结果支持说明该台设备通过验证，并且能被官方（如美国FDA、中国SFDA等）认可。完成这些工作后，要按以上相关法规的规定，对仪器设备的管理应做到以下几点。

（1）备有仪器设备的清单。备有一份所有仪器设备清单，每台仪器设备要有唯一性的内部控制编号、专门保管人，如果某设备以不在实验室，则应在清单上注明其最后一次使用时间和原因。

（2）仪器设备贴有明显标识 。每台仪器设备上要贴有明显标识，标记主要有“合格”、“准确”、“限用”、“封存”、“停用”几类。标记要表明其内部控制编号、名称、型号、生产厂家、保管人及所处的状态。对需定期校验的设备经校验合格则贴上绿色合格证，并标明最近校验日期和下次校验日期及校验人员的签名，使用前，检验人员务必要先确认其处于校验有效期内。“准用”标记表明测量无检定规程，按校正规范为合格状态，颜色为黄色。“限用”标记表明使用仪器的部分功能或限量，经检定或计量确认处理合格状态，清楚地标出“限用”两字，颜色为蓝色。“封存”标记表明暂不使用，需使用时，应启封检定。凡校验不合格、过期、需报修的设备仪器应贴有红色停用证，并标明停用日期；不许校验的设备则在确认其运行正常后贴上白色状态良好标识即可。

（3）建立仪器设备的标准操作规程每台仪器设备要建立标准操作规程，保证使用者可以正确使用。

（4）建立使用登记、维修、保养记录这些日常记录是偏差调查的关键依据。

1.3.2　设备仪器管理要求。

实验室设备按是否需要校验可分为无需校验的设备、需校验的设备、安装后性能确认并且需要连续监控的设备、需要验证和持续监控的设备四大类进行质量保证和管理要求，现分述如下。

1.3.2.1　无需校验的设备。

微生物检测实验室常用到的此类设备主要有：用于细菌内毒素检测混合时使用或样品混合时的自动漩涡混合器、菌落计数器、往复轨道振荡器，用于无菌检查的全封闭智能集菌仪、真空泵、搅拌加热器，效价测定用的管碟投放器，制备固体样品或水溶性软膏用的电动匀浆仪、蠕动泵和光学显微镜等。只需确认其运行正常，贴上绿色状态良好标识既可（现在实验室通常用 3 种颜色的标识表明仪器的校准状态。合格证——绿色，准用证——黄色，停用证——红色）。同时应制定此类设备的使用和维护规程。

供试品通过集菌仪的定向蠕动加压作用，实施正压过滤并在滤器内进行培养，以检验供试品是否含菌。供试品通过进样管连续被注入集菌培养器中，利用集菌培养器内形成的正压，通过0.45μm或0.22μm孔径的滤膜过滤，供试品中可能存在的微生物被截留收集在滤膜上，通过冲洗滤膜除去抑菌成分。然后把所需培养基通过进样管直接注入集菌培养器中，放置规定的温度培养，观察是否有菌生长。

现今较好的薄膜过滤装置为全封闭自动过滤系统。在无菌检查中，冲样品过滤集菌、灌入培养基直至培养前的全部操作，均由一台仪器自动完成。由于是全封闭的无菌检测系统，避免了检测过程中的外源性污染，使检验结果更为可靠。目前国内外均有这类产品出售。

1.3.2.2　需校验的设备。

实验室需定期校验的涉及微生物检测的仪器或仪表、设备有：天平、砝码、pH 计、分光光度计、温度或压力仪表、消毒压力容器、灭菌柜安全阀以及游标卡尺等。需定期校验的仪器设备又分可以送有关单位校验，或在本单位有能力、有资格校验的非强检仪器设备及必须由法定计量单位进行量值溯源校验的“强检”仪器或仪表和设备三种情况。有关计量仪表或设备的使用和管理，请参照国家《产品质量检验机构计量认证技术考核规范》(JJF1021—1990)执行定期校验的非强检仪器设备为需要在特定的参数下运行，并且（或者）在定量测定时出具数据的，微生物检验室的这类设备有：天平、pH 计、分光光度计、多功能微生物自动测量分析仪、微生物效价仪、无菌隔离系统、HTY 微孔滤膜测定仪、移液器、电热干燥器或烤箱（细菌内毒素测试用）、玻璃温度计、循环记录仪（如温湿度周记录仪）、空气浮游菌检测仪、空气悬浮粒子计数器等。

（1）天平。这类产品国内市场上很多，型号也较多。但微生物实验室的天平按使用要求可分为两类：一类是用于抗生素微生物鉴定中标准品、样品精密称量的天平，这类天平必须是能精确到小数点后 5 位有效数字的电子分析天平，称量范围在 0.01mg 至 180g；另一类主要用于培养基、试剂配制、微生物限度检查、固体样品的称量等，这类天平只需精确到小数点后两位有效数字即可。明确标明每台天平的量程，可称量的最小值和最大值均需经过校验。天平应放置在专用天平室内，温湿度应相对稳定，温度一般应控制在 15～25℃。湿度一般应控制在 50%～70%。用变色硅胶保持天平处于干燥环境中。天平安置在稳固、水平的位置上，并防振。每台天平必须配有标准操作规程、使用登记本和维修、保养记录。严格禁止称量超过称量范围的物品。每次称量结束后，必须将天平清理干净，以避免交叉污染和对操作人员的潜在危害。应定期强检，专人负责。

（2）pH 计。在对 pH 计进行校验和日常校正时，采用 2 点校正线。校正用标准溶液的 pH 之差不得超过 4 个单位，并且要涵盖使用时的测量范围。所进行的日常校正均应记录于使用日志，并且要定期回顾这些校正记录。应妥善保存 pH 计电极，每次使用前应用蒸馏水淋洗电极。应对 pH 计的使用、校验、日常校正以及维修保养等方面制定相应的规程。

（3）分光光度计。紫外分光光度计在微生物检测分析或测定中主要用于抗生素效价的浊度测定和制备标准菌液浓度。与化学药品分析测定时的主要不同是所测溶液含微生物。型号有 UV-2100 双光束紫外-可见分光光度计、VIS-723G 可见分光光度计等。在操作时应注意微生物溶液对仪器的污染及对污染的处理，特别是比色皿的消毒处理。可用甲醛稀释液（福尔马林）或 0.1%新洁尔灭溶液对污染部位及比色皿进行消毒处理。

紫外分光光度计需要校验其波长和光度测定的准确性。在每次使用前，分析人员必须用空白试剂将仪器的吸收值校正至零点（即透光率为 100%）。比色皿要保持洁净以免结果不准确。对于配有软件系统的分光光度计来说，设备在投入使用前，应确认其软件系统的可靠性。每台分光光度计均应定期校验、专人负责，有标准操作规程，建立使用登记本和维修、保养记录，还应在具体的检测方法中描述分光光度计的标准操作规程。

（4）微生物效价测量分析仪。微生物效价测量分析仪是一种专门用于抗生素类药品的微生物效价测定仪器。国内目前已有厂家生产。

（5）层流净化工作台。层流净化工作台是微生物检验使用最普遍和广泛的一种无菌操作工作台，主要用于制药、食品等行业上，国内有多家工厂生产。

（6）无菌隔离系统。此系统已由杭州泰林生物技术设备有限公司吸收国外先进的设计制造技术而独立研制开发生产，主要应用于无菌操作，内置无菌检测系统、自动灭菌系统等，基本达到了“品质超越进口设备，使用成本低于进口设备”的制造目标，具有较大的技术优势和服务优势，无菌隔离系统已作为《中国药典》（2005年版）无菌检查法指定为可使用的设施。

（7）HTY微孔滤膜孔径测定仪。该仪器是由杭州泰林生物技术设备有限公司自主开发的微孔滤膜专用测试仪器，其原理是运用气泡点法测定各种材质的微孔滤膜的孔径，对各种培养器使用的滤膜进行检测，以保证滤膜最大孔径及孔隙率指标达到无菌检测要求，从而符合验证要求。

该测定仪具有的特性：①可测定各种材料的微孔滤膜的孔径；②微孔孔径测定范围为0.15～0.8μm；③气泡点法测定，可直观判断滤膜孔隙率状况；④测试迅速，仅需1min左右即可完成4特性的测试。

1.3.2.3　安装后性能确认并且需要连续监控的设备。

病原微生物检测室常用温控设备有：培养箱（室）、冷藏箱、冷冻冰箱及水浴箱、细菌内毒素检查法（凝胶法用）的TAL-40型细菌内毒素测定仪、细菌内毒素检查法（定量法用）的测定仪等。这些温控仪器共同特点是具有控制性腔室环境。在管理上要求如下。

（1）在投入使用前，要对设备（或设施）的性能进行检验，然后再每次使用时都要进行连续监控。为了确保设备腔室内的温度状况符合规定要求，每次都予以记录，作为原始资料，为日后分析提供充足依据。现在有不少实验室采用计算机系统来自动监控腔室的环境温度，并保存实时监控的结果。监控用的软件管理系统应经过验证，并且要定期（至少每半年1次）校验测温探头及记录/显示仪表，以确保仪器符合规定要求。

（2）对没有自动监控系统的仪器，则需在设备的每个腔室内放置玻璃温度计（要经校准过）或周期性温度记录仪，每天专人负责检查。一旦发现偏差，须及时调查原因并采取相应的纠偏措施，并要对偏差所产生的影响加以分析和评估，撰写分析报告。

（3）定期用中性的清洁剂或消毒剂清洗，对这些培养箱（或室）、冷藏箱（或室）、冷冻冰箱及水浴的腔室内的表面，要定期用中性的清洁剂或消毒剂清洗。同时要为这些设备制定使用、校验、维护、清洁和温度监控等方面相应的标准操作规程。

1.3.2.4　需要验证和持续监控的设备。

在病原微生物检测实验室里，需要验证和持续监控的设备主要有：灭菌用的高压灭菌柜（或锅）、除热原的电热恒温干燥箱等，和培养微生物生长用的培养箱等设备相比，为了确保实验结果的准确、有效，对这些设备需要进行更深层次的确认实验和进行常规的持续质量监控检查。无论是硬件系统还是软件系统均需经过严格的确认和验证。

所有的灭菌验证或除热原验证的工艺记录均应妥善保存。记录应能清楚地反映出主要的工艺参数，如温度、时间、压力等。由热敏纸打印的记录要及时复印并存档。每台灭菌或除热原设备均应配备使用日志，记录至少要包括：运行参数（温度和时间）、程序结束时间、运行状况及使用者的签名等。实验室有必要对被灭菌物品或除热原物品的有效期予以确认或验证。

1.3.3　超净工作台的监控规程与使用指南。

超净工作台是病原微生物检测实验室使用很广泛的设备，应建立监控规程与使用指南，以下是以超净工作台为例说明它们的监控与使用指南。

1.3.3.1　监控规程。

超净工作台在管理上应制定相应的监控规程，其主要内容是：①定期监测超净工作台、HTY 无菌隔离系统的内表面的微生物学质量及其内部的空气质量（粒子和微生物），要求所用的高效过滤器应能确保使大于等于 0.3μm 的粒子的截留率达到 99.97%以上。层流空气的流速应足以将工作区的粒子带出去。一般说来，在距离过滤器下游 15～30cm 处地平面上（工作区），理想的层流速度应控制在 0.36～0.54m/s 之间。②高效过滤器的完好性和层流速率应经过确认，在安装完毕后须在使用现场进行完好性（泄露）检查和过滤效率（性能）测试。以后还须定期进行此类测试（通常每半年至少检查一次）。③日常管理中一旦发现设备进行不稳，或环境监控结果异常，或微生物检验结果偏差呈上升趋势，均须立即进行完好性检查和性能测试。此类检查非常重要，这样可以有效避免给无菌操作带来的潜在污染风险。无菌作业时，应同时监控操作区空气以及操作台表面的微生物学质量，在实验时，应同时做阴阳性对照实验。

1.3.3.2　使用指南。

层流净化工作台使用指南的主要内容有：应在人员走动相对较少，并且是在离门较远的位置安置层流净化工作台，目的是使设备周围环境的气流相对稳定，不影响操作区，更不得对操作区层流产生干扰。

设备开启后，操作人员应首先检查压差指示表的读数是否正常，与常规压差相比，压差偏小或偏大均表明设备运行异常，需立即调查并采取必要的纠偏措施。

如果操作区内安装有紫外灯，操作前必须关闭紫外灯直至完成所有的无菌作业。防止紫外线对操作人员的损害及对样品中可能存在的微生物的损伤。

操作人员戴无菌乳胶手套和无菌袖套后方可在层流区操作。开启工作台后，应采用无菌消毒剂（70%无菌乙醇）对其表面消毒，至少等待 5min 后，方可开始操作。无菌操作前，置于工作台内的所有物品均应经过充分消毒并直至风干。工作区内的所有物品应排放整齐，以免干扰气流方向。应及时将工作台内的闲置物品撤离出去，并且不得堵住气流的进口。操作人员应当熟悉层流净化工作台的设计、工作原理及其气流模式。

普通层流净化工作台内的气流最终直接对着操作者而排向周围环境。因此，此类净化工作台不得用于处理感染性物品、有毒物品或敏感物品等。它们只适用于一般性的无菌操作活动，如无菌物品的装配、常规物品的微生物检查、培养基的制备等。尽管从表面上看，垂直层流净化工作台的工作区气流未受任何人员及周围环境的污染，但是工作区气流却给操作人员及周围环境造成潜在性污染。操作要避免对周围环境和操作人员产生污染。使用层流工作台时，务必要确保高效过滤器未被堵塞，从而保证洁净空气吹向并覆盖整个工作区。为防止扰乱层流，操作人员应尽可能避免将手和手臂则层流区移进或移出，即便移动，也应小心谨慎，所有活动尽可能地在无菌物品暴露区的下游（顺着层流方向）进行。实验室配备一台净化工作台，最好是生物安全柜，专用于常规性微生物菌种的处理，如微生物的鉴别、生物指示剂的制备与培养、阳性对照或培养基灵敏度检查用标准菌株的制备、保藏和使用等。

在洁净区内，如条件许可，尽量使层流净化工作台始终处于运行状态。但是，一旦停止运行而重新启动后，要对工作区进行彻底性消毒并且在使用前至少要预运行 5min。此外，在每次使用前和使用后，均应对工作台面采取清洁和消毒措施。

要对室内各类层流工作台的进行、清洁、消毒、校验和维修等制定详细的标准操作规程。为每台层流工作台、HTY无菌隔离系统配备使用和维修记录。使用记录的内容包括：使用日期及时间、仪器使用前后的状态、清洁或消毒状态及使用人的签名等。维修记录内容包括：故障说明、维修情况及维修人员和设备责任人的签名等。定期对设备的清洁或消毒记录和环境监控记录进行回顾性审查，以评估层流台内工作区的维护状况。

1.3.4　生物安全柜。

生物安全柜（biosafety cabinet）是包括微生物检测在内医学实验室最重要的安全防护设备，是处理危险性微生物时所用的箱形空气净化安全装置。它比无菌超净工作台更加注意保护环境以及操作工作者的安全。它确保实验室工作人员不受实验对象侵染，确保周围环境不受其污染。实验室应按要求分别配备不同性能的生物安全柜，必要时还应配备其他安全设备。所有可能使致病微生物及其毒素溅出或产生气凝胶的操作，不能用超净工作台代替生物安全柜。生物安全柜可分为Ⅰ、Ⅱ、Ⅲ级，三者之间有一定的区别。

Ⅰ级生物安全柜（class Ⅰ biosafety cabinet）：至少装置一个高效空气过滤器对排气进行净化机，工作时柜正面玻璃推拉窗打开一半，上部为观察窗，下部为操作窗口。外部空气有操作窗吸进，而不可能由操作窗口逸出。工作状态下遵守操作规程时即保证工作人员不受侵害，又保证实验对象不受污染。

Ⅱ级生物安全柜（class Ⅱ biosafety cabinet）：至少装置一个高效空气过滤器对排气进行净化，工作空间为经高效过滤器净化的无涡流的单向流空气。工作时柜正面玻璃推拉窗打开一半，上部为观察窗，下部为操作窗。外部空气由操作窗吸进，而不可能由操作窗口逸出。工作状态下遵守操作规程时即保证工作人员不受侵害，又保证实验对象不受污染。

Ⅲ级生物安全柜（class Ⅲ biosafety cabinet）：至少装置一个高效空气过滤器对排气进行净化，工作空间为经高效过滤器净化的无涡流的单向流空气。正面上部为观察窗，下部为手套箱式操作口。箱内对外界保持负压，可确保人体与柜内物品完全隔离。

二、染色液的配制

1. 革兰氏染色液

结晶紫染色液：结晶紫1.0g，95%乙醇20mL，1%草酸铵水溶液80mL。

将结晶紫溶解于乙醇中，然后与草酸铵溶液混合。

革兰氏碘液：碘1.0g，碘化钾2.0g，蒸馏水300mL。

将碘与碘化钾先进行混合，加入蒸馏水少许，充分振摇，待完全溶解后，再加蒸馏水至300mL。

沙黄复染液：沙黄0.25g，95%乙醇10mL，蒸馏水90mL。

将沙黄溶解于乙醇中，然后用蒸馏水稀释。

染色法：将涂片在火焰上固定，滴加结晶紫染色液，染1min，水洗。滴加革兰氏碘液，作用1min，水洗。滴加95%乙醇脱色，约30s；或将乙醇滴满整个涂片，立即倾去，再用乙醇滴满整个涂片，脱色10s。水洗，滴加沙黄染色液，复染1min，水洗，待干，镜检。

结果：革兰氏阳性菌呈紫色，革兰氏阴性菌呈红色。

注：亦可用1∶10稀释石炭酸复红染色液作复染液，复染时间10s。

2. 美蓝染色液

美蓝 0.3g，95%乙醇 30mL，0.01%氢氧化钾溶液 100mL。

将美蓝溶解于乙醇中，然后与氢氧化钾溶液混合。

染色法：将涂片在火焰上固定，待冷。滴加染色液，染 1～3min，水洗，待干，镜检。

结果：菌体呈蓝色。

3. 乳酸石炭酸棉蓝染色液

石炭酸	10g
乳酸（相对密度 1.21）	10mL
甘油	20mL
棉蓝（cotton blue）	0.02g
蒸馏水	10mL

将石炭酸加在蒸馏水中加热溶解，然后加入乳酸和甘油，最后加入棉蓝，使其溶解即成。

4. 芽孢染色液

孔雀绿染液：孔雀绿（malachite green）5g，蒸馏水 100mL。

番红水溶液：番红 0.5g，蒸馏水 100mL。

5. 碱性复红染色液

将 0.5g 碱性复红染料溶解于 20mL 95%乙醇，然后用蒸馏水稀释至 100mL。如有不溶物时，可用滤纸过滤，或静置后取上清液备用。

注：本染色液系用于苏云金芽孢内蛋白质毒素结晶的染色，借以与蜡样芽孢杆菌相区别。

三、生化实验用培养基和试剂

本部分培养基和试剂扫描以下二维码获取：

四、一般培养基和专用培养基

本部分培养基扫描以下二维码获取：

五、常用器皿及其清洁方法

微生物检测所用的器皿，在使用前需经洗涤、包装、灭菌后方能使用，因此，对其质量、洗涤和包装方法均有一定的要求。其中，玻璃器皿主要用于微生物的培养、保存、吸取菌液等，一般选用中性硬质玻璃，能耐受高温（121℃）、高压（0.1MPa）和短时火焰灼烧。另外，新购置的玻璃器皿中含有游离碱，长期使用后会在内壁析出，呈乳白色碱膜，器皿变得不透明，影响观察，同时也会影响培养基的酸碱度。不同玻璃器皿的洗涤方法、高温灭菌前的包装方式、灭菌彻底与否均会对实验结果有重要影响，以下介绍实验用玻璃器皿和接种工具的类别、清洗和消毒方法。

（一）常用器皿

1. 试管（test tube）

试管是一种实验室常用的玻璃器皿，它是用中性硬质玻璃制成的如同手指形状的管子，顶端开口，通常是光滑的，底部呈U形。试管的长度从几厘米到20cm不等，直径在几毫米到数厘米之间。试管被设计为能通过控制火焰对样品进行简易加热的产品，所以通常由膨胀率大的玻璃制成，如硼硅酸玻璃。当微量化学或生物样品需要操作或贮藏时，试管通常比烧杯更好用。在微生物实验中，试管的使用是非常普遍的。

微生物检测实验室所用的试管的管壁应较厚，这样在塞棉花塞时，管口才不会破损。为便于加塞并防止异物落入，以直口式试管为佳（即不卷口的），不然，微生物容易从棉塞与管口的缝隙间进入试管而造成污染，也不便于加盖试管帽。有的实验要求尽量减低试管内水分的蒸发，则需要使用螺口试管，盖以螺口胶木帽或塑料帽。培养细菌一般用金属帽（如铝帽）或棉塞，也有的用硅胶泡沫塑料塞。试管根据用途可分为三种型号。

（1）大试管（约18mm×180mm）可用于盛装制平板的固体培养基；可用于制备琼脂斜面；也可用于盛装液体培养基进行微生物的振荡培养。

（2）中试管（13～15）mm×（100～150）mm 可用于制备琼脂斜面、盛液体培养基，或用于菌液、病毒悬液的稀释及血清学实验。

（3）小试管 [（10～12）mm×100mm]一般用于糖发酵实验或血清学实验和其他需要节省材料的实验。

2. 德汉氏试管（Durham tube）

观察细菌在糖发酵培养基内产气情况时，一般在小试管内再套一倒置的小套管（约6mm×36mm），此小套管即为德汉氏试管，又称杜氏小管，发酵小套管。

3. 小塑料离心管

小塑料离心管有1.5mL和0.5mL两种型号，主要用于微生物分子生物学实验中小量菌体的离心、DNA（或RNA）分子的检测、提取等。

4. 吸管（又称移液管，pipette）

（1）玻璃吸管（glass pipette）。微生物学实验室一般要准备 1mL、2mL、5mL、10mL的刻度玻璃吸管。与化学实验室所用的不同，其刻度指示的容量往往包括管尖的液体体积，亦即使用时要注意将所吸液体吹尽，故有时称为“吹出”吸管。市售细菌学用吸管，有的在吸管上端刻有“吹”字。

除有刻度的吸管外，有时需用不计量的毛细吸管，又称滴管，来吸取动物体液和离心上清液以及滴加少量抗原、抗体等。

（2）微量吸管。微量吸管又称微量加样器，主要用于吸取微量液体。微量移液器的品牌规格多种多样，有可调式、单刻度式，转移体积从 0.1μL 至 10mL 不等，但其基本结构和原理是一样的，即通过按动芯轴排出空气，将前端安装的吸头插入液体试剂中，放松对芯轴的按压，靠内装弹簧机械力，芯轴复原，形成负压，吸取液体。

5. 培养皿（petri dish）

常用的培养皿，皿底直径 90mm，高 15mm。培养皿一般均为玻璃皿盖，但有特殊需要时，可使用陶器皿盖，因其能吸收水分，使培养基表面干燥，例如测定抗生素生物效价时，培养皿不能倒置培养，则用陶器皿盖为好。

在培养皿内倒入适量固体培养基制成平板，用于分离、纯化、鉴定菌种、微生物计数以及测定抗生素、噬菌体的效价等。

6. 三角烧瓶（erlenmeyer flask）与烧杯（beaker）

三角烧瓶有 100mL、250mL、500mL、1000mL 等不同的大小，常用来盛无菌水、培养基和摇瓶发酵等。常用的烧杯有 50mL、100mL、250mL、500mL、1000mL 等，用来配制培养基与药品。

7. 注射器（injector）

一般有 1mL、2mL、5mL、10mL、20mL、50mL 等不同容量的注射器。注射抗原于动物体内可根据需要使用 1mL、2mL 和 5mL 的；抽取动物心脏血或绵羊静脉血可采用 10mL、20mL、50mL 的。

微量注射器有 10μL、20μL、50μL、100μL 等不同的大小。一般在免疫学或纸层析等实验中滴加微量样品时应用。

8. 载玻片（slide）与盖玻片（cover slip）

普通载玻片大小为 75mm×25mm，用于微生物涂片、染色，作形态观察等。盖玻片为 18mm×18mm。凹玻片是在一块厚玻片的当中有一圆形凹窝，作悬滴观察活细菌以及微室培养用。

9. 双层瓶（double bottle）

由内外两个玻璃瓶组成，内层小锥形瓶盛放香柏油，供油镜头观察微生物时使用，外层瓶盛放二甲苯，用以擦净油镜头。

10. 滴瓶（dropper bottle）

用来装各种染料、生理盐水等。

11. 接种工具

接种工具有接种环（inoculating loop）、接种针（inocula-ting needle）、接种钩（inoculating hook）、接种铲（inocula-ting shovel）、玻璃涂布器（glass spreader）等。制造环、针、钩、铲的金属可用铂或镍，原则是软硬适度，能经受火焰反复烧灼，又易冷却。接种细菌和酵母菌用接种环和接种针，其铂丝或镍丝的直径以 0.5mm 为适当，环的内径约 2mm，环面应平整。接种某些不易和培养基分离的放线菌和真菌，有时用接种钩或接种铲，其丝的直径要求粗一些，约 1mm。用涂布法在琼脂平板上分离单个菌落时需用玻璃涂布器，是将玻棒弯曲或将玻棒一端烧红后压扁而成。

（二）常用器皿的清洗与消毒方法

1. 常用器皿的清洗

清洁的玻璃器皿是实验得到正确结果的先决条件，由于器皿的不清洁或被污染，往往造成较大的实验误差，甚至会出现相反的实验结果。因此，玻璃器皿的清洗是实验前的一项重要准备工作。玻璃器皿在使用前必须洗刷干净。将锥形瓶、试管、培养皿、量筒等浸入含有洗涤剂的水中，用毛刷刷洗，然后用自来水及蒸馏水冲洗。移液管先用含有洗涤剂的水浸泡，再用自来水及蒸馏水冲洗。洗刷干净的玻璃器皿置于烘箱中烘干备用。

1）*新玻璃器皿的洗涤方法*　新购买的玻璃器皿表面常附着有游离的碱性物质，先用肥皂水（或去污粉）洗刷，再用自来水洗净，然后浸泡在1%～2%盐酸溶液中过夜（不少于4h），再用自来水冲洗，最后用蒸馏水冲洗2～3次，在100～130℃烘箱内烘干备用。

2）*使用过的玻璃器皿的洗涤方法*

（1）一般玻璃器皿。如试管、烧杯、锥形瓶等（包括量筒）。先用自来水洗刷至无污物，再选用大小合适的毛刷蘸取去污粉（掺入肥皂粉）刷洗或浸入肥皂水内。将器皿内外，特别是内壁，细心刷洗，用自来水冲洗干净后再用蒸馏水洗 2～3 次，热的肥皂水去污能力更强，可有效地洗去器皿上的油污。洗衣粉与去污粉较难冲洗干净而常在器壁上附有一层微小粒子，故要用水多次甚至 10 次以上充分冲洗，或可用稀盐酸摇洗一次，再用水冲洗。烘干或倒置在清洁处备用。玻璃器皿经洗涤后，若内壁的水是均匀分布成一薄层，表示油垢完全洗净，若挂有水珠，则还需用洗涤液浸泡数小时，然后再用自来水充分冲洗。

装有固体培养基的器皿应先将其刮去，然后洗涤。带菌的器皿在洗涤前先浸在 2%煤酚皂溶液（来苏尔）或0.25%新洁尔灭消毒液内24h或煮沸0.5h，再用上法洗涤。带病原菌的培养物最好先行高压蒸汽灭菌，然后将培养物倒去，再进行洗涤。

盛放一般培养基用的器皿经上法洗涤后，即可使用，若需精确配制化学药品，或做科研用的精确实验，要求自来水冲洗干净后，再用蒸馏水淋洗三次，晾干或烘干后备用。

（2）量器。如吸量管、滴定管、量瓶等。使用后应立即浸泡于冷水中，勿使物质干涸。吸过血液、血清、糖溶液或染料溶液等的玻璃吸管（包括毛细吸管），使用后应立即投入盛有自来水的量筒或标本瓶内，免得干燥后难以冲洗干净。量筒或标本瓶底部应垫以脱脂棉花，否则吸管投入时容易破损。待实验完毕，再集中冲洗。若吸管顶部塞有棉花，则冲洗前先将吸管尖端与装在水龙头上的橡皮管连接，用水将棉花冲出，然后再装入吸管自动洗涤器内冲洗，没有吸管自动洗涤器的实验室可用冲出棉花的方法多冲洗片刻。必要时再用蒸馏水淋洗。洗净后，放搪瓷盘中晾干，若要加速干燥，可放烘箱内烘干。

吸过含有微生物培养物的吸管亦应立即投入盛有 2%煤酚皂溶液或 0.25%新洁尔灭消毒液的量筒或标本瓶内，24h 后方可取出冲洗。吸管的内壁如果有油垢，同样应先在洗涤液内浸泡数小时，然后再行冲洗。

（3）载玻片与盖玻片。用过的载玻片与盖玻片如滴有香柏油，要先用皱纹纸擦去或浸在二甲苯内摇晃几次，使油垢溶解，再在肥皂水中煮沸 5～10min，用软布或脱脂棉花擦拭，立即用自来水冲洗，然后在稀洗涤液中浸泡 0.5～2h，自来水冲去洗涤液，最后用蒸馏水换洗数次，待干后浸于95%乙醇中保存备用。使用时在火焰上烧去乙醇。用此法洗涤和保存的载玻片和盖玻片清洁透亮，没有水珠。

检查过活菌的载玻片或盖玻片应先在 2%煤酚皂溶液或 0.25%新洁尔灭溶液中浸泡 24h，然后按上法洗涤与保存。

（4）血球计数板的清洗。血球计数板（或 Petrof Hausser 细菌计数板）使用后应立即在水龙头下用水冲净，必要时可用 95%乙醇浸泡，或用酒精棉轻轻擦拭，切勿用硬物洗刷或抹擦，以免损坏网格刻度。洗涤完毕镜检计数区是否残留菌体或其他沉淀物，若不干净，则必须重复洗涤至洁净为止。洗净后自行晾干或用吹风机吹干，放入盒内保存。

（5）光学玻璃的清洗。光学玻璃用于仪器的镜头、镜片、棱镜、玻片等，在制造和使用中容易沾上油污、水溶性污物、指纹等，影响成像及透光率。清洗光学玻璃，应根据污垢的特点、不同结构选用不同的清洗剂、清洗工具及清洗方法。

清洗镀有增透膜的镜头，如照相机、投影仪、显微镜的镜头，可用 30%的乙醇和 70%的乙醚配制清洗剂清洗。清洗时应用软毛刷或棉球蘸少量清洗剂，从镜头中心向外做圆周运动。切忌将镜头浸泡在清洗剂中清洗；清洗镜头不得用力擦拭，否则会划伤增透膜，损坏镜头。清洗棱镜、平面镜的方法，可依照清洗镜头的方法进行。

光学玻璃表面生霉后，光线在其表面发生散射，使成像模糊不清，严重者将使仪器报废。生霉原因是霉菌孢子在温度、湿度适宜和有营养物时生长形成霉斑。消除霉斑可用 0.1%～0.5%的乙基含氢二氯硅烷与无水乙醇配制的清洗剂清洗，潮湿天气还需掺入少量的乙醚，或用环氧丙烷、稀氨水等清洗。使用上述清洗剂也能清洗光学玻璃上的油脂性雾、水湿性雾和油水混合性雾，其清洗方法与清洗镜头方法相似。

3）洗涤液的种类和配制方法

（1）铬酸洗液。（重铬酸钾-硫酸洗液，简称洗液或清洁液）广泛用于玻璃器皿的洗涤，常用的配制方法有以下 4 种。

a. 取 100mL 工业浓硫酸置于烧杯内，小心加热，然后慢慢地加入重铬酸钾粉末，边加边搅拌，待全部溶解后冷却，贮于带玻璃塞的细口瓶内。

b. 称取 5g 重铬酸钾粉末置于 250mL 烧杯中，加水 5mL，尽量使其溶解。慢慢加入 100mL 浓硫酸，边加边搅拌，冷却后贮存备用。

c. 称取 80g 重铬酸钾，溶于 1000mL 自来水中，慢慢加入工业浓硫酸 1000mL，边加边搅拌。

d. 称取 200g 重铬酸钾，溶于 500mL 自来水中，慢慢加入工业浓硫酸 500mL，边加边搅拌。

（2）浓盐酸（工业用）。可洗去水垢或某些无机盐沉淀。

（3）5%草酸溶液。可洗去高锰酸钾的痕迹。

（4）5%～10%磷酸三钠（$Na_3PO_4 \cdot 12H_2O$）溶液。可洗涤油污物。

（5）30%硝酸溶液。洗涤 CO_2 测定仪器及微量滴管。

（6）5%～10%乙二铵四乙酸二钠（EDTA）溶液。加热煮沸可洗去玻璃器皿内壁的白色沉淀物。

（7）尿素洗涤液。为蛋白质的良好溶剂，适用于洗涤盛蛋白质制剂及血样的容器。

（8）乙醇与浓硝酸混合液。最适合于洗净滴定管，在滴定管中加入 3mL 乙醇，然后沿管壁慢慢加入 4mL 浓硝酸（相对密度 1.4），盖住滴定管管口。利用所产生的氧化氮洗净滴定管。

（9）有机溶液。如丙酮、乙醇、乙醚等可用于洗脱油脂、脂溶性染料等污痕。二甲苯可洗去油漆污垢。

（10）氢氧化钾-乙醇溶液和含有高锰酸钾的氢氧化钠溶液。它是两种强碱性的洗涤液，对玻璃器皿的侵蚀性很强，清除容器内壁污垢，洗涤时间不宜过长。使用时应小心谨慎。

4）注意事项

（1）洗涤液中的硫酸具有强腐蚀作用，玻璃器皿浸泡时间太长，会使玻璃变质，因此切忌到时忘记了将器皿取出冲洗。其次，洗涤液若沾污衣服和皮肤应立即用水洗，再用苏打水或氨液洗。如果溅在桌椅上，应立即用水洗去或湿布抹去。

（2）玻璃器皿投入前，应尽量干燥，避免洗涤液稀释。

（3）此液的使用仅限于玻璃和瓷质器皿，不适用于金属和塑料器皿。

（4）有大量有机质的器皿应先行擦洗，然后再用洗涤液，这是因为有机质过多，会加快洗涤液失效，此外，洗涤液虽为很强的去污剂，但也不是所有的污迹都可清除。

（5）盛洗涤液的容器应始终加盖，以防氧化变质。

（6）洗涤液可反复使用，但当其变为墨绿色时即已失效，不能再用。

2. 常用器皿的灭菌方法

使玻璃器皿达到无菌状态叫灭菌，玻璃器皿主要用电热干燥箱进行灭菌。玻璃器皿清洗晾干灭菌前，要进行包扎。

1）器皿的包扎

（1）培养皿、培养扁瓶、青霉素瓶等。洗净烘干后用无油质的纸将其单个或数个包成一包，置于金属盒内或直接进行消毒。

（2）吸管。洗净烘干后的吸管，在口吸的一端用尖头镊子或针塞入少许脱脂棉花，以防止菌体误吸口中，及口中的微生物吸入管而进入培养物中造成污染。塞入棉花的量要适宜，棉花不宜露在吸管口的外面，多余的棉花可用酒精灯的火焰把它烧掉。每支吸管用一条宽4～5cm的纸条，以45°左右的角度螺旋形卷起来，吸管的尖端在头部，吸管的另一端用剩余纸条叠打结，不使散开，标上容量。若干支吸管扎成一束，或者放入灭菌用金属筒内，灭菌后，同样要在使用时才从吸管中间拧断纸条抽出吸管。

（3）试管和三角瓶。用预先做好的大小适宜的棉塞或纱布棉塞将试管或三角瓶口塞好，外面再用纸张包扎。棉塞的作用是起过滤作用，避免空气中的微生物进入试管或三角瓶。棉塞的制作最好选择纤维长的新棉花做棉塞（脱脂棉不能用），棉花塞的制作要求使棉花塞紧贴玻璃壁，没有皱纹和缝隙，不能过松，过松易掉落和污染，过紧易挤破管口和不易塞入。棉花塞的长度不少于管口直径的2倍，约2/3塞进管口（附图1-1）。

若干支管用绳子扎在一起，在棉花塞部分外包油纸或牛皮纸再在纸外用绳扎紧。三角瓶每个单独用油纸包扎棉花塞。

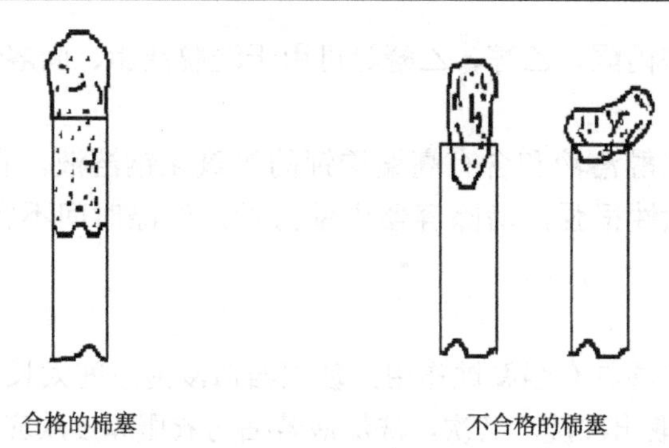

附图 1-1　棉塞

2）灭菌方法

（1）干燥箱灭菌的物品放在箱内，堆置时要留空隙勿使接触四壁，关闭箱门。

（2）接通电源，把箱顶的通气口适当打开，使箱内湿空气能逸出，至箱内温度达到 100℃时关闭。

（3）调节温度控制器旋钮，直至箱内温度达到所需温度为止，观察温度是否恒定，若温度不够再行调节，调节完毕后不可再拨动调节旋钮和通气口，保持 150～170℃ 1～2h。温度超过 180℃易导致包扎用纸碳化。

（4）切断电源，冷却到 60℃时，才能把箱门打开，取出灭菌物品。

（5）将温度调节控制旋钮返回原处，并将箱顶通气口打开，干净的玻璃器皿及其他耐热器皿等一般都可用此法灭菌。如培养基和其他不耐热的橡皮塞等不可用此法灭菌。

六、常用缓冲液与贮液的配制

常用缓冲液与贮液的种类很多，其用途也各不相同。这里仅就微生物检测技术中常用的一些缓冲液与贮液的配制方法及注意事项介绍如下。

（一）配制缓冲液与贮液的注意事项

（1）所用试剂应为分析纯（A.R.）或化学纯（C.P.）级药品。

（2）所用试剂应防止潮解，称量必须十分精确；在湿度较大的情况下，称量要快，以防吸水，使重量不准。

（3）如所用试剂含有结晶水，在计算相对分子质量时必须将结晶水的也加进去。

（4）所用的蒸馏水必须是重蒸水或去离子水。

（二）常用缓冲液

1. 甘氨酸–盐酸缓冲液（0.05mol/L）

*X*mL 0.2mol/L 甘氨酸＋*Y*mL 0.2mol/L HCl，再加水稀释至 200mL

pH	X/mL	Y/mL	pH	X/mL	Y/mL
2.0	50	44.0	3.0	50	11.4
2.4	50	32.4	3.2	50	8.2
2.6	50	24.2	3.4	50	6.4
2.8	50	16.8	3.6	50	5.0

甘氨酸分子质量 =75.07，0.2mol/L 甘氨酸溶液含 15.01g/L。

2. 邻苯二甲酸-盐酸缓冲液（0.05mol/L）

*X*mL 0.2mol/L 邻苯二甲酸氢钾 + *Y*mL 0.2mol/L HCl，再加水稀释至 20mL

pH（20℃）	X/mL	Y/mL	pH（20℃）	X/mL	Y/mL
2.2	5	4.070	3.2	5	1.470
2.4	5	3.960	3.4	5	0.990
2.6	5	3.295	3.6	5	0.597
2.8	5	2.642	3.8	5	0.263
3.0	5	2.022			

邻苯二甲酸氢钾分子质量 =204.23，0.2mol/L 邻苯二甲酸氢钾溶液含 40.85g/L。

3. 磷酸氢二钠-柠檬酸缓冲液

pH	0.2mol/L Na_2HPO_4 /mL	0.1mol/L 柠檬酸/mL	pH	0.2mol/L Na_2HPO_4 /mL	0.1mol/L 柠檬酸/mL
2.2	0.40	10.60	5.2	10.72	9.28
2.4	1.24	18.76	5.4	11.15	8.85
2.6	2.18	17.82	5.6	11.60	8.40
2.8	3.17	16.83	5.8	12.09	7.91
3.0	4.11	15.89	6.0	12.63	7.37
3.2	4.94	15.06	6.2	13.22	6.78
3.4	5.70	14.30	6.4	13.85	6.15
3.6	6.44	13.56	6.6	14.55	5.45
3.8	7.10	12.90	6.8	15.45	4.55
4.0	7.71	12.29	7.0	16.47	3.53
4.2	8.28	11.72	7.2	17.39	2.61
4.4	8.82	11.18	7.4	18.17	1.83
4.6	9.35	10.65	7.6	18.73	1.27
4.8	9.86	10.14	7.8	19.15	0.85
5.0	10.30	9.70	8.0	19.45	0.55

Na_2HPO_4 分子质量 =14.98，0.2mol/L 溶液含 28.40g/L。

$Na_2HPO_4 \cdot 2H_2O$ 分子质量 =178.05，0.2mol/L 溶液含 35.01g/L。

$C_6H_8O_7 \cdot H_2O$ 分子质量 =210.14，0.1mol/L 溶液含 21.01g/L。

4. 柠檬酸-柠檬酸钠缓冲液（0.1mol/L）

pH	0.1mol/L 柠檬酸/mL	0.1mol/L 柠檬酸钠/mL	pH	0.1mol/L 柠檬酸/mL	0.1mol/L 柠檬酸钠/mL
3.0	18.6	1.4	5.0	8.2	11.8
3.2	17.2	2.8	5.2	7.3	12.7
3.4	16.0	4.0	5.4	6.4	13.6
3.6	14.9	5.1	5.6	5.5	14.5
3.8	14.0	6.0	5.8	4.7	15.3
4.0	13.1	6.9	6.0	3.8	16.2
4.2	12.3	7.7	6.2	2.8	17.2
4.4	11.4	8.6	6.4	2.0	18.0
4.6	10.3	9.7	6.6	1.4	18.6
4.8	9.2	10.8			

柠檬酸 $C_6H_8O_7 \cdot H_2O$ 分子质量=210.14，0.1mol/L 溶液含 21.01g/L。

柠檬酸钠 $Na_3\ C_6H_5O_7 \cdot 2H_2O$ 分子质量=294.12，0.1mol/L 溶液含 29.41g/mL。

5. 乙酸–乙酸钠缓冲液（0.2mol/L）

pH（18℃）	0.2mol/L NaAc/mL	0.3 mol/L HAc/mL	pH（18℃）	0.2mol/L NaAc/mL	0.3mol/L HAc/mL
2.6	0.75	9.25	4.8	5.90	4.10
3.8	1.20	8.80	5.0	7.00	3.00
4.0	1.80	8.20	5.2	7.90	2.10
4.2	2.65	7.35	5.4	8.60	1.40
4.4	3.70	6.30	5.6	9.10	0.90
4.6	4.90	5.10	5.8	9.40	0.60

$Na_2Ac \cdot 3H_2O$ 分子质量 = 136.09，0.2mol/L 溶液含 27.22g/L。

6. 磷酸盐缓冲液

（1）磷酸氢二钠-磷酸二氢钠缓冲液（0.2mol/L）

pH	0.2mol/L Na_2HPO_4/mL	0.2mol/L NaH_2PO_4/mL	pH	0.2mol/L Na_2HPO_4/mL	0.2mol/L NaH_2PO_4/mL
5.8	8.0	92.0	7.0	61.0	39.0
5.9	10.0	90.0	7.1	67.0	33.0
6.0	12.3	87.7	7.2	72.0	28.0
6.1	15.0	85.0	7.3	77.0	23.0
6.2	18.5	81.5	7.4	81.0	19.0
6.3	22.5	77.5	7.5	84.0	16.0
6.4	26.5	73.5	7.6	87.0	13.0
6.5	31.5	68.5	7.7	89.5	10.5
6.6	37.5	62.5	7.8	91.5	8.5
6.7	43.5	56.5	7.9	93.0	7.0
6.8	49.5	51.0	8.0	94.7	5.3
6.9	55.0	45.0			

$Na_2HPO_4 \cdot 2H_2O$ 分子质量 = 178.05，0.2mol/L 溶液含 35.61g/L。

$Na_2HPO_4 \cdot 12H_2O$ 分子质量 = 358.22，0.2mol/L 溶液含 71.64g/L。

$NaH_2PO_4 \cdot 2H_2O$ 分子质量 = 156.03，0.2mol/L 溶液含 31.21g/L。

（2）磷酸氢二钠-磷酸二氢钾缓冲液（1/15mol/L）

pH	1/15mol/L Na_2HPO_4/mL	1/15mol/L KH_2PO_4/mL	pH	1/15mol/L Na_2HPO_4/mL	1/15mol/L KH_2PO_4/mL
4.92	0.10	9.90	7.17	7.00	3.00
5.29	0.50	9.50	7.38	8.00	2.00
5.91	1.00	9.00	7.73	9.00	1.00
6.24	2.00	8.00	8.04	9.50	0.50
6.47	3.00	7.00	8.34	9.75	0.25
6.64	4.00	6.00	8.67	9.90	0.10
6.81	5.00	5.00	8.18	10.00	0
6.98	6.00	4.00			

$Na_2HPO_4 \cdot 2H_2O$ 分子质量 ＝178.05，1/15mol/L 溶液含 11.876g/L。

KH_2PO_4 分子质量 ＝136.09，1/15mol/L 溶液含 9.078g/L。

7. 磷酸二氢钾-氢氧化钠缓冲液（0.05mol/L）

*X*mL 0.2mol/L KH_2PO_4＋*Y*mL 0.2mol/L NaOH，加水稀释至 20mL

pH（20℃）	*X*/mL	*Y*/mL	pH（20℃）	*X*/mL	*Y*/mL
5.8	5	0.372	7.0	5	2.963
6.0	5	0.570	7.2	5	3.500
6.2	5	0.860	7.4	5	3.950
6.4	5	1.260	7.6	5	4.280
6.6	5	1.780	7.8	5	4.520
6.8	5	2.365	8.0	5	4.680

8. 巴比妥钠-盐酸缓冲液（18℃）

pH	0.04mol/L 巴比妥钠溶液/mL	0.2mol/L 盐酸/mL	pH	0.04mol/L 巴比妥钠溶液/mL	0.2mol/L 盐酸/mL
6.8	100	18.4	8.4	100	5.21
7.0	100	17.8	8.6	100	3.82
7.2	100	16.7	8.8	100	2.52
7.4	100	15.3	9.0	100	1.65
7.6	100	13.4	9.2	100	1.13
7.8	100	11.47	9.4	100	0.70
8.0	100	9.39	9.6	100	0.35
8.2	100	7.21			

巴比妥钠盐分子质量=206.18，0.04mol/L 溶液含 8.25g/L。

9. Tris-盐酸缓冲液（0.05mol/L，25℃）

50mL 0.1mol/L 三羟甲基氨基甲烷（Tris）溶液+*X*mL 0.1mol/L 盐酸，加水稀释至 100mL

pH	X/mL	pH	X/mL
7.10	45.7	8.10	26.2
7.20	44.7	8.20	22.9
7.30	43.4	8.30	19.9
7.40	42.0	8.40	17.2
7.50	40.3	8.50	14.7
7.60	38.5	8.60	12.4
7.70	36.6	8.70	10.3
7.80	34.5	8.80	8.5
7.90	32.0	8.90	7.0
8.00	29.2		

三羟甲基氨基甲烷（Tris）分子式为（$HOCH_2$）$_3CNH_2$，分子质量 = 121.14，0.1mol/L 溶液含 12.114g/L。Tris 溶液可从空气中吸收二氧化碳，使用时注意将瓶盖严。

10. 硼酸-硼砂缓冲液（0.2mol/L 硼酸根）

pH	0.05mol/L 硼砂/mL	0.2mol/L 硼酸/mL	pH	0.05mol/L 硼砂/mL	0.2mol/L 硼酸/mL
7.4	1.0	9.0	8.2	3.5	6.5
7.6	1.5	8.5	8.4	4.5	5.5
7.8	2.0	8.0	8.7	6.0	4.0
8.0	3.0	7.0	9.0	8.0	2.0

硼砂 $Na_2B_4O_7{\cdot}H_2O$ 分子质量 = 381.43；0.05mol/L 溶液（=0.2mol/L 硼酸根）含 19.07g/L。

硼酸 H_2BO_3 分子质量 = 61.84，0.2mol/L 溶液含 12.37g/L。

硼砂易失去结晶水，必须在带塞的瓶中保存。

11. 甘氨酸–氢氧化钠缓冲液（0.05mol/L）

*X*mL 0.2mol/L 甘氨酸 + *Y*mL 0.2mol/L NaOH，加水稀释至 200mL

pH	X/mL	Y/mL	pH	X/mL	Y/mL
8.6	50	4.0	9.6	50	22.4
8.8	50	6.0	9.8	50	27.2
9.0	50	8.8	10.0	50	32.0
9.2	50	12.0	10.4	50	38.6
9.4	50	16.8	10.6	50	45.5

甘氨酸分子质量 = 75.07，0.2mol/L 溶液含 15.01g/L。

12. 硼砂-氢氧化钠缓冲液（0.05mol/L 硼酸根）

*X*mL 0.05mol/L 硼砂 + *Y*mL 0.2mol/L NaOH，加水稀释至 200mL

pH	X/mL	Y/mL	pH	X/mL	Y/mL
9.3	50	6.0	9.8	50	34.0
9.4	50	11.0	10.0	50	43.0
9.6	50	23.0	10.1	50	46.0

硼砂 $Na_2B_4O_7{\cdot}10H_2O$ 分子质量 = 381.43，0.05mol/L 溶液含 19.07g/L。

13. 碳酸钠-碳酸氢钠缓冲液（0.1mol/L）

Ca^{2+}、Mg^{2+}存在时不得使用

pH		0.1 mol/L Na_2CO_3/mL	0.1 mol/L $NaHCO_3$/mL
20℃	37℃		
9.16	8.77	1	9
9.40	9.12	2	8
9.51	9.40	3	7
9.78	9.50	4	6
9.90	9.72	5	5
10.14	9.90	6	4
10.28	10.08	7	3
10.53	10.28	8	2
10.83	10.57	9	1

$Na_2CO_3 \cdot 10H_2O$ 分子质量 ＝286.2，0.1mol/L 溶液含 28.62g/L。

$NaHCO_3$ 分子质量 ＝84.0，0.1mol/L 溶液含 8.40g/L。

14. PBS 缓冲液

pH	7.6	7.4	7.2	7.0
H_2O	1000mL	1000mL	1000mL	100mL
NaCl	8.5g	8.5g	8.5g	8.5g
Na_2HPO_4	2.2g	2.2g	2.2g	2.2g
NaH_2PO_4	0.1g	0.2g	0.3g	0.4g

（三）微生物检验常用溶液及指示剂的配制方法

1. 0.5mol/L 氢氧化钠溶液

组分浓度：0.5mol/L

配制量：2L

配制方法：①准确称取氢氧化钠 40g。②用去离子水溶解并稀释至 2L。

2. 0.5mol/L 盐酸溶液

组分浓度：0.5mol/L

配制量：2L

配制方法：①准确量取盐酸 83.4mL。②用去离子水稀释至 2L。

3. 0.2%葡萄糖标准溶液

组分浓度：0.2%

配制量：1L

配制方法：①称取葡萄糖 2.5g 置于称量瓶中，在 70℃干燥 2h。②干燥器中冷却至室温，重复干燥，冷却至恒重。③准确称取葡萄糖 2.000g。④用去离子水溶解并定容至 1L。⑤于 4℃保存。

4. 250μg/mL 牛血清白蛋白标准液

组分浓度：250μg/mL

配制量：2L

配制方法：①准确称取 250mg 标准牛血清白蛋白。②用 0.03mol/L pH7.8 的磷酸缓冲液溶解并定容至 1L。③4℃保存。

5. Folin 试剂甲

配制方法：①称取 10g 氢氧化钠溶于 400mL 去离子水中，加入 50g 无水碳酸钠，溶解，待用。②称取 0.5g 酒石酸钾钠，溶于 80mL 去离子水中，加入 0.25g $CuSO_4 \cdot 5H_2O$，溶解。③将①∶②∶去离子水按 20∶4∶1 的比例混合即可。④4℃保存，可用一周。

6. Folin 试剂乙

配制方法：①在 500mL 的磨口回流装置内加入 $Na_2WO_4 \cdot 2H_2O$ 25.0359g，$Na_2MO_4 \cdot 2H_2O$ 6.2526g，去离子水 175mL，85%磷酸 12.5mL，浓盐酸 25mL，充分混合。②回流 10h，再加硫酸锂 37.5g，去离子水 12.5mL 及数滴溴。③然后开口沸腾 15min，以驱除过量的溴，冷却后定容至 250mL。④于棕色瓶中保存，可使用多年。

注：上述制备的 Folin 试剂乙的贮备液浓度一般在 2mol/L 左右，几种操作方案都是把 Folin 试剂乙稀释至 0.1mol/L 的浓度作为应用液，我们这时是把贮备液于使用前稀释 18 倍，使之浓度为 0.1mol/L 略高。这种稀释 18 倍后的 Folin 试剂乙就是上文称之为的“应用液”。Folin 试剂乙贮备液浓度的标定，一般是以酚酞为指示剂。用 Folin 试剂乙去滴定 1mol/L 左右的标准氢氧化钠溶液，当溶液颜色由红变为紫灰，再突然变成墨绿即为终点，如果用氢氧化钠去滴定 Folin 试剂乙，终点不易掌握，溶液的颜色是由浅黄变为浅绿，再变为灰紫色为终点。

7. DNS 试剂

配制方法：①取 3，5-二硝基水杨酸 10g，加入 2mol/L 氢氧化钠溶液 200mL。②将 3，5-二硝基水杨酸溶解，然后加入酒石酸钾钠 300g。③待其完全溶解，用去离子水稀释至 2000mL，棕色瓶保存。

8. 5%蔗糖溶液

组分浓度：5%

配制量：1L

配制方法：称取蔗糖 50g，用去离子水溶解定容至 1L。

9. 0.1mol/L 蔗糖溶液

组分浓度：0.1mol/L。

配制量：1L

配制方法：称取蔗糖 34.230g，用去离子水溶解并定容至 1L。

10. 20%乙酸溶液

组分浓度：20%

配制量：1.2L

配制方法：量取冰乙酸 300mL，用去离子水稀释至 1200mL。

11. 30%（*m*/*V*）丙烯酰胺

组分浓度：30%（*m*/*V*）丙烯酰胺 0.05%

配制量：1L

配制方法：①称量下列试剂，置于1L烧杯中丙烯酰胺290g，BIS 10g。②向烧杯中加入约600mL的去离子水，充分搅拌溶解 。③加入去离子水将溶液定容至1L，用0.45μm滤膜滤去杂质。④于棕色瓶中4℃保存。

注意：丙烯酰胺具有很强的神经毒性，并可通过皮肤吸收，其作用有积累性，配制时应戴手套等。聚丙烯酰胺无毒，但也应谨慎操作，因为有可能含有少量的未聚合成分。

12. 40%（*m*/*V*）丙烯酰胺

组分浓度：40%（*m*/*V*）丙烯酰胺 0.05%

配制量：1L

配制方法：①称量下列试剂，置于1L烧杯中丙烯酰胺380g，BIS 20g。②向烧杯中加入约600mL的去离子水，充分搅拌溶解。③加入去离子水将溶液定容至1L，用0.45μm滤膜滤去杂质。④于棕色瓶中4℃保存。

注意：丙烯酰胺具有很强的神经毒性，并可通过皮肤吸收，其作用有积累性，配制时应戴手套等。聚丙烯酰胺无毒，但也应谨慎操作，因为有可能含有少量的未聚合成分。

13. 10%（*m*/*V*）过硫酸铵

组分浓度：10%（*m*/*V*）过硫酸铵

配制量：10mL

配制方法：①称取1g过硫酸铵。②加入10mL的去离子水后搅拌溶解。③贮存于4℃。

注意：10%过硫酸铵溶液在4℃保存时间可使用2周左右，超过期限会失去催化作用。

14. 考马斯亮蓝R-250染色液

组分浓度：0.1%（*m*/*V*）考马斯亮蓝R-250，25%（*V*/*V*）异丙醇，10%（*V*/*V*）冰醋酸

配制量 ：1L

配制方法：①称取1g考马斯亮蓝R-250，置于1L烧杯中。②量取250mL的异丙醇加入上述烧杯中，搅拌溶解。③加入100mL的冰乙醋酸，均匀搅拌。④加入650mL的去离子水，均匀搅拌。⑤用滤纸除去颗粒物质后，室温保存。

15. 考马斯亮蓝染色脱色液

组分浓度：10%（*V*/*V*）醋酸，5%（*V*/*V*）乙醇

配制量：1L

配制方法：①量取醋酸100mL，乙醇50mL，蒸馏水850mL，置于1L烧杯中。②充分混合后使用。

16. 凝胶固定液

组分浓度：50%（*V*/*V*）甲醇，10%（*V*/*V*）醋酸（SDS-PAGE银氨染色用）

配制量：1L

配制方法：①量取甲醇500mL，醋酸100mL，蒸馏水400mL，置于1L烧杯中。②均匀混合后室温保存。

17. 凝胶处理液

组分浓度：50%（*V*/*V*）甲醇，10%（*V*/*V*）戊二醛（SDS-PAGE银氨染色用）

配制量：1L

配制方法：①量取甲醇 50mL，戊二醛 10mL，蒸馏水 40mL，置于 1L 烧杯中。②均匀混合后室温保存。

18. 凝胶染色液

组分浓度：0.4%（*m/V*）硝酸银，1%（*V/V*）浓氨水，（SDS-PAGE 银氨染色用）0.04%（*m/V*）氢氧化钠

配制量：100mL

配制方法：①量取 20%硝酸银 2mL，浓氨水 1mL，4%氢氧化钠 1mL，蒸馏水 96mL，加入 100～200mL 试剂瓶中。②均匀混合。该溶液应为无色透明状。如氨水浓度过低时溶液会呈现混浊状，此时应补加浓氨水，直至透明。③本染色液应现用现配，不宜保存。

19. 显影液

组分浓度：0.005%（*V/V*）柠檬酸，0.02%（*V/V*）甲醛（SDS-PAGE 银氨染色用）

配制量：1L

配制方法：①称取柠檬酸 50mg，甲醛 0.2mL，置于 1L 试剂瓶中。②加入 1L 去离子水后，摇动混合后溶解。③室温保存。

20. 45%乙醇溶液

组分浓度：45%

配制量：1L

配制方法：量取无水乙醇 450mL，加入去离子水 550mL，混匀。

21. 5%的十二烷基硫酸钠溶液

组分浓度：5%（*m/V*）

配制量：0.1L

配制方法：称取 5.0g 十二烷基硫酸钠，溶于 100mL 4%的乙醇溶液中。

22. 三氯甲烷-异戊醇混合试剂

配制方法：取 500mL 三氯甲烷试剂，加入 21mL 异戊醇试剂，混匀。

23. 1.6%乙醛溶液

组分浓度：1.6%

配制量：0.1L

配制方法：取 47%乙醛 3.4mL，用去离子水定容至 100mL。

24. 二苯胺试剂

配制方法：①称取二苯胺试剂 0.8g，溶解于 180mL 冰乙酸中。②再加入 8mL 高氯酸混匀。③临用前加入 0.8mL 1.6%乙醛溶液。

注意：配制完成后试剂应为无色。

25. 15%三氯乙酸溶液

组分浓度：15%

配制量：2L

配制方法：称取三氯乙酸 300g，用去离子水溶解定容至 2000mL。

26. 1%谷氨酸溶液

组分浓度：1%

配制量：0.5L

配制方法：①称取5g谷氨酸，先用适量的去离子水溶解。②再用氢氧化钾溶液中和至中性。③最后用去离子水定容至0.5L。

27. 1%丙酮酸溶液

组分浓度：1%

配制量：0.5L

配制方法：①称取5g丙氨酸，先用适量的用去离子水溶解。②再用氢氧化钾溶液中和至中性。③最后用去离子水定容至0.5L。

28. 0.1%的碳酸氢钾溶液

组分浓度：0.1%

配制量：0.5L

配制方法：称取碳酸氢钾0.5g，用去离子水溶解定容至0.5L。

29. 0.05%的碘乙酸溶液

组分浓度：0.05%

配制量：0.25L

配制方法：称取0.125g碘乙酸，用去离子水溶解定容至0.25L。

30. Locke氏溶液

配制量：2L

配制方法：称取18g氯化钠，0.84g氯化钾，48g氯化钙，0.3g碳酸氢钠，2g葡萄糖，用去离子水溶解定容至2000mL。

31. 0.2mol/L的丁酸溶液

组分浓度：0.2mol/L

配制量：1L

配制方法：①量取18mL正丁酸试剂。②用1mol/L的氢氧化钠中和。③再用去离子水定容至1L。

32. 0.1mol/L的硫代硫酸钠溶液

组分浓度：0.1mol/L

配制量：10L

配制方法：称取248.17g硫代硫酸钠，用去离子水溶解并定容至10L。

33. 0.1mol/L的碘溶液

组分浓度：0.1mol/L

配制量：1L

配制方法：①称取碘12.7g和碘化钾25g。②用去离子水溶解并定容至1L。③用0.1mol/L的硫代硫酸钠标定。

34. 10%氢氧化钠溶液

组分浓度：10%

配制量：2L

配制方法：称取200g氢氧化钠，用去离子水溶解并定容至2L。

35. 10%盐酸溶液

组分浓度：10%

配制量：0.2L

配制方法：量取浓盐酸 49.3mL，用去离子水定容至 0.2L。

36. 0.1%标准丙氨酸溶液

组分浓度：0.1%

配制量：0.5L

配制方法：称取丙氨酸 0.5g，用去离子水溶解并定容至 0.5L。

37. 0.1%标准谷氨酸溶液

组分浓度：0.1%

配制量：0.5L

配制方法：称取谷氨酸 0.5g，用去离子水溶解并定容至 500mL。

38. 0.1%水合茚三酮乙醇溶液

组分浓度：0.1%

配制量： 1L

配制方法：称取 1g 水合茚三酮试剂，溶于 1000mL 无水乙醇中。

39. 酚溶液

配制方法：在大烧杯中加入 80mL 去离子水，再加入 300g 苯酚，在水浴中加热搅拌、混合至苯酚完全溶解。将该溶液倒入盛有 200mL 去离子水的 1000mL 分液漏斗内，轻轻振荡混合，使其成为乳状液。静止 7～10h，乳状液变成两层透明溶液，下层为被水饱和的酚溶液，放出下层，贮存于棕色瓶中备用。

40. 0.5%淀粉溶液

组分浓度：0.5%

配制量：0.1L

配制方法：称取淀粉 0.5g，用去离子水溶解定容至 0.1L。

41. 对羟基联苯试剂

配制方法：称取对羟基联苯 1.5g，溶于 100mL 0.5%氢氧化钠溶液中，配制成 1.5%的溶液。若对羟基联苯颜色较深，应用丙酮或无水乙醇重结晶，放置时间较长后，会出项针状结晶，应摇匀后使用。

42. 3%酸性乙醇溶液

浓盐酸	3mL
95%乙醇	97mL

43. 中性红指示剂

中性红	0.04g
95%乙醇	28mL
蒸馏水	72mL

中性 pH6.8～8 颜色由红变黄，常用浓度为 0.04%。

44. 溴甲酚紫指示剂

溴甲酚紫	0.04g
0.01mol/L NaOH	7.4g
蒸馏水	92.6mL

溴甲酚紫 pH5.2～5.6，颜色由黄变紫，常用浓度为 0.04%。

45. 溴麝香草酚蓝指示剂

溴麝香草酚蓝	0.04g
0.01mol/L NaOH	6.4mL
蒸馏水	93.6mL

溴麝香草酚蓝 pH6.0～7.6，颜色由黄变蓝，常用浓度为 0.04%。

46. 甲基红试剂

甲基红（methyl red）	0.04g
95%乙醇	60mL
蒸馏水	40mL

先将甲基红溶于 95%乙醇中，然后加入蒸馏水即可。

47. V.P.Y 试剂

（1）5% α-萘酚无水乙醇溶液：

α-萘酚	5g
无水乙醇	100mL

（2）40% KOH 溶液：

KOH 40g 用蒸馏水定容至 100mL 即可。

48. 吲哚试剂

对二甲基氨基苯甲醛	2g
95%乙醇	190mL
浓盐酸	40mL

七、常用抗生素

1. 氨苄青霉素（ampicillin）（100mg/mL）

溶解 1g 氨苄青霉素钠盐于足量的水中，最后定容至 10mL。分装成小份于–20℃贮存。常以 25～50μg/mL 的终浓度添加于生长培养基。

2. 羧苄青霉素（carbenicillin）（50mg/mL）

溶解 0.5g 羧苄青霉素二钠盐于足量的水中，最后定容至 10mL。分装成小份于–20℃贮存。常以 25～50μg/mL 的终浓度添加于生长培养基。

3. 甲氧西林（methicillin）（100mg/mL）

溶解 1g 甲氧西林钠于足量的水中，最后定容至 10mL。分装成小份于–20℃贮存。常以 37.5μg/mL 的终浓度与 100μg/mL 氨苄青霉素一起添加于生长培养基。

4. 卡那霉素（kanamycin）（10mg/mL）

溶解 100mg 卡那霉素于足量的水中，最后定容至 10mL。分装成小份于–20℃贮存。常以 10～50μg/mL 的终浓度添加于生长培养基。

5. 氯霉素（chloramphenicol）（25mg/mL）

溶解 250mg 氯霉素于足量的无水乙醇中，最后定容至 10mL。分装成小份于–20℃贮存。常以 12.5～25μg/mL 的终浓度添加于生长培养基。

6. 链霉素（streptomycin）（50mg/mL）

溶解 0.5g 链霉素硫酸盐于足量的无水乙醇中，最后定容至 10mL。分装成小份于–20℃贮存。常以 10～50μg/mL 的终浓度添加于生长培养基。

7. 萘啶酮酸（nalidixic acid）（5mg/mL）

溶解 50mg 萘啶酮酸钠盐于足量的水中，最后定容至 10mL。分装成小份于–20℃贮存。常以 15μg/mL 的终浓度添加于生长培养基。

8. 四环素（tetracyyline）（10mg/mL）

溶解 100mg 四环素盐酸盐于足量的水中，或者将无碱的四环素溶于无水乙醇，定容至 10mL。分装成小份用铝箔包裹装液管以免溶液见光，于–20℃贮存。常以 10～50μg/mL 的终浓度添加于生长培养基。